COFFEE ATLAS

START
STOP
HARIO

2ND EDITION

제임스 호프만 지음　공민희 번역

커피 아틀라스
COFFEE ATLAS

생두에서 커피가 되기까지 커피를 탐구하고 설명하고 음미하다

디자인이음

1판 1쇄 발행 2022년 11월 7일
1판 3쇄 발행 2024년 1월 25일

지은이 제임스 호프먼
옮긴이 공민희
발행인 이상영
편집장 서상민
편집인 이상영
디자인 서상민, 배어진
마케터 박진솔
교정교열 노경수
인쇄 피앤엠123
펴낸곳 디자인이음
등록일 2009년 2월 4일 : 제 300-2009-10호
주소 서울시 종로구 자하문로24길 20 501호
전화 02-723-2556
이메일 designeum@naver.com
블로그 blog.naver.com/designeum
인스타그램 instagram.com/design_eum

ISBN 979-11-92066-14-1 03590
값 35,000원

제임스 호프먼 | James Hoffmann

제임스 호프먼은 커피 전문가이자 작가이며 2007년 세계 바리스타 챔피언이다. 영국 이스트 런던에서 전문가로 구성된 팀과 함께 커피 로스팅 업체인 스퀘어 마일 커피 로스터스(Square Mile Coffee Roasters)를 운영하며 수차례 상을 탔다. 생산자와의 직거래를 통해 원두 및 커피 일체를 수입하고 자체 로스팅한다. 커피 사업과 관련된 주제로 인기가 높은 강사이기도 한 그는 여러 곳으로 강연도 다닌다.

공민희

부산외국어대학교를 졸업하고 영국 노팅엄 트렌트 대학교 석사 과정에서 미술관과 박물관, 문화유산 관리를 공부했다. 현재 번역 에이전시 엔터스코리아에서 번역가로 활동 중이다. 옮긴 책으로는 『아이스 키친의 아이스팝 50 레시피』 『티 소믈리에가 알려주는 차 상식사전』 『진정한 암스테르담을 만나는 로컬 푸드 여행 가이드』 『진정한 델리를 만나는 로컬푸드 여행 가이드』 『성경과 함께하는 요리 바이블 쿠킹』 『드르륵 마리메꼬 만들기』 『와인으로 얼룩진 단상들』 『보이지 않는 것들』 『절대 말하지 않을 것』 『혼자 있고 싶은데 외로운 건 싫어』 등 다수가 있다.

The World Atlas of Coffee 2nd edition by James Hoffmann
First published in Great Britain in 2014
Under the title The World Atlas of Coffee
By Mitchell Beazley, a division of Octopus Publishing Group Ltd
Carmelite House, 50 Victoria Embankment
London EC4Y 0DZ

Revised edition 2018

CONTENTS

들어가는 말

"지금 커피는 더할 나위 없이 훌륭하다. 생산자는 해박한 지식을 바탕으로 다양한 품종을 키우고 전문가는 생산 기술을 향상하는 데 힘쓴다. 로스터는 갓 수확한 생두를 볶아내는 일이 얼마나 중요한지 제대로 이해하고 있으며 자체 로스팅 과정도 개선해나가는 중이다. 무엇보다 최첨단 기기를 갖추고 직원들의 전문성을 높여서 품질이 우수한 커피를 내놓는 카페가 점점 늘어나는 추세다." 이 책의 초판 머리말에 쓴 이 문장은 지금도 유효하다.

고품격 커피 시장은 지금 진정한 주류에 올랐다. 세계 주요 도시마다 카페와 커피 관련 업체가 수없이 많고, 저마다 커피의 흥미롭고 즐거운 면을 공유하려는 열정적인 사람들이 운영한다.

커피 산업은 막대한 규모로 퍼져나갔다. 현재 1억 2천 5백만 명이 업으로 커피를 만들며 지구 전역에서 소비된다. 커피는 수많은 국가의 경제, 문화 역사와 깊은 관련이 있는데 과거에는 그 의미를 알려고 하지 않았다. 커피 세계를 탐험하지 못한 건 아쉽지만 커피애호가들이 선별 재배로 이력을 추적하고 공정 무역을 통해 판매하며 위생과 기술에 공들인 업체를 선택하는 현상은 바람직하다.

커피는 크게 일반 커머디티 등급과 스페셜티 등급으로 나뉜다. 이 책에서는 주로 스페셜티 커피를 다룰 생각이다. 스페셜티 커피란 품질과 맛으로 등급을 나눈 커피를 말한다. 맛을 좌우하는 원산지 역시 빠질 수 없다. 일반 커머디티 커피는 품질이 아니라 그저 '커피'를 만들기 위해 나온 커피를 가리킨다. 어디서 자랐는지 별로 중요하지 않고 수확한 곳이 어딘지, 어떤 공정을 거쳤는지도 관심 밖이다. 흔히 커피에 대해 생각하는 정의, 즉 열대 지역 어딘가에서 생산되고 혈관에 카페인을 주입하여 정신을 맑게 해주는 쓴 음료라는 의미에 들어맞기만 하면 된다. 누군가는 커피를 기호로 즐기기 위해, 다른 누군가는 복합적인 맛에 매료되어 마신다는 사실이 아직 세계적인 관념으로 자리 잡지 못했다. 스페셜티와 커머디티 커피는 생산과 국제 거래의 측면으로 봐도 엄청나게 큰 차이가 존재한다.

이 새로운 커피 세상이 번창하면서도 아직 미약한 부분이 있다. 커피 용어가 보통 사람들에게는 아직 낯선 반면 자기들의 커피 이야기를 공유하고 싶어 안달인 카페도 많다. 다채로운 커피 품종과 수확 이후의 공정 혹은 그것을 다루는 사람에 대해서 말이다. 소비자는 이런 부분에 부담이나 좌절을 느끼기도 한다. 필자는 커피 언어를 쉽게 이해하도록 돕기 위해 이 책을 썼다. 더불어 우리가 마시는 커피에 숨은 이야기를 들려주고 농장 혹은 노동조합이 지닌 특징과 흥미로운 부분을 강조할 것이다.

커피는 종류가 너무 많은 데다 알아야 할 정보도 방대하여 처음엔 쉽게 마음이 열리지 않을 수도 있다. 그러나 커피를 조금씩 이해하기 시작하면 다양성과 정보가 얼마나 중요한지 새삼 깨닫는다. 이 책이 날마다 즐기는 음료에 한층 유익한 정보를 제공하여 독자 여러분에게 도움이 되길 소망한다.

19세기 인도에서는 영국 신사들이 친목과 사업을 위해 정보와
가십거리를 공유하는 시끌벅적한 공간으로 커피하우스가 인기를 끌었다.

PART ONE: INTRODUCTION TO COFFEE
커피 기초 지식

아라비카(Arabica)와 로부스타(Robusta)

사람들이 커피라고 부르는 건 주로 코페아 아라비카(Coffea arabica)라는 나무에서 수확한 열매다. 남회귀선과 북회귀선 사이 수십 개국에서 매년 생산되는 커피의 대부분이 바로 이 아라비카다. 하지만 아라비카가 유일한 커피 품종은 아니다. 지금까지 120여 종의 커피 품종이 발견되었으나 아라비카를 제외하고 원하는 만큼 재배할 수 있는 품종은 코페아 카네포라(Coffea canephora), 우리가 로부스타라고 부르는 것뿐이다.

사실 로부스타는 품종의 특성을 강조하려고 선택한 브랜드명에 가깝다. 현 콩고민주공화국인 벨기에령 콩고에서 19세기 말 발견된 로부스타는 상업적 잠재력이 충분했다. 기존 아라비카 품종과 비교했을 때 낮은 고도와 더 높은 기온을 거뜬히 버텨내서 열매를 잘 맺고 병충해에 대한 저항력도 높았다. 이런 특성 덕분에 현재까지 로부스타가 많이 생산되며 재배 방식이 까다롭지 않아 생산 단가도 차츰 낮아지고 있다. 다만 커피 맛이 그리 좋지 않다는 어쩔 수 없는 단점도 존재한다.

누군가는 아주 잘 만든 로부스타가 품질이 열악한 아라비카보다 훨씬 낫다는 꽤 그럴듯한 주장을 펼칠 텐데, 일리 있는 말이지만 로부스타가 맛이 좋다고 확신할 정도는 아니다. '어떤 커피는 무슨 맛이다'라고 일반화하긴 어렵지만 로부스타로 내린 커피는 나무 냄새와 탄 고무 맛이 난다는 평이 어느 정도 신빙성을 갖는다. 로부스타는 산미가 매우 적으나 육중한 바디감과 마우스필이 느껴진다(68쪽 참고). 물론 로부스타 안에서도 품질 등급이 나뉘며 고품질의 로부스타를 생산할 수 있다. 수년간 이탈리아 에스프레소 문화의 정점에서 영광을 누렸으나 지금 세계 전역에서 생산되는 로부스타는 대부분 업계의 버림을 받고 대규모 제조 공장에서 인스턴트 커피가 된다.

인스턴트 커피 업계는 가격이 맛보다 훨씬 중요한 요소라 생산량의 40퍼센트를 로부스타에 의존하는 실정이다. 퍼센트는 가격과 수요의 변동에 따라 달라질 수 있다. 커피의 세계 표준 가격이 높아지면 더 많은 로부스타가 생산될 것이다. 거대한 다국적 커피 기업들이 아라비카를 대체할 저렴한 품종을 찾아야 하기 때문이다. 흥미로운 사실은 과거 로스터들이 상업성을 높이려고 아라비카 대신 로부스타를 혼합했는데, 그때 커피 소비가 하락세를 보였다는 점이다. 맛의 문제거나 로부스타의 카페인 함량이 아라비카보다 두 배 더 높기 때문일 것이다. 어떤 이유든 유명 브랜드에서 이런 식으로 대충 만들면 소비자들이 금방 눈치채고 커피 마시는 습관을 바꾸는 등 반응을 보인다.

19세기 약용학 서적에 실린 제임스 소워비(James Sowerby)의 작품이다.
코페아 아라비카의 흰 꽃과 열매, 잎사귀를 동판에 조각하고 손으로 채색했다.

129종의 커피나무 원산지는 상당수가 마다가스카르지만 세계 전역에서 재배되고 있다.
호주 퀸즐랜드에서 찍은 이 사진은 커피가 세계적 작물이라는 점을 알려준다.

커피 유전학

커피 업계는 유전적으로 한층 흥미로운 대체물을 찾기 전까지 로부스타를 아라비카의 못난이 동생처럼 취급했다. 그러다 과학자들이 유전자 염기서열 분석을 시작했고, 두 종이 사촌도 형제도 아니라는 사실이 만천하에 드러났다. 오히려 로부스타가 아라비카의 부모 격이라는 놀라운 사실이 밝혀졌다. 수단 남부 어느 지역에서 로부스타를 코페아 유지노이스(Coffea euginoides) 종과 교접해 아라비카를 만든 것으로 추정된다. 이 새로운 종이 널리 퍼지고 오랫동안 커피 발상지로 알려진 에티오피아에서 번성하기 시작한 것이다.

현재까지 알려진 커피나무는 129종이고 대부분이 런던 큐 왕립 식물원(Kew Gardens)에서 밝혀낸 것인데, 우리에게 익숙한 원두나 식물과는 사뭇 다른 모습이다. 원산지는 많은 품종이 마다가스카르지만 남아시아에서, 심지어 더 남쪽인 호주에서 자라는 종도 있다. 현재로서는 그 어떤 종도 상업적으로 이목을 끌지 못한다. 재배 중인 품종의 유전적 다양성이 부족하다는 어려움 때문에 과학자들이 새 품종으로 눈을 돌리기 시작했다.

커피가 전 세계로 퍼진 방식을 통해 유추해볼 때 공통의 선조에서 파생했다는 점을 알 수 있다. 이렇게 커피나무의 유전자 구성이 단순한 만큼 전 세계 커피 생산에는 엄청난 리스크가 존재한다. 나무 하나에 병이 생기면 전체가 영향받을 수 있는 것이다. 1860년대와 1870년대 유럽 전역에서 필록세라진딧물이 포도나무를 초토화하여 와인 업계에 고통을 안겨준 사례처럼 말이다.

커피나무

커피 품종 중에서 가장 흥미로운 코페아 아라비카에 대해 집중적으로 알아보자. 얼핏 보면 모든 아라비카 나무가 다 비슷한 것 같다. 얇은 몸통에 수많은 가지가 뻗어나와 잎과 열매를 지지하는 구조다. 그러나 자세히 살펴보면 자라는 방식에 따라 아라비카 나무마다 차이가 있다는 점을 알 수 있다. 다양한 종이 다양한 생산량, 다양한 색상을 만들어내고 일부는 열매가 무리 지어 열리는 반면 일부는 가지 아래로 일정한 간격을 두고 열린다.

잎 모양도 품종에 따라 천차만별이나 커피의 차이를 결정하는 더 중요한 요인은 열매를 따서 가공하는 방식이다. 그 과정에서 맛도 마우스필도 달라진다(68쪽 참고). 대량 생산 업체가 맛을 1순위로 두고 품종을 선택하지 않는다는 점을 꼭 기억해두자. 커피로 생계를 잇는 이들에겐 나무의 생산성과 병충해에 대한 저항력이 가장 큰 가치다. 모든 생산자가 이런 방식으로 품종을 결정한다는 말은 아니고 생산자의 이윤과 소득이선택에 영향을 미친다는 의미다.

씨앗에서 나무로 자라기까지

기존의 커피 농장은 대부분 묘목장을 보유하고 있다. 이곳에서 키운 묘목을 식재해 생산용으로 사용한다. 먼저 커피씨앗을 비옥한 토양에 심으면 곧 싹이 튼다. 순이 자라기 시작하면서 땅 위로 솟아오르는 커피씨앗을 '솔저(soldier)'라고 부른다. 씨앗이 가느다란 줄기 꼭대기에 붙어 있는 신기한 모습이 꼭 전투모를 쓴 군인 같아서다. 이 상태로 얼마 지나지 않아 콩이 벌어지면서 첫 잎사귀가 등장한다. 커피나무는 빨리 자라는 편이라 6~12개월이 지나면 묘목장에서 나와 생산에 투입된다.

커피를 키우려면 자금뿐 아니라 시간도 투자해야 한다. 새로 심은 커피나무가 자라서 제대로 열매 맺는 걸 보기까지 보통 3년 정도 기다려야 한다.

생산자가 조금이라도 소홀히 하면 수확에 큰 영향을 미치는 터라 커피나무를 키우는 건 쉽사리 결정할 일이 아니다.

꽃과 열매

커피나무는 대부분 1년에 한 번만 수확한다. 일부 국가에서는 두 번씩 수확하기도 하는데, 보통은 열매가 작고 품질이 살짝 떨어진다. 긴 우기가 끝나면 첫 수확이 시작된다. 이때 나무가 꽃을 피우고 하얀 커피 꽃이 재스민을 연상시키는 짙은 향기를 풍긴다.

벌 같은 곤충이 수분을 하지만 아라비카는 자가 수분을 할 수 있어 태풍이나 폭우로 나무가 쓰러지지 않는 한 꽃은 항상 열매를 맺는다.

커피 열매를 수확하기까지 9개월이 걸린다. 불행히도 열매가 똑같이 익어가는 건 아니다. 생산자는 한 번에 열매를 다 따서 덜 익은 열매나 농익은 열매를 어느 정도 감수할 것인지, 아니면 인부를 고용해서라도 여러 차례에 걸쳐 그때그때 잘 익은 열매만 수확할지 힘든 결정을 내려야 한다.

병충해

커피나무는 여러 가지 병충해에 민감하다. 대표적인 병충해인 커피녹병과 커피천공충에 대해 알아보자.

커피녹병 여러 나라에서 로야(roya)라고 알려진 헤밀리아바스타트릭스균이 잎사귀에 주황색 병변을 일으킨다. 그래서 광합성을 못 한 잎사귀가 시들어 떨어지고 결국은 나무까지 말라죽는 것이다. 1861년 동아프리카에서 처음 보고되어 1869년 스리랑카에서 커피나무에 영향을 미치기 시작했고, 그때부터 10년간 커피 농장의 상당수를 파괴하기 전까지 제대로 연구가 이루어지지 않았다. 1970년 브라질에 커피녹병이 퍼졌는데 아프리카에서 카카오 씨앗을 수송할 때 건너왔다고 추정되며 중앙아메리카로 급속히 퍼져나갔다.

현재 커피를 생산하는 전 세계 모든 국가에서 커피녹병이 발견되는데, 기후 변화로 기온이 높아지면서 상황이 더욱 나빠지고 있다. 2013년 중앙아메리카의 여러 국가가 커피녹병의 피해로 긴급사태를 선포하기에 이르렀다.

커피천공충 흔히 브로카(broca)라고 알려진 작은 딱정벌레인 하이포테네무스헴페이가 커피 열매 안에 알을 낳는다. 알에서 깨어난 애벌레가 열매를 파먹어 작물의 품질과 생산량을 줄인다. 커피천공충은 아프리카에서 생겨나 세계 전역의 커피 작물에 가장 큰 피해를 주는 해충이다. 살충제, 덫, 생물학적 방제 등 여러 방면에서 천공충을 없애려는 연구가 진행 중이다.

왼쪽 위: '솔저'로 알려진 발아한 커피 순. 커피나무가 자라는 첫 단계다.
왼쪽 중간과 아래: '솔저'는 이내 모자를 벗고 초록색 잎사귀를 내보인다. 6~12개월 커피나무가 성장하면 묘목장에서 나와 옮겨심을 준비를 마친다.

1년에 한 번 혹은 두 번, 긴 우기가 끝나면 꽃이 활짝 피어 진한 향을 풍긴다. 아라비카는 자가 수분을 하기 때문에 항상 열매를 맺는다.

콜롬비아 친치나에서 자라는 커피 묘목. 여기서 다섯 달 동안 키워 농장에 판다. 다시 3년을 더 키우면 나무가 온전한 열매를 맺는다.

콜롬비아의 구아야발 커피 농장

커피 열매

커피가 일상의 한 부분을 차지하지만, 커피 생산국이 아닌 나라에 사는 우리 중 몇 명이나 커피 열매를 본 적이 있거나 적어도 알아볼 수 있을까?

커피 열매의 크기는 품종에 따라 차이가 있지만 작은 포도알 정도로 보면 된다. 다만 포도와 달리 중앙의 씨앗이 열매의 대부분을 차지하며 외피 안의 과육이 열매를 감싸고 있다.

초록색으로 열린 열매가 익어가면서 색이 짙어진다. 보통 익으면 외피가 진한 붉은색을 띠지만 노란 열매가 맺히는 나무도 있고, 간간이 노란 열매를 맺는 나무와 붉은 열매를 맺는 나무를 교접해 주황색 열매가 탄생하기도 한다. 열매 색깔이 생산량에 영향을 미치진 않지만 노란 열매를 맺는 나무는 열매가 언제 익었는지 파악하기 어려워 꺼리는 편이다. 붉은 열매는 초록색에서 시작해 노란 단계를 거치고 붉은색으로 변한다. 그래서 손으로 딸 때 익었는지 쉽게 알 수 있다.

익은 정도는 열매의 당도와 관련되기 때문에 엄청나게 중요하다. 일반적으로 열매의 당도가 높을수록 맛도 좋다. 그러나 생산자마다 숙성도나 열매를 수확하는 시기는 제각각이다. 혹자는 익은 정도가 다른 열매를 혼합하는 것이 커피의 복합적인 맛을 끌어낸다고 생각하지만, 모든 열매가 제대로 익어야 하고 과하게 익은 열매가 섞인다면 결국 불쾌한 맛을 낸다.

씨앗

커피씨앗 혹은 생두는 여러 층으로 이루어져 있지만 대부분 처리 과정에서 제거되고 우리가 잘 아는 생두만 남는다. 씨앗을 보호하는 외부 층은 파치먼트라고 부르며 씨앗을 감싸고 있는 얇은 층이 실버스킨이다.

대부분의 커피 열매는 두 개의 씨앗이 서로 마주 보고 자라기 때문에 한 면이 납작하다. 간혹 열매 안에 씨앗이 하나만 생기는 피베리(peaberry)가 나오기도 한다. 한 면이 평평하지 않고 둥근 모양이며 전체 커피작물의 약 5퍼센트를 차지한다.

피베리는 다른 수확물과 따로 분리하는데, 피베리만의 특별함을 살려 평범한 생두와 다른 방식으로 로스팅해야 한다고 주장하기도 한다.

달콤한 커피 열매

커피의 과육이 익으면 놀라울 정도로 맛있어서 상큼한 신맛이 살짝 감도는 허니듀멜론(일반 멜론보다 당도가 조금 낮은 멜론으로 미국과 멕시코에서 재배된다.)을 베어문 듯 기분이 좋아진다. 간혹 착즙해서 음료로 마시기도 하지만 익어도 즙이 많지 않을뿐더러 씨앗과 과육을 분리하는 번거로운 작업을 해야 한다.

커피 열매

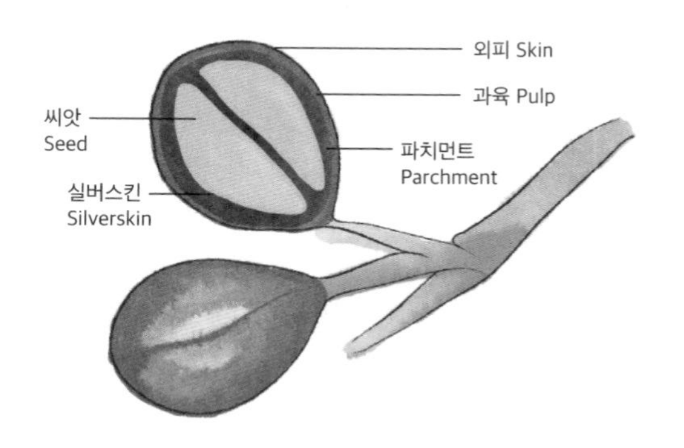

실버스킨과 파치먼트를 떼어낸 커피씨앗이 우리가 분쇄하고 추출하는 생두다.

커피 품종

최초의 커피나무는 에티오피아에서 재배되었고 같은 종인 티피카(Typica)는 지금도 많은 지역에서 자라나고 있다. 현재 다양한 품종이 존재하며 일부는 자연 변이로, 다른 일부는 품종 교배를 통해 등장했다. 독창적인 맛을 지닌 종이 있는가 하면 자란 환경, 재배 방식, 수확 후 처리 과정에 따라 특징을 갖는 품종도 있다.

아라비카만 해도 종류가 여럿이라는 사실을 아는 소비자는 극히 드물다. 전 세계 커피의 상당수가 예나 지금이나 원산지에 따라 거래되기 때문이다. 수입하는 시기에 여러 농장의 수확물을 모은 로트(lot)가 들어오기도 하여 품종은 모른 채 어느 나라에서 생산했는가만 알 수 있다. 지금은 달라지기 시작했지만 소비자는 아직도 나무의 품종이 커피 맛에 미치는 영향력이 얼마나 큰지 알지 못한다.

가장 보편적인 품종들을 소개하기에 앞서 특이한 점이 없는 경우 상세한 맛 정보는 담지 않았다는 점을 미리 밝혀둔다. 커피 맛을 결정하는 요인이 매우 많고 그 요인이 품종에 미치는 영향에 대해 아직 체계적인 연구가 부족한 터, 섣불리 주장했다가 오해를 살 여지가 있다고 판단해서다.

티피카(Typica) 원조로 여기는 품종이다. 여기서 변이되거나 유전적 선택에 따라 다른 품종이 생겨났다. 세계에서 처음 커피를 상업적으로 생산해 유통한 네덜란드가 본국으로 티피카를 가져왔다. 열매는 붉은색을 띠고 컵 퀄리티(cup quality)가 훌륭하나 다른 품종에 비해 상대적으로 생산량이 적다. 전 세계 여러 지역에서 자라고 있으며 크리오요(Criollo), 수마트라(Sumatra), 아라비고(Arabigo) 같은 이름으로도 부른다.

부르봉(Bourbon) 티피카의 자연 변이로 생긴 품종이다. 당시 부르봉이라 부르던 레위니옹섬에서 탄생했다. 티피카보다 생산량이 많지만 스페셜티 업계의 많은 이가 이 품종은 단맛이 두드러져 가치가 높고 귀하다고 여긴다. 열매 색깔은 빨간색과 노란색이 많고 간간이 주황색도 보인다. 과거에는 널리 퍼져서 자랐는데 여러 생산국에서 생산량이 많은 품종으로 교체해버렸다. 당시 시장이 성숙하지 않아서 낮은 생산량을 보상해줄 만큼 큰 값을 치러주지 못한 이유가 컸다.

문도 노보(Mundo Novo) 티피카와 부르봉의 자연 혼종이다. 1940년대 이 품종이 발견된 브라질 지역에서 이름을 따왔으며, 상대적으로 생산량이 많고 튼튼하고 병충해에 강하다. 브라질의 경우 1,000~1,200미터 고도에서 잘 자란다.

부르봉

카투라(Caturra) 1937년 브라질에서 발견된 부르봉의 돌연변이다. 생산량은 높은 편이나 나무가 지탱할 수 없을 정도로 열매를 많이 맺어서 잎이 마르는 경우가 잦다. 그러나 농가에서 잘 관리하면 이런 상황은 충분히 막을 수 있다. 카투라는 콜롬비아와 중앙아메리카에서 특히 인기가 높으며 브라질에서도 널리 재배 중이다. 컵 퀄리티가 괜찮은 편이고 높은 고도에서 자랄수록 품질이 좋아지나 생산량은 줄어든다. 붉고 노란 열매를 맺고 낮게 자라서 왜성식물이나 반왜성식물이라 부르지만 손으로 따기 쉬워 인기가 높다.

카투아이(Catuai) 카투라와 문도 노보 사이에서 탄생한 품종이다. 1950년대와 1960년대 브라질의 캄피나스농업연구소에서 출시했다. 카투라의 왜성 특성에 문도 노보의 높은 생산량과 강인함을 결합했다. 카투라처럼 붉고 노란 열매를 맺는다.

마라고이페(Maragogype) 가장 쉽게 알아볼 수 있는 품종인 마라고이페는 티피카의 변이로 브라질에서 처음 발견되었다. 열매가 아주 큰 만큼 쉽게 구별할 수 있고 상품가치도 높다. 잎사귀 또한 엄청나게 크지만 생산량은 상당히 적은 편이다. 너무 커서 '코끼리' 혹은 '코끼리콩'이라 부르기도 한다. 열매가 익으면 붉은색을 띤다.

SL-28 탄자니아의 건조한 기후에서 살아남아 1930년대 케냐의 스콧연구소에서 출시한 귀중한 신품종이다. 열매는 익으면 붉게 변하고 콩은 평균치보다 크다. 이 품종으로 내린 커피는 블랙커런트로 묘사되는 두드러진 과일 맛이 특징이다. 커피녹병에 취약한 편이며 고도가 높은 곳에서 잘 자란다.

SL-34 부르봉(레위니옹)에서 아프리카로 다시 들여온 프렌치 미션 부르봉(French Mission Bourbon) 품종이다. 처음에는 탄자니아에서 나왔다가 이후 케냐에서도 발견되었다. 과일 풍미가 특징이나 SL-28보다 품질이 떨어진다는 평가를 받는다. 커피녹병에 약하고 열매가 익으면 붉은색을 띤다.

카투라

게이샤 혹은 게샤

게이샤 혹은 게샤(Geisha/Gesha) 정확한 이름을 두고 논란이 있지만 보통 게이샤라고 부른다. 게샤는 에티오피아 서쪽에 자리한 마을 이름인데 코스타리카에서 파나마로 넘어간 에티오피아 원산지 품종으로 알려져 있다. 상당히 풍부한 꽃향기가 특징으로 최근 수요가 늘면서 가격이 올랐다.

파나마 농가 아시엔다 라 에스메랄다에서 2004년 게이샤 로트로 경매에 참여한 이후 유명세를 타며 인기가 급속도로 치솟았다. 매우 특이하고 뛰어난 품질로 경매에서 파운드당 21달러라는 믿을 수 없이 높은 입찰가를 냈다. 이 기록은 2006년과 2007년 파운드당 130달러를 호가하며 갱신되었다. 일반 소비재 등급 커피의 100배 가격인 셈이다. 이후 중앙아메리카와 남아메리카의 많은 생산자가 게이샤를 심기 시작했다.

파카스(Pacas) 부르봉의 자연 변종으로 1949년 엘살바도르의 파카스 가문이 발견했다. 붉은 열매와 낮게 자라는 특성 덕에 수확하기 쉽고 컵 퀄리티가 부르봉과 비슷해서 인기가 있다.

비야 사르치(Villa Sarchi) 처음 발견된 코스타리카의 시내 이름을 땄다. 파카스처럼 부르봉의 자연 변이이며 왜소하게 자라는 점도 비슷하다. 지금은 생산성이 매우 높고 컵 퀄리티가 훌륭하다. 열매는 익으면 붉은색을 띤다.

파카마라(Pacamara) 파카스와 마라고이페의 교배육종으로 1958년 엘살바도르에서 출시했다. 마라고이페처럼 잎과 열매, 생두가 엄청나게 크다. 커피 향미 또한 긍정적인 평가를 받는다. 초콜릿과 과일향이 느껴지며 불쾌한 약초향이나 양파 맛을 내기도 한다. 성숙한 커피 열매는 붉은색이다.

파카마라

켄트(Kent) 1920년대 인도의 커피 품종 개발 프로그램에 참여한 농장주의 이름을 땄다. 커피녹병에 강한 품종을 개발하자는 취지에서 출시했으나 새로운 병충해에 취약하다.

S795 켄트와 S288을 교접한 품종으로 예전에는 커피녹병에 강했다. 인도에서 개발하여 인도와 인도네시아 전역에 널리 심었으나 지금은 병충해 내성이 많이 약해졌다.

아라비카 재래품종 위에서 설명한 품종들은 티피카에서 비롯된 만큼 유전적으로 상당히 비슷하다. 하지만 에티오피아에서 자라는 커피나무의 상당수가 선별 재배 품종이 아닌 토착 가보를 이은 것이라 다양한 품종이 교배되어 생겨났을 거라고 추정한다. 안타깝게도 야생 품종의 유전적 다양성과 컵 퀄리티에 대해서는 아직 정리된 바가 없다.

일반 품종과 지역 품종

'일반 품종'과 '지역 품종'을 혼동하는 경우가 종종 있다. 일반 품종은 한 종에서 유전적으로 나온 다른 종류를 말하며(코페아 아라비카처럼), 나무의 구조를 비롯해 잎사귀와 열매가 다른 특징을 보인다. 일반 품종을 '재배한 품종'의 줄임말인 '재배 품종'이라고 불러도 무방하다.

'지역 품종'은 특정 품종을 가리키는 말이다. 한 농가에서 생산된 품종을 언급할 때 100퍼센트 부르봉 지역 품종이라고 말한다.

브라질 카보베르데 농가에서 기계로 아라비카 커피를 수확하는 모습이다. 효율적인 방식이지만 수확 후 익은 열매와 익지 않은 열매를 선별해야 한다.

커피 수확

커피 열매를 정성껏 수확하는 일은 마시는 커피의 품질을 좌우하기에 근본적으로 중요한 작업이다. 당연히 잘 익은 커피 열매를 수확해 내린 커피 맛이 최고다. 많은 전문가가 커피의 품질이 최고에 달한 시점에 수확하고 그 이후 모든 단계는 품질을 높이는 것이 아니라 보존하는 데 주력해야 한다고 주장한다.

커피가 자라는 지형이 고품질의 커피 열매를 수확할 때 가장 큰 걸림돌로 작용할 것이다. 품질이 뛰어난 커피를 생산하려면 고도가 중요하므로 많은 커피 농가가 산악 지대 가파른 언덕에 자리하고 있다. 단순히 나무 사이를 오가는 것도 상당히 힘든 수준이다. 물론 모든 커피 농가가 다 그런 것은 아니다.

기계 수확

브라질은 고도가 높은 평지가 많아 커피를 풍부하게 생산한다. 평지라서 커다란 기계가 가지런히 서 있는 나무들을 따라 내려가며 열매를 수확한다. 기계가 나무를 흔들어서 열매를 떨어뜨리는 것이다. 기계 수확의 가장 큰 문제는 열매가 충분히 익기 전에 따버린다는 데 있다. 커피나무에 맺힌 열매는 저마다 성장 속도가 달라서 익은 열매와 익지 않은 열매가 함께 매달려 있는데, 기계가 그 차이를 구별해내지 못하고 한 번에 모조리 따버리는 것이다. 수확 후에 익은 것과 익지 않은 것을 선별하는 작업이 필요하며 나무에서 함께 떨어진 가지와 잎사귀 역시 따로 분리해서 폐기해야 한다. 기계를 쓰면 다른 수확 방법보다 생산 비용이 저렴하지만 전체적으로 수확 품질이 크게 떨어진다.

스트립 피킹(Strip Picking)

언덕에선 기계를 가동할 수 없어 대부분은 사람의 손으로 커피 열매를 수확한다. 손으로 수확할 때 가장 빠른 방법은 한 번에 가지 전체를 재빠르게 훑어서 열매를 벗기듯이 따내는 것이다. 기계 수확처럼 신속하다는 장점이 있으나 열매를 제대로 골라내는 정확도는 떨어진다. 비싼 기계를 갖추거나 평지여야 할 필요가 없어서 좋지만, 수확 후 익은 열매와 익지 않은 열매를 선별하는 작업이 필요하다.

핸드 피킹(Hand-Picking)

고품질의 커피를 얻으려면 핸드 피킹이 가장 효과적이다. 잘 익은 열매만 골라 따고 덜 익은 열매는 나중을 위해 남겨두는 것이다. 꽤 고된 노동인 데다 인부들이 잘 익은 열매만 수확하도록 철저히 관리해야 하는 어려움이 있다. 수확한 열매의 무게만큼 임금을 받기 때문에 인부는 덜 익은 열매까지 따서 무게를 올리고 싶은 충동을 느낀다. 품질을 중요시하는 생산자라면 숙련된 인부에게 인센티브를 주는 방식을 고려해봐야 한다.

인력난

핸드 피킹에 들어가는 비용이 차츰 문제가 되고 생산 단가의 상당수를 차지하는 실정이다. 선진국에서 커피를 생산하면 비용이 아주 많이 드는 이유다(하와이에서 생산되는 코나 Kona 커피처럼). 개발도상국에선 커피 열매 따는 일을 직업으로 삼으려 하지 않는다. 중앙아메리카의 커피 농장들은 지역별로 수확 시기가 조금씩 달라서 임시 노동자를 고용하는데, 그들이 이곳저곳 옮겨다니며 일하는 것이다. 이들 노동자 상당수가 중앙아메리카에서 가장 빈곤한 니카라과 출신이다. 커피 열매를 따는 인부를 구하는 일은 앞으로도 힘들 전망이고, 푸에르토리코에선 커피 수확에 죄수들을 동원하기도 했다.

열매 분류 작업

열매를 수확하여 로트에 담기 전 다양한 분류 방식을 통해 덜 익은 것과 너무 익은 것을 추려낸다. 인건비가 상대적으로 낮은 국가와 장비에 돈을 투자할 여력이 없는 곳에선 수작업으로 진행한다.

선진국은 부유 탱크로 선별 작업을 한다. 우선 물이 가든 든 대형 탱크에 커피 열매를 쏟아붓는다. 잘 익어서 바닥에 가라앉은 열매는 펌프를 통해 주 처리 단계로 이동한다. 물 위에 떠오른 덜 익은 열매는 걷어내서 따로 작업한다.

낙과

커피 생산자는 나무에서 자연스럽게 떨어진 열매도 익은 정도와 상관없이 잘 모아뒀다가 저품질의 커피 로트로 보낸다. 제아무리 세계 최고의 커피 농장이라 해도 낙과가 나오는 건 어쩔 수 없다. 낙과를 땅에 방치하면 커피천공충(16쪽 참고) 같은 해충을 끌어들여 문제가 생길 수 있다.

수확한 커피 열매는 부유 탱크에서 분류한다. 익은 열매는 탱크 아래로 가라앉아 펌프를 통해 빨려나가기 때문에 위에 뜨는 덜 익은 열매만 따로 처리하면 된다.

인건비가 싼 곳에선 잘 익은 커피 열매를 최대한 수확하기 위해 인부가 손으로 직접 딴다.

엘살바도르의 작업자가 손으로 딴 커피 열매를 다시 분류하고 있다.

수확한 커피 열매는 습식 도정을 거친다. 이 과정에서 생두에서 과육을 분리하고 건조한 다음 보관과 선적 준비를 한다.

커피 공정

수확한 커피 열매를 가공하는 방식에 따라 최종 결과물이 상당히 달라지는 까닭에 그 과정을 설명하고 판매하는 일이 중요해지고 있다. 커피 생산자들이 미리 특정한 풍미를 염두에 두고 가공 방식을 선택한다는 말은 사실과 다르다. 극소수는 그럴지도 모르나 다수의 생산자는 공정을 통해 '결점두'가 생길 가능성을 최소화하고 품질을 보존하여 커피의 경제 가치를 지키려 한다.

수확한 커피 열매는 습식 도정을 거쳐 과육에서 콩을 분리한 다음 안전한 보관을 위해 건조 과정으로 넘어간다. 커피콩은 60퍼센트의 수분을 머금고 있다가 팔려서 선적되기 전까지 11~12퍼센트로 낮아진다. 습식 도정은 개인 농장의 작은 기기부터 엄청난 양의 커피를 처리하는 산업화 시설까지 다양하다.

습식 도정을 거치면 열매에서 파치먼트 단계로 넘어가 콩은 건조하지만 여전히 파치먼트가 붙어 있는 상태다. 이 파치먼트가 커피콩을 보호해 주지만 선적하기 직전 파치먼트를 제거하기 전까지 커피 품질이 고스란히 유지되는 건 아니다.

'습식 도정'이라는 용어에 살짝 오해의 소지가 있어 일부 생산자는 공정 과정에 물을 넣으면 습식 도정이 되는 걸로 이해한다. 그러나 이 초기 작업과 나중에 껍질을 벗기고 선별하는 '건식 도정' 사이에는 뚜렷한 차이가 있다(37쪽 참고).

공정이 마시는 커피의 품질에 엄청난 영향을 미친다는 사실은 의심의 여지가 없다. 숙련된 생산자가 특정한 수준의 품질을 끌어내기 위해 공정을 조절하는 추세다. 그러나 이런 생산자는 아직 극소수에 불과하다.

최대한 이윤을 남기는 상품을 만드는 것이 공정의 목표인 만큼 생산자는 처리 방식을 두고 고심할 수밖에 없다. 일부 공정은 다른 공정에 비해 시간과 비용 혹은 자연 자원이 더 들어가기에 커피 생산자는 신중하게 결정한다.

자연 공정

건조 과정이라고도 알려진 이 과정은 커피를 가공하는 가장 오래된 방식이다. 수확한 커피 열매를 햇살 아래 잘 펴서 말린다. 벽돌을 깐 앞마당(파티오)에 펼쳐놓기도 하고, 공기가 잘 통해서 골고루 마르도록 특별 제작한 건조용 테이블을 사용하기도 한다. 곰팡이가 피거나 발효하거나 썩는 일이 발생하지 않도록 규칙적으로 열매를 뒤집는 작업이 중요하다. 커피를 제대로 말리면 외피와 열매가 자연히 분리되며, 그렇게 생두를 수출 전까지 보관한다.

자연 공정 과정에서 커피에 특정한 맛이 더해지는데 긍정적으로 작용하는 경우도 있지만 주로 부정적인 영향을 미친다. 물을 전혀 쓸 수 없는 상황이라면 자연 공정 과정이 유일하므로 에티오피아와 브라질 일부 지역에서는 흔한 방식이다. 이렇게 생산된 커피는 제대로 익지 않은 열매에 적합하다고 알려져 결국 지역 시장에서 헐값에 팔린다. 생산자가 건조 테이블까지 제작해가며 이런 싼값에 커피를 넘긴다는 부분이 이해되지 않을 수도 있다. 이 방식을 이용해 고품질의 커피를 생산하는 농장도 있지만, 정성과 손공이 많이 필요한 과정이라 인건비가 더 들어서 단가가 비싸지는 경험을 자주 한다.

자연 공정은 매우 전통적인 방식으로 남아 있고, 신경 써

자연 건조 공정은 수확한 열매를 다루는 가장 오래된 방식이다. 햇볕에 말리고 제때 뒤집어 너무 발효하거나 곰팡이가 피거나 썩는 것을 방지한다.

서 준비한 로트의 경우 어느 정도 수준 높은 품질을 보장한다. 품종과 지역에 상관없이 과일 풍미가 더해져 보통 블루베리, 스트로베리, 열대과일 맛으로 묘사되는데 가끔은 퇴비, 날것, 발효, 거름 같은 부정적인 용어가 등장하기도 한다.

자연 공정으로 탄생한 고품질 커피에 대한 평가는 극과 극이다. 많은 이가 과일 맛이 풍부한 커피의 가치를 높게 평가하며 그 속에 담긴 가능성이 엄청나게 유용하다고 믿는다. 그러나 야생의 불쾌한 맛을 경험하는 일도 있고, 자연 공정을 거친 커피를 더 많이 생산해달라는 구매자의 요청에 걱정하기도 한다. 자연 공정은 결과물을 예측할 수 없기에 고품질 로트를 생산해도 손해를 입어 소득이 줄어들 수 있다.

세척 공정

건조에 앞서 씨앗에 붙은 끈적한 과육을 모두 제거하기 위해 세척 과정을 거친다. 건조 중에 커피콩이 잘못될 확률을 크게 줄여 가치를 더 높일 수 있다. 다만 이 공정은 다른 공정보다 비용이 훨씬 많이 든다.

수확한 커피 열매는 디펄퍼(depulper) 기계를 사용해 외피와 과육을 제거하고 깨끗한 탱크나 물통에 넣어서 발효한 뒤 남은 과육을 제거한다.

펙틴이 다량 함유된 과육은 씨앗에 견고하게 붙어 있다가 발효 과정에서 떨어져나간다. 생산자마다 사용하는 물의 양이 제각각이고 폐수를 방출할 수밖에 없어 환경 파괴에 대한 우려도 존재한다.

발효 시간 역시 고도, 주위 온도 등 여러 가지 요인에 따라 달라진다. 더울수록 이 공정이 빨리 진행된다. 커피를 너무 오래 발효하면 안 좋은 맛이 배어든다. 과정이 끝났는지 확인하는 방식도 다양하다.

디펄퍼 기계를 사용해 커피 열매의 과육을 벗기는 모습이다. 깨끗한 수조에 넣으면 남은 과육이 발효 과정에서 떨어져나간다.

'결점두'의 정의

'결점두'는 나쁜 맛을 낼 소지가 있는 콩을 가리키는 커피 업계 용어다. 일부는 생두 상태일 때 드러나기도 하지만, 맛을 봐야 비로소 알게 되는 것도 있다.

벌레 먹은 것처럼 가벼운 결함을 지닌 결점두는 쉽게 추려낼 수 있다. 문제는 금속, 벗어진 페인트, 유황 맛이 섞인 것 등 생각만 해도 끔찍한 페놀 커피가 나오는 경우다. 이런 결점두가 생기는 원인은 아직 제대로 밝혀지지 않았다. 열악한 공정이 커피를 발효시키고 불쾌한 맛을 더해 품질을 떨어뜨려서 결점두가 생길 수도 있다. 그 과정에서 퇴비와 썩은 과일 맛이 더해지기도 한다.

건조 속도와 보관 변수

아직 초기 단계지만 연구를 통해 커피 열매를 아주 천천히 고르게 건조하면 품질이 좋을 뿐 아니라 생두 상태로 보관해도 본래의 향과 맛을 오래 유지할 수 있다는 점이 드러났다. 반대로 커피를 너무 서둘러 말리면 로스터에게 전달되고 몇 주 혹은 몇 달 안에 매력적인 특성을 잃어버린다. 로스터와 커피 소비자 모두에게 반갑지 않은 일이다.

자연/건조 공정

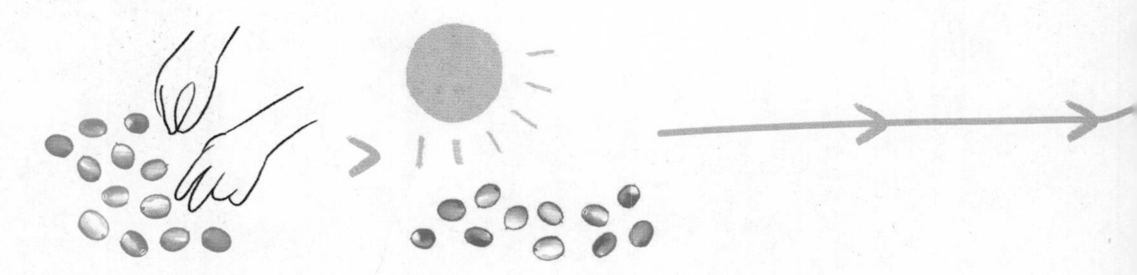

덜 익은 열매 추려내기 수확한 커피 열매 중 설익은 열매를 손으로 분류한다.

건조 잘 익은 열매를 햇볕 아래 펼쳐놓고 공기가 골고루 통하게 갈퀴질을 한다.

펄프드내추럴 가공방식

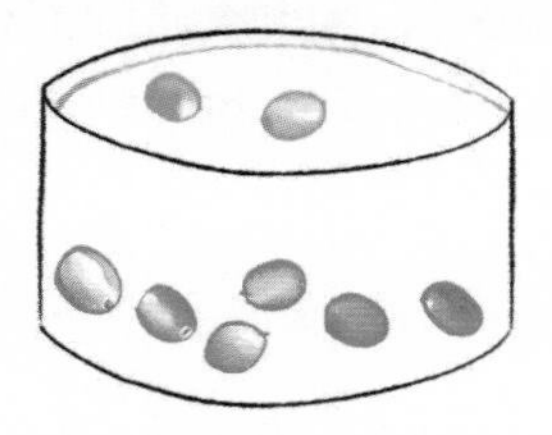

덜 익은 열매 추려내기 수확한 커피 열매를 부유 탱크에 넣으면 익은 열매는 밑으로 가라앉아 분리할 수 있다. 덜 익은 열매는 위로 뜬다.

과육제거(pulping) 디펄퍼를 사용해 외피와 과육을 벗겨낸다.

건조 벗겨낸 열매를 마당이나 건조대에 펼쳐놓고 빠르게 말리면 단맛과 바디감이 높아진다.

워시드 가공방식

덜 익은 열매 추려내기 수확한 커피 열매를 부유 탱크에 넣으면 익은 열매는 밑으로 가라앉아 분리할 수 있다. 덜 익은 열매는 위로 뜬다.

과육제거 디펄퍼를 사용해 외피와 과육을 벗겨낸다.

발효 커피 열매를 깨끗한 물에 넣으면 남은 과육이 떨어진다.

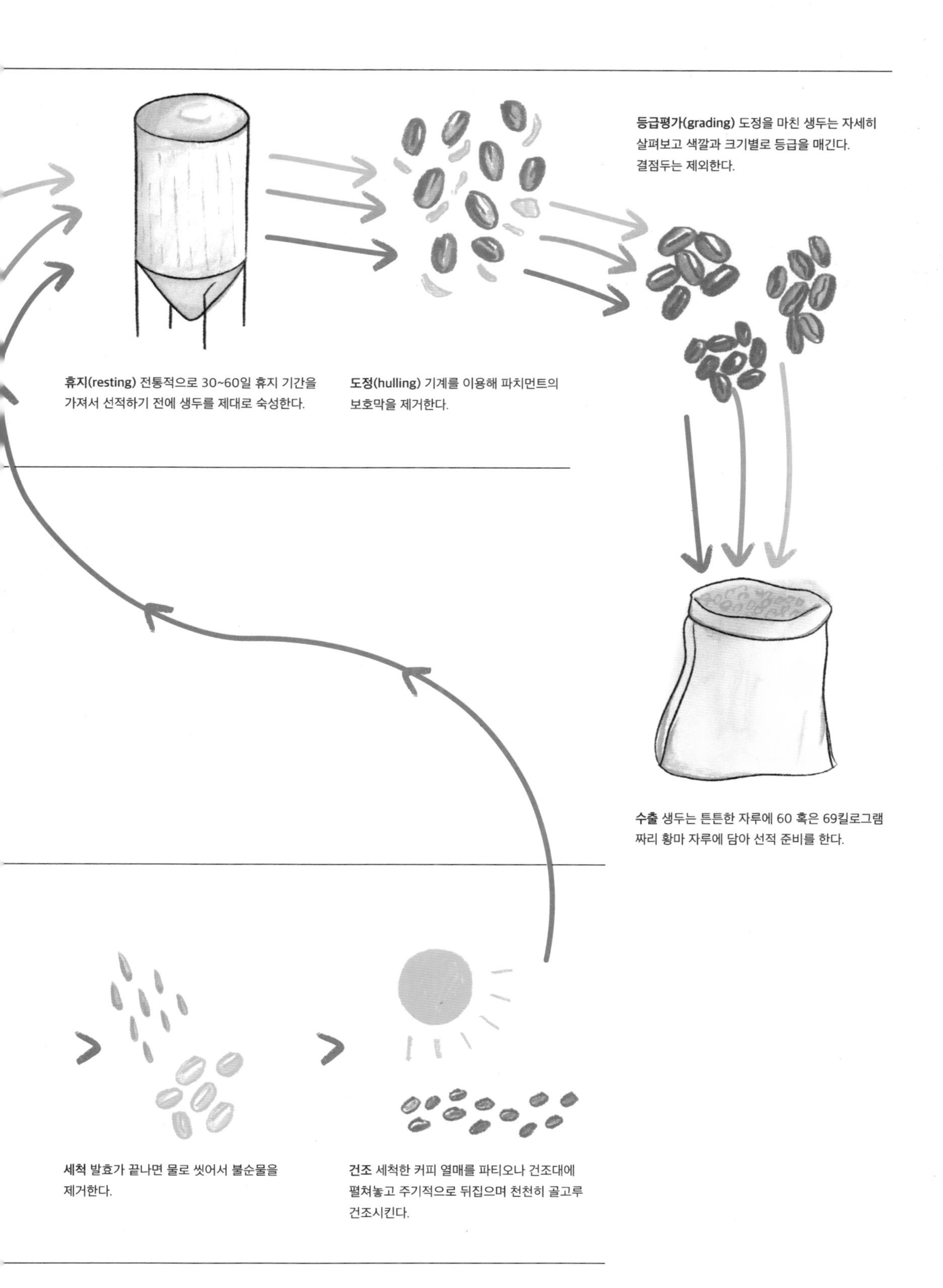
등급평가(grading) 도정을 마친 생두는 자세히 살펴보고 색깔과 크기별로 등급을 매긴다. 결점두는 제외한다.
휴지(resting) 전통적으로 30~60일 휴지 기간을 가져서 선적하기 전에 생두를 제대로 숙성한다.
도정(hulling) 기계를 이용해 파치먼트의 보호막을 제거한다.
수출 생두는 튼튼한 자루에 60 혹은 69킬로그램짜리 황마 자루에 담아 선적 준비를 한다.
세척 발효가 끝나면 물로 씻어서 불순물을 제거한다.
건조 세척한 커피 열매를 파티오나 건조대에 펼쳐놓고 주기적으로 뒤집으며 천천히 골고루 건조시킨다.

깍지를 벗긴 열매를 손으로 분류해 크기와 색깔의 등급을 매기고
결점두를 추려낸다. 시간이 많이 드는 과정이나 원두의 품질은 한층 높아진다.

일부 생산자는 커피 열매를 비벼서 과육이 떨어지고 씨앗만 부드럽게 빠져나오는 방식을 활용한다. 탱크에 막대기를 넣고 펙틴으로 가득 찬 물에 점성이 생겨 막대기가 서면 불리는 과정이 끝난 것으로 보기도 한다.

열매를 씻어 잔여물을 제거한 뒤 건조 준비를 한다. 보통 벽돌 파티오나 건조용 테이블에 펼쳐놓고 햇빛에 말리는 게 정석이다. 위에서 설명한 자연 공정처럼 커다란 갈퀴로 뒤집으며 천천히 골고루 말려야 한다.

햇빛이 부족하거나 습도가 높은 지역은 건조기를 돌려서 콩의 수분 함량을 11~12퍼센트까지 떨어뜨린다. 컵 퀄리티로 평가하자면 기계 건조가 태양 건조보다 맛이 형편없는 경우가 더 많다. 물론 마당에서 햇볕에 말렸다고 금세 최상의 원두가 나오는 것도 아니다(33쪽 박스 참고). 고품질 커피 생산자들이 결점두를 줄이기 위해 습식 공정을 선택하는데 이는 컵 퀄리티에도 영향을 준다. 다른 공정과 비교했을 때 습식 공정을 거친 원두가 더 높은 산미를 보이며 복합적인 맛도 좋고 한층 깔끔하다는 평가를 받는다. 커피의 세계에서 '깔끔한 맛(cleanliness)'은 맛이 나쁘거나 비정상으로 거칠고 떫은 맛 등 부정적인 맛이 없음을 나타내는 중요한 용어다.

혼합 공정

펄프드 내추럴 프로세스(Pulped natural process)

브라질에서 주로 사용하는 이 공정은 커피 처리 기기 제조사인 핀할렌스의 실험을 통해 등장했다. 세척 공정에서 사용하는 것보다 물을 적게 써서 고품질의 커피를 생산하자는 취지였다.

기계를 써서 수확한 열매의 외피와 과육을 벗겨내고 곧장 건조대나 파티오로 직행한다. 결점두가 될 위험은 줄이고 커피에 단맛과 바디감을 높이는 과육만 남겨두는 것이다. 다만 이 공정도 껍질을 벗긴 뒤에 신경 써서 건조해야 한다.

허니(미엘) 프로세스(Honey/miel process)

코스타리카와 엘살바도르를 포함한 중앙아메리카 여러 국가에서 활용하는 방식으로 펄프드 내추럴 프로세스와 흡사하다. 기계로 과육을 벗기는 것은 맞지만 펄프드 내추럴 프로세스보다 물을 적게 쓴다. 디펄퍼가 알아서 열매에 과육을 남기는데, 그렇게 나온 원두는 '100퍼센트 허니' 혹은 '20퍼센트 허니' 식으로 언급한다. 미엘은 스페인어로 과일의 점액, 즉 '허니'를 말한다.

커피콩에 과육이 많이 남을수록 건조할 때 발효되거나 결점두가 생길 위험이 커진다.

세미 워시드 프로세스 (Semi-washed process)/ 습식 탈곡 공정(Wet-hulled process)

인도네시아에서 보편화된 공정으로 길링 바사(giling basah)라고 부른다. 수확한 열매의 과육을 벗겨서 대충 말린다. 다른 공정처럼 커피콩의 수분 함량을 11~12퍼센트로 낮추는 것이 아니라 30~35퍼센트 정도로 건조하여 껍질을 벗기고 파치먼트를 제거한 다음 생두를 드러낸다. 생두는 다시 건조에 들어가는데, 썩을 위험이 없을 때까지 충분히 말려서 보관한다. 이 두 번째 건조 과정에서 열매가 진한 초록색으로 변한다.

세미 워시드 프로세스는 선적 직전까지 콩의 파치먼트를 유지한다는 특징이 있다. 여러 곳에서 이를 결점두로 보지만 시장이 인도네시아 커피 맛에 익숙해지면서 이 방식을 중단하라는 요구는 없었다. 세미 워시드 커피는 산미가 낮고 다른 커피보다 바디감이 뛰어나며 공정 과정에서 나무, 흙, 곰팡내, 향신료, 담배, 가죽 등 다양한 맛이 생긴다. 이것이 이상적인가를 두고 업계 내에서도 의견이 분분하다. 자연 공정처럼 이런 맛이 커피 고유의 풍미를 덮어버린다는 의견이 많은데, 사실 인도네시아산 커피가 어떤 맛인지 알아볼 기회가 많지는 않다. 그러나 습식 방식을 쓰는 인도네시아 커피가 시중에 나와 있으며 찾아볼 가치도 충분하다. 포장지의 '세척' 혹은 '완전 세척'이라는 표기에서 확인할 수 있다.

헐링과 선적

습식 도정을 거쳐도 커피콩에는 여전히 파치먼트가 붙어 있다(세미 워시드 방식을 쓰지 않은 한). 이제 보관 중 썩을 염려가 없을 정도로 수분 함량도 떨어졌다. 전통적으로 이 단계에서 30~60일 동안 휴지한다.

전통 방식으로 열매를 휴지하는 부분에 대해 제대로 연구되지 않았지만, 사례를 통해 이 단계를 건너뛰면 커피 맛이 싱겁고 불쾌하다는 점이 드러났으므로 더 숙성시키는 쪽이 바람직하다. 이 단계가 선적 이후에 이루어지는 숙성에도 영향을 미친다는 증거까지 있다. 아마도 원두의 수분 함량과 관계가 있는 듯하다.

휴지가 끝난 열매가 팔리면 이제 파치먼트를 벗긴다. 이 시점까지 파치먼트는 보호층 역할을 하지만 무게와 부피를 차지하기 때문에 선적 전에 제거해서 비용을 줄여야 한다.

헐링은 기계를 통해 건식 도정(과육을 제거해 콩을 건조하는 습식 도정과 반대)을 거친다. 건식 도정기는 원두의 등급을 정하고 분류하는 역할도 하다. 헐링이 끝나면 생두가 기계를 통과하면서 색깔이 분류되고 분명한 결함이 있는 생두는 버려진다. 여러 크기의 구멍이 난 커다란 채가 이리저리 움직여 크기별로 분류하면 마지막으로 사람이 직접 등급을 나눈다.

시간이 많이 들어가는 이 과정은 중앙에 컨베이어 벨트가 지나가는 커다란 테이블에서 진행되는데, 가끔은 남자 대신 여자들이 넓은 파티오에서 작업하기도 한다. 각자 자신의 할당량을 살피면서 최대한 결점두를 제거한다. 가끔은 자동 컨베이어 벨트를 이용해 주어진 시간 안에 작업해야 할 때도 있다. 공정이 느린 만큼 원두에 엄청난 비용을 더하지만 품질을 급격히 향상시킨다. 어렵고 단조로운 작업이 분명하고 고품질의 원두가 비싼 건 당연한 터, 이들 작업자는 더 높은 급여를 받아야 마땅하다.

자루에 담기

이제 원두는 원산지에 따라 60킬로그램 혹은 69킬로그램의 황마 자루에 담을 준비가 되었다. 황마 자루에 폴리에틸렌을 여러 겹 덧입혀 습기를 막거나 진공 포장 후 판지 상자에 넣어 배에 싣기도 한다.

황마는 저렴하고 쉽게 구할뿐더러 환경 오염이 거의 없어 오랫동안 자루의 재질로 사랑받고 있다. 그러나 스페셜티 커피 산업이 선적과 보관 과정에 관심을 기울이면서 대체품을 모색 중이다.

선적

원두는 보통 원산지에서 컨테이너를 통해 운송된다. 한 컨테이너에 300자루까지 실을 수 있으나 하급 원두의 경우 컨테이너 벽 전체를 천으로 감싸고 생두를 쏟아부었다가 로스터가 도착하는 날 전체 컨테이너 분량을 가공하기도 한다. 컨테이너는 로스팅 업체의 수취 지점으로 덤프트럭처럼 들어가 내용물을 비우고 나온다.

컨테이너선으로 원두를 수송하는 방식은 환경에 미치는 영향이 적은 편이고(커피 업계의 다른 부분과 비교했을 때 분명히 그렇다), 가격도 상당히 저렴하다. 단점을 꼽자면 원두가 열과 습기에 노출되어 품질이 떨어질 수 있다는 것이다. 또한 선적은 복잡한 과정이라 여러 국가의 검역 체계에 따라 서류 작업을 기다리며 덥고 습한 항구에서 몇 주, 심하면 몇 달 동안 대기해야 할 수도 있다. 이 부분이 로스터들에게 엄청난 스트레스를 준다. 항공 화물 수송 역시 환경친화적이지 못하고 재정적으로도 지속 가능한 대안이 될 수 없기에 업계에서 크게 안타까워하는 실정이다.

선별과 등급 매기기

여러 국가에서 생두는 품질이 아닌 크기에 따라 등급을 매겨왔다. 이 두 가지 요인은 큰 관련이 있지만 엄밀히 말하면 그렇진 않다. 나라마다 등급에 사용하는 용어도 다르다(박스 참고).
일반적으로 체를 이용해 등급을 매기는데, 체에 뚫려 있는 구멍의 크기별로 번호를 매겨놓았다. 전통적으로 짝수(14, 16, 18 등)는 아라비카, 홀수는 로부스타를 선별할 때 사용한다. 외피를 제거한 뒤 기계가 여러 층의 체에서 생두를 흔들어 등급을 분류한다.

피베리(PB)가 가장 작은 생두(조각난 생두는 해당 사항 없음)의 기준점이다. 피베리는 커피 열매가 두 개가 아닌 하나의 씨앗을 품었을 때 생긴다. 맛이 강하다고 알려져 있으나 다 그런 건 아니다. 피베리로 내린 커피의 맛을 큰 원두와 비교해보는 건 늘 흥미로운 경험이다.

커피콩이 크다고 다 좋은 건 아닌데 작은 생두는 로스팅하기 수월하고 그 결과물도 한층 균일하다. 크기마다 밀도가 다르기 때문이다. 생두가 작을수록, 혹은 밀도가 낮을수록 크고 밀도가 높은 원두보다 빠르게 로스팅된다. 이 말은 원두를 혼합할 경우 일부는 이상적인 로스팅 수준에 도달하지 못한다는 의미이기도 하다.

보편적인 크기 등급

커피 생산 지역별 보편적인 크기 등급에 대해 알아보자.

콜롬비아 수프리모(Supremo)와 엑셀소(Excelso)가 기본 등급이다. 엑셀소는 14~16사이즈로 16~18(혹은 그 이상)인 수프리모보다 작다. 원두 판매 방식이 선구적인 콜롬비아는 이 같은 등급을 활용해서 품질을 강조한다(204쪽 참고)

중앙 아메리카 전통적으로 조금 더 큰 사이즈를 수프리모라 부른다(크기를 통해 품질을 강조하기 위해서다). 피베리는 카라콜(caracol, 스페인어로 달팽이-옮긴이)로 알려져 있다.

아프리카 가장 큰 것은 AA, 그보다 작은 건 AB, A 순으로 분류한다. 케냐 같은 커피 생산국에서는 크기에 따른 등급에 품질을 맞추려고 노력하는데, AA 등급은 내수 경매를 통해 더 높은 가격에 팔린다.

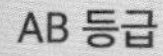

피베리

커피 열매 안에 씨앗이 하나만 맺혀서 자란 원두를 말한다.

AB 등급

크기를 기준으로 품질이 좋다고 하지만 AA 등급보다는 가치가 떨어진다.

AA 등급

가장 크고 가장 비싼 커피콩이며 특정한 커피 로트에서 생산된다.

펄프드 내추럴 프로세스

과육이 조금 붙은 상태이며 살짝 주황색을 띤다.

완전 세척

다른 두 공정을 거친 생두보다 깨끗하다.

자연/건조 공정

처리 과정을 통해 다른 커피콩과 달리 전형적으로 진한 주황색/갈색을 띤다.

파카마라/마라고이페

비정상으로 커서 가장 이상적으로 여기는 경우가 많다.

남부 에티오피아의 커피 생산 공동체인 예가체프(Yirgacheffe) 근교에서
작업자들이 60킬로그램짜리 황마 자루를 꿰매는 모습이다.
이곳에서 생산한 제품은 인기가 많아 전 세계로 수출한다.

커피 거래 방식

세상에서 두 번째로 많이 거래되는 소비재가 커피라고 한다. 거래 빈도나 경제 가치에서 보자면 사실이 아니다. 실제로는 톱 5에도 들지 못한다. 그런데도 원두 거래는 윤리적 무역 단체들의 집중 조명을 받고 있다. 구매자와 생산자는 으레 부유한 선진국이 제3세계를 개척하는 식의 관계로 설명된다. 이런 식으로 착취하려는 이들도 분명 있겠지만 소수에 불과하다.

원두 가격은 파운드당 미국 달러로 책정한다. 세계 가격이 정해져 있어서 이를 C-프라이스(C-price)라고 부른다. 뉴욕증권거래소에서 거래하는 일반 커피에 매기는 가격이다(7쪽 참고). 원두 생산 단위는 자루다. 아프리카산, 인도네시아산, 브라질산이면 60킬로그램짜리 자루, 중앙아메리카산이면 69킬로그램짜리 자루다. 자루는 구매 단위일 수 있으나 거시적 규모로 보자면 원두는 선적 컨테이너당 거래되며 한 컨테이너에 300자루가 들어간다.

예상과 달리 꽤 적은 퍼센트의 원두만 뉴욕증권거래소에서 거래된다. 반면 C-프라이스는 세계 커피의 최저가이자 생산자가 원두를 파는 최소 수준의 가격이다. 특정 로트의 원두 가격은 C-프라이스에서 추가로 차별화된다. 역사적으로 코스타리카와 콜롬비아를 포함해 일부 국가에선 원두에 더 높은 차등을 두었으나 이런 방식은 스페셜티 커피가 아닌 일반 등급 커피 무역에 치중하는 상태다.

C-프라이스를 토대로 할 때 생기는 문제는 가격이 유동적이라는 점이다. 대개 가격은 수요와 공급에 따라 결정되고 어느 정도는 C-프라이스에 부합한다. 2000년대 말 전 세계의 커피 수요가 증가하면서 가격은 오르고 공급은 줄어들기 시작했다. 당연히 C-프라이스가 최고가까지 치솟아 2010년에는 파운드당 3달러를 호가했다.

그러나 단순히 수요와 공급에 의해 결정되는 것이 아니라 다른 요인들도 가격에 영향을 미친다. 중간 상인을 비롯하여 높은 수익률을 노리고 헤지 펀드를 통해 유입되는 자금도 무시할 수 없다. 이런 요인들이 개입하면 시장이 불안정해진다. 최고가를 찍고 가격이 차츰 낮아져서 이윤이 남지 않는 수준까지 떨어지기도 한다.

C-프라이스가 생산 비용을 반영하진 않으므로 생산자가 커피를 키우면서 적자를 보는 상황도 생긴다. 이 문제를 풀기 위해 여러 가지 해결책이 등장했으나 공정 무역(fair trade) 운동이 가장 성공적이라 볼 수 있다. 물론 지속 가능한 커피 증명 제도가 많은데 유기농무역연합(Organic Trade Association)과 열대우림동맹(Rainforest Alliance)이 대표적이다(43쪽 박스 참고).

1937년 브라질 산투스항에서 원두 자루를 배에 싣는 모습이다. 요즘은 선적용 컨테이너로 운송하며 한 대에 300자루가 들어간다.

증명서/인증서	유기농	공정 무역 인증	열대우림동맹
목표	자연과 조화를 이루고 생물의 다양성과 토양의 건강을 증진하는 식품을 생산하는 공신력 있고 지속 가능한 농업 체계 구축.	공정한 가격, 직거래, 공동체 개발과 환경 관리를 통한 개발도상국의 농가에 더 나은 삶을 지원.	생물다양성 보존, 공동체 발전, 작업자의 권리, 생산적인 농업 실천을 결합해 종합적으로 지속 가능한 농가 경영 창출.
역사와 발전	영국, 인도, 미국에서 19세기에 형성된 것으로 추정. 첫 번째 인증 1967년. 국제적으로 인정받는 시스템과 전 세계적 생산을 발전시킴.	1970년대 네덜란드에서 막스 하벨라르(Max Havelaar)가 최초로 시작. 지금은 독일을 기반으로 한 공정 무역 인증 기구(Fairtrade Labelling Organization International)가 전 세계 20개국의 지점과 협력.	1992년 열대우림동맹과 라틴아메리카 비정부기구인 지속 가능한 농업 네트워크(Sustainable Agriculture Network,SAN)의 연합으로 출범. 첫 번째 커피 농가 인증은 1996년에 이루어짐. 열대우림동맹이 인증한 TM 프로그램은 생산, 환경 보호, 농가와 지역 공동체의 권리와 복지를 위한 총체적 기준에 부합하도록 요구.

공정 무역

공정 무역이 정확히 어떻게 진행되는지 약간의 혼란이 남아 있지만, 양심적으로 구매하려는 사람에게 도움이 되는 성공적인 방식이라는 부분에선 의심의 여지가 없다. 흔히 공정 무역의 공약이 실제 적용 범위보다 포괄적이고 이론상 어떤 커피라도 공정 무역 인증을 받을 수 있다고 생각한다. 사실은 그렇지 않다. 생산자가 커피 업계 내부의 복잡한 재정 거래 구조 때문에 대우를 받지 못한다는 폄하 여론도 공정 무역을 힘들게 하는 요인이다.

공정 무역은 시장이 공정 무역에서 책정한 기본 가격보다 상승하면 지속 가능한, 혹은 파운드당 0.05달러의 프리미엄을 C-프라이스에 올려주도록 보장한다. 공정 무역의 모델은 커피 생산자와 협력하기 위해 설계된 것으로 단순히 생산된 원두의 상태를 보증하지는 않는다. 공정 무역을 비난하는 쪽에서는 생산 이력제(traceability)가 이루어지지 않고 돈이 생산자에게 반드시 간다는 진정한 보장이 없다며 불평하고 부패로 인한 경로 변경의 위험도 걱정한다. 농가에서 원두의 품질을 높일 장려책이 전혀 없다는 비난도 있다. 그러나 공정 무역은 스페셜티 커피 업계의 많은 이가 커피 조달 방식을 바꾸고, 세계 시장의 수요와 공급에 따라 가격을 결정하고, 원산지나 품질은 전혀 신경 쓰지 않는 일반 소비재 모델에서 벗어나게 해주었다.

스페셜티 커피 업계

스페셜티 로스터가 원두를 사들이고 생산자와 관계를 구축하는 다양한 방식을 설명하는 용어가 몇 가지 있다.

릴레이션십 커피(Relationship Coffee) 생산자와 로스터 사이에 구축되는 관계를 설명할 때 사용하는 용어다. 보통은 대화와 협동을 통해 더 나은 품질의 원두와 지속 가능한 가격을 얻고자 한다. 이상적인 효과를 얻으려면 로스터 쪽에서 충분한 양의 원두를 구입해야 한다.

직거래 한층 최근에 생겨난 용어로 로스터가 수입업자, 수출업자 혹은 제3자가 아닌 생산자에게 직접 원두를 사들이고 소통하는 것을 지칭한다. 문제는 커피 업계에서 수입과 수출업자의 중요한 지위를 격하시켜 그들을 단순히 생산자의 이득을 잘라먹는 중간 상인으로 전락시킬 위험을 안고 있다는 점이다. 직거래가 성공하려면 로스터가 영향력을 미칠 만큼 원두를 충분히 사들여야 한다.

공정 무역 투명성과 생산 이력제가 시행되는 곳에 제대로 가격을 치르고 구입하는 것을 의미한다. 구매 윤리를 정당화하는 인증서는 없지만 일반적으로 무역에서 공정성을 담보로 한다. 제3자가 개입할 수 있지만 가치를 더하는 경우로 국한된다. 고객이 특정 커피가 공정 무역을 통해 구입된 것인지 묻지 않는 한 아주 보편적인 용어는 아니다.

이 모든 구매 모델은 로스터가 생산 이력제라는 투명한 방식으로 구입하고 공급망에서 불필요한 중재자를 배제해 농가가 고품질의 커피를 생산하도록 촉진할 합당한 가격을 지불하는 데 있다. 그러나 용어와 사상은 비평 없이 존재할 수 없다. 제3자의 입증이 없다면 로스터가 실제로 그들이 말한 방식으로 구매했는지 알 길이 없다. 일부 로스터가 수입업자나 중간 거래상이 생산 이력을 추적한 커피를 사고선 직거래나 릴레이션십 커피라고 주장할 가능성도 있다.

생산자를 위한 장기적 관계를 보장한다는 법도 없고 일부 커피 구매자는 단순히 매년 자신들이 얻을 수 있는 최고의 로트를 쫓을 수도 있다. 그러나 적어도 그들은 제대로 가격을 치른다. 이런 식의 접근이 품질에 대한 장기적 투자를 어렵게 만드는 점은 있지만, 일부 중간 상인이 소규모로 일하는 사람들을 위해 가치 있는 서비스를 제공한다는 부분도 간과해서는 안 된다. 전 세계로 움직이는 커피 유통에는 일정 수준의 전문성과 숙련된 기술이 필요한데 상당수의 소규모 로스터가 직접 하기에는 어려움이 있다.

소비자에게 주는 조언

원두를 구입할 때 소비자가 정말 윤리적으로 나온 원두인지 확신하긴 어렵다. 일부 스페셜티 로스터는 제3자에게 인증받는 구매 프로그램을 개발해두었지만 대다수는 그렇지 못하다. 생산 이력 추적이 가능하고 생산자의 이름이 적혀 있거나 적어도 농가, 노동조합 혹은 공장의 이름이라도 있으면 더 좋은 가격을 주고 사도 무방하다. 소비자가 기대하는 투명성의 정도는 국가에 따라 다르며, 생산국 내 각 분야의 세부적인 체계에 따라 달라진다. 마음에 드는 커피 로스터를 찾았다면 원두를 어떻게 구매했는지 더 많은 정보를 물어볼 수 있다. 대부분은 자신이 하는 일에 엄청난 자부심이 있어서 기꺼이 정보를 알려줄 것이다.

커피 경매

인터넷 경매를 통해 원두를 파는 사례가 증가하고 있다. 생산 국가에서 대회를 열면 농가마다 최고의 원두를 소량으로 제출해서 심사받는 방식이다. 커피 테이스터들이 판정단으로 나와 등급과 순위를 매기는데, 첫 단계에서 지역 판정을 한 다음 전 세계 커피 구매자단이 최종 과정에서 테이스팅을 한다. 우승한 로트의 원두는 경매에서 아주 높은 가격으로 낙찰된다. 이런 경매는 원두에 지불하는 가격을 온라인으로 공개해서 전 과정을 추적할 수 있도록 투명하게 진행한다.

원두의 품질을 토대로 브랜드를 구축하려는 소규모 커피 생산지에서 낸 아이디어가 발전한 방식이다. 국제적인 구매자들의 흥미를 끌면 경매를 할 수 있다. 아시엔다 라 에스메랄다라는 파나마 농가가 처음 시작했고, 경매에서 엄청난 가격을 입찰받아 신기록을 세우기도 했다(254쪽 참고).

수확한 커피 열매를 분류하고 세척하여 덜 익은 것과 농익은 것을 제거한 뒤 잎사귀와 흙, 가지도 추린다. 수작업으로 진행하며 불순물은 체로 걸러낸다.

커피 음료의 짧은 역사

이 책은 전 세계 커피 생산의 역사를 다루지만 그 과정에서 늘어난 수요 역시 중요하게 생각한다. 커피는 진정 인류가 사랑하는 식품이 되었고 물 다음으로 세상에서 가장 인기 있는 음료라는 말을 심심치 않게 들을 수 있다. 그 주장을 입증할 근거는 없지만 커피가 여러 가지 형태로 어디에나 존재하는 것을 보면 완전히 틀린 말은 아닌 듯하다.

처음 커피를 마시기 시작한 기원도 불투명하고 뒷받침할 근거가 별로 없다. 일찍이 에티오피아에서 커피나무 열매를 동물 지방으로 싸서 기운을 돋우는 스낵으로 먹었다는 기록이 있으나 중요한 부분이 빠져 있다. 누가 과일의 씨앗을 발라내고, 불에 볶고, 갈아서 가루로 만들고, 그 가루에 뜨거운 물을 부어 걸러낸 음료를 마시기로 결정했냐는 것이다. 인류에게 엄청난 도약이지만 결코 풀 수 없는 미스터리로 남아 있다는 점이 몹시 애석하다.

15세기 말 커피를 마셨다는 기록이 있으나 1475년 콘스탄티노플에서 개장한 키바 한(Kiva Han)이 최초의 커피하우스라는 설을 뒷받침할 자료는 부족하다. 이 정보가 사실이라면 커피는 예멘에서 키웠을 테고, 그 지역에서 소비되었을 거라는 추측이 가능하다. 커피는 정치, 종교 사상과 빠르게 결합했고 커피하우스는 1511년 메카에서, 1532년 카이로에서 금지당했다. 하지만 두 경우 모두 빗발치는 요청에 승복하여 금세 해제되었다.

1950년대 런던에서는 이탈리아식 커피를 내놓는 카페가 새롭게 유행을 탔다. 최근 커피의 인기가 다시 높아지면서 커피숍과 완벽한 브루잉에 대한 호기심도 늘어났다.

커피, 유럽과 그 너머에 도달하다

커피 음료는 1600년대까지 유럽으로 전파되지 않았고 이후 유럽의 커피하우스에서는 기호보다 의료 목적으로 소비되었다. 커피는 1600년대 초 베네치아를 통해 전해졌으나 커피하우스는 1645년이 될 때까지 등장하지 않았다. 런던 최초의 커피하우스는 1652년에 개장했고, 이후 100년간 이 도시는 커피와 사랑에 빠졌다. 당연히 문화, 예술, 무역, 정치에 영향을 미쳤으며 도시 자체에도 지속적인 파급 효과를 남겼다.

프랑스에서는 커피가 유행처럼 번졌다. 루이 14세의 궁정에 진상한 뒤 왕실 내 커피의 인기가 높아지자 커피를 마시는 습관이 고스란히 파리 전역으로 퍼졌다.

오스트리아 빈은 1600년대 말 풍부한 카페 문화를 발전시킨 또 다른 장소다. 빈 최초의 카페 블루보틀(Blue Bottle)은 1683년 오스만제국이 빈 점령에 실패하고 달아날 때 남기고 간 커피콩을 사용했다는 매력적인 스토리가 있는데 사실과는 거리가 먼 듯하다. 최근 등장한 자료를 보면 1685년 빈에 최초의 카페가 들어섰다.

커피 마시는 습관과 커피 문화를 전파한 결정적인 순간은 차와 관련이 있다. 1773년 보스턴 차 사건이 벌어지고 미국인들은 영국의 억압에 맞서 보스턴 항구에 정박 중인 상인들의 배를 공격해 차를 배 밖으로 던져버렸다. 대영제국에 저항한 중요한 사건일 뿐 아니라 커피가 미국의 애국 음료가 된 역사적인 순간이기도 하다. 급속히 증가하는 인구는 급속히 성장하는 시장을 의미했고, 이후 미국은 커피 산업에서 영향력이 커졌다.

혁신을 통한 변화

미국은 커피 역사의 핵심이 된 혁신이 이루어진 곳이기도 하다. 커피를 전 세계 모든 가정에서 저렴하게 즐기도록 해준 것이다. 1900년 힐 브로스라는 업체가 커피를 진공 포장 캔에 넣어 팔기 시작했다. 이렇게 유통 기간을 늘린 덕분에 가정에서 원두를 직접 로스팅할 필요가 줄었으나 소규모 지역 로스팅 업체는 큰 타격을 입었다.

1년 뒤 일본 화학자 사토리 카토가 인스턴트 혹은 물에 잘 녹는 커피 생산 특허를 취득했다. 그가 최초의 발명가로 알려졌다가 최근 들어 1890년 뉴질랜드에서 데이비드 스트랭(David Strang)이 고안한 것으로 판명 났다. 인스턴트 커피는 품질보다 편의성을 중시했고 굳이 비쌀 필요가 없어서 많은 사람이 편하게 마실 수 있었다. 지금도 인스턴트 커피는 전 세계 어디서나 큰 인기를 누리고 있다.

유럽은 집에서 마시는 커피보다 카페에서 마시는 커피를 중심으로 혁신되었다. 최초의 에스프레소 머신에 대해 다양한 주장이 있으나 기본 원리를 활용한 특허는 1884년부터 시작되었다. 1901년 루이지 베제라(Luigi Bezzera)가 자신의 기기로 특허를 등록했고, 그는 에스프레소 머신을 발명했다고 알려져 있다.

이들 기계 덕분에 카페 운영자들은 필터 커피의 강도로 비슷한 용량의 커피를 더 많이, 더 빠르게 내릴 수 있었다. 커다란 스프링을 이용해 고압에서 추출하는 방식이야말로 에스프레소 기술의 위대한 도약이다. 1945년 아킬레 가치아(Achille Gaggia)가 발명했다고 주장하나 그가 어떻게 특허권을 획득했는지는 불분명하다. 고압 브루잉은 지금 우리가 아는 에스프레소를 추출하는 방식이다. 짙은 갈색 거품인 크레마가 올라간 농도 짙은 소량의 커피 한 잔 말이다.

에스프레소 바는 1950년대 여러 도시에서 성행했고 1960년대는 커피 소비만큼 문화도 발달했다. 기술 측면에서 에스프레소 브루잉은 기계 하나로 전체 음료를 빨리 만들 수 있어 카페에만 적합하다.

1600년대 중반 유럽에서 최초의 커피하우스가 문을 열었고, 커피는 이내 맥주와 와인 대신 아침 식탁에서 마시는 음료로 자리 잡았다. 아메리카 대륙에서는 1773년 보스턴 차 사건 이후 커피의 인기가 급증했는데, 커피를 마시는 일이 곧 애국이라 여겼다.

현재 커피숍은 대중적인 입맛을 위한 달고 부드러운 커피부터 단일 산지 푸어 오버(pour-over) 방식의 전문 수제 커피까지 모든 기호를 충족한다.

현재의 커피

현대 커피의 역사에서 스타벅스(Starbucks)를 빼놓을 순 없다. 시애틀에서 로스팅과 원두를 파는 상점으로 시작한 이 업체는 하워드 슐츠(Howard Schultz)가 경영을 맡으면서 지금 우리가 아는 세계적인 기업으로 탈바꿈했다. 슐츠는 이탈리아 여행에서 영감을 받았다고 말했지만, 이탈리아 사람들은 스타벅스를 그렇게 생각하지 않는다. 스타벅스와 관련 사업이 지금 세계적으로 일어나는 스페셜티 커피 업계의 성장 토대를 제공했다는 점은 분명하다. 스타벅스는 커피를 집 밖에서 마시는 더 인기 있는 음료로 만들었고, 커피 한 잔이 가져다주는 보상에 대한 기대치를 높였다. 이 기업은 여전히 엄청난 영향력을 행사하고 중국 같은 신흥 커피 시장을 개척하는 중이다.

현대 스페셜티 커피 업계는 원산지와 그 토양이 맛에 어떤 영향을 미치는가에 집중한다. 그래서 카페의 브루잉, 판매, 서빙 방식에도 영향을 미쳤다. 커피를 마시는 일이 단순히 아침잠을 깨우는 행위에서 벗어나 자신을 표출하고 가치를 표현하거나 합리적인 소비를 드러내는 행동으로 진화했다. 이제 커피 소비는 전 세계 수많은 문화와 복잡하게 얽혀 있다.

PART TWO: FROM BEAN TO CUP
생두에서 커피가 되기까지

커피 로스팅

로스팅은 커피에서 가장 매혹적인 분야다. 아무 맛이 없고 불쾌한 풀내가 나는 초록색 커피 씨앗을 놀라울 정도로 향이 풍부하고 매력적인 커피콩으로 탈바꿈하는 마법을 부린다. 갓 로스팅한 커피의 향은 매혹적이고 사람을 흥분시키며 완벽하게 맛있다. 이 장에서는 상업용 로스팅에 대해 다룰 것이다(가정용 로스팅은 118~119쪽을 참고).

상대적으로 질이 떨어지는 상업용 커피 로스팅에 대해 방대한 연구가 이루어졌으나 주로 공정의 효율성과 인스턴트 커피 생산 방식을 다루고 있다. 이들 커피는 특별히 흥미롭지도 않고 맛이 좋지도 않다. 단맛을 높이기 위한 연구도 없고 특정 커피 재배지나 품종만의 고유한 맛을 끌어내려는 노력도 없다.

전 세계 스페셜티 로스터들은 여러 사람이 실패한 부분에 직접 도전해서 시행착오를 겪으며 스스로 단련하고 능력을 키운다. 로스팅 업체마다 고유의 스타일과 미학 혹은 로스팅 철학이 있다. 그들은 자신이 즐기는 맛을 재현하는 방식을 잘 이해하지만, 각기 다른 로스팅 방식을 창출하기 위한 전체 과정에 대해서는 많이 부족한 편이다. 물론 맛이 좋고 로스팅이 잘된 커피가 드물다고 말하려는 건 아니다. 세계 어디서든 그런 커피를 찾을 수 있다. 오히려 더 나은 로스팅 기술로 이어질 수밖에 없는 분야를 탐험하고 발전 가능성 역시 무궁무진해 품격 있는 커피 로스팅의 미래가 밝다고 해도 좋다.

짧게 혹은 길게, 약하게 혹은 강하게?

간단히 말하면 커피 로스팅은 커피콩의 최종 색상(연하거나 진하거나)과 그 색을 얻는 데 들어가는 시간(짧게 혹은 길게)이라고 보면 된다. 원두를 약하게 로스팅했다고 설명하는 것만으로는 부족하다. 로스팅을 짧게 했을 수도 있고 길게 했을 수도 있기 때문이다. 원두가 같아 보여도 빠르게 볶는 것과 느리게 볶는 것은 맛의 차이가 꽤 크다.

로스팅 과정에서 완전히 다른 화학작용이 일어나며 원두의 무게가 줄어드는데 단지 습기가 제거돼서 그런 것은 아니다. 긴 로스팅(14~20분)은 60초 정도면 끝나는 짧은 로스팅보다 무게 손실(16~18퍼센트)이 크다. 로스팅 시간을 길게 정하면 더 나은 품질을 얻을 수 있다.

로스팅은 커피의 맛을 좌우하는 세 가지 요인인 산미, 단맛, 쓴맛을 결정한다. 생두를 오래 볶을수록 산미는 떨어진다. 반대로 오래 볶으면 쓴맛이 천천히 증가하고 색도 짙어진다.

단맛은 종 모양의 곡선을 이루며 산미와 쓴맛의 정점 사이에서 가장 높다. 훌륭한 로스터라면 단맛의 최대치를 뽑아내 아주 달면서도 산미가 꽤 훌륭하거나 달콤하면서도 중간 정도의 산미를 갖도록 로스팅 방식을 자유자재로 조절할 수 있다. 물론 로스팅 방식을 바꾼다고 처음부터 품질이 좋지 않은 커피를 괜찮게 만들 수는 없다.

로스팅 과정은 커피콩의 산미, 단맛, 쓴맛에 영향을 미친다.
로스터는 불을 조절하고 시간을 섬세하게 맞춰서
세 가지 요소의 균형을 잡는 방법을 찾아야 한다.

로스팅단계

로스팅은 몇 가지 핵심 단계가 있고, 단계별로 특정 생두가 거치는 속도가 곧 로스팅 프로파일이다. 대부분의 커피 로스터가 로스팅 프로파일을 세심하게 조절해 온도와 시간의 아주 빽빽한 경계 안에서 맛을 살리려고 노력한다.

Stage 1: 건조

생두는 7~11퍼센트의 수분이 콩의 조밀한 구조에 균일하게 퍼져 있다. 원두는 수분이 있으면 갈색으로 변하지 않는다. 무엇을 조리하든 갈색으로 변하는 과정을 지켜보면 알 수 있다.

커피콩을 로스터 기기에 넣고 열을 충분히 흡수하여 서서히 수분을 날리도록 건조해야 한다. 그래서 엄청난 열과 에너지가 필요하다. 처음 몇 분은 로스팅을 해도 커피콩의 외형이나 향이 달라지지 않는다.

Stage 2: 황변

콩의 수분이 빠지면 첫 번째 갈변 반응이 시작된다. 이 단계에서는 여전히 밀도가 높고 바스마티 쌀(basmati rice)과 비슷한 향이 나며 살짝 빵 같은 느낌이 든다. 콩이 팽창하기 시작하면서 얇은 종이 같은 외피, 겉껍질이 갈라진다. 겉껍질은 로스터 기기의 공기 흐름에 의해 생두에서 떨어져나간다. 여기에 불이 붙지 않도록 안전하게 따로 분리한다.

로스팅은 처음 두 단계가 매우 중요하다. 제대로 건조하지 않은 콩을 다음 단계에서 골고루 볶지 않으면 표면은 잘 로스팅한 것처럼 보이지만 속은 설익는다. 이렇게 만든 커피는 불쾌한 맛을 내는데 겉에서는 쓴맛이, 안 익은 속에서는 시큼한 맛과 풋내가 올라온다. 로스팅을 오래 한다고 이 문제가 해결되진 않는다. 원두는 각 부분이 반응하는 속도가 다르기 때문이다.

Stage 3: 첫 번째 갈라짐

갈변 현상이 시작되어 반응 속도가 빨라지면 가스(주로 이산화탄소)가 차면서 콩의 내부 습기가 증발한다. 압력이 너무 높으면 콩이 갈라지면서 '펑' 소리를 내고 두 배 가까이 커진다. 이때부터 익숙한 커피 맛이 생기기 시작하고 로스터는 언제든 로스팅을 끝낼 지점을 정할 수 있다.

이 시점에서 커피콩 내부의 온도가 올라가며 반응 속도가 감소하는데 비슷한 양의 열을 추가해도 마찬가지다. 열이 올라가지 않으면 커피콩은 그저 '구운' 로스팅이 되며 맛이 좋지 않은 커피가 나온다.

Stage 4: 로스팅 발달

첫 번째 갈라짐 단계 이후 커피콩은 표면이 한층 부드러워졌지만 전체적으로는 그렇지 않다. 이 단계에서 생두의 최종 색깔과 로스팅 정도가 결정된다. 이때 로스터는 최종 결과물의 산미와 쓴맛의 균형을 조절할 수 있는데, 로스팅이 지속되어 쓴맛이 증가하면 산미는 급격하게 떨어진다.

Stage 5 : 두 번째 갈라짐

이 단계에서 커피콩이 다시 갈라지기 시작하나 한층 조용하고 딱딱한 소리를 낸다. 두 번째 갈라짐에 이르면 기름이 커피콩 표면으로 흘러나온다. 산미가 상당히 사라지고 새로운 맛이 나타나는데 이를 일반적인 '로스팅' 맛이라고 부른다. 이 맛은 커피콩의 종류와 본질적인 특성에 따라 작용하는 것이 아니라 볶는 과정에서 생기는 어쩔 수 없는 결과다.

두 번째 갈라짐을 지나 로스팅하면 콩에 불이 붙을 수 있어서 매우 위험하다. 대규모 상업 기기의 경우 각별한 주의가 필요하다.

커피 로스팅에서 '프렌치 로스팅'이나 '이탈리아 로스팅'이라는 용어를 쓴다. 둘 다 아주 진하게 로스팅하는 것을 가리키며 바디감과 쓴맛이 높고 생두의 특징이 상당히 사라진 상태다. 많은 사람이 이 방식으로 로스팅한 커피를 즐기지만, 다양한 원산지에서 나온 고품질의 커피의 맛과 특성을 즐기기엔 적절치 않다.

생두

수분 함량 10~12퍼센트로 아직 커피 맛이 나지 않고 아주 조밀/단단하다.

건조

수분이 증발하기 시작했으나 맛이나 향이 발달하기 전이다.

황변

원두가 로스팅되기 시작했다. 이 단계에서 바스마티 쌀과 비슷한 향이 난다.

황변

수분이 거의 다 사라지고 커피콩이 살짝 갈색을 띠기 시작한다.

황변

갈색을 띠기 시작했으나 아직 커피보단 빵 냄새가 난다.

첫 번째 갈라짐 전

이제 갈색을 띠나 여전히 거친 산미에 풋내가 난다.

첫 번째 갈라짐

커피콩 내부에 가스가 차서 펑 하고 터지기 시작하며 크기도 커진다.

발현

이제 콩에서 커피 같은 향/맛이 나지만 단맛과 이상적인 맛을 끌어내려면 더 많은 시간이 필요하다.

발현

커피콩이 엄청나게 매끄러워지고 좋은 향을 풍기기 시작한다.

로스팅 종료

이상적인 결과물은 로스터의 의견에 좌우된다. 많은 사람이 괜찮게 볶아졌다고 생각할 텐데, 좀 더 로스팅하면 좋았을 거라고 하는 사람도 있다.

커피 업자들은 수백 년 동안 향에 따른 거래 기록을 보유해왔다. 이 18세기 판화는 페르시아 거리 행상인 의 모습을 보여준다. 안 클로드 콩트 드 카일루스(Anne Claude Comte de Caylus)의 작품이다.

커피의 당분

많은 사람이 커피의 단맛을 이야기한다. 로스팅 과정에서 자연스럽게 당분이 생기는 과정을 이야기하는 것은 중요하다.

초록색 생두에는 적정량의 당분이 들어 있다. 모든 당분이 단맛을 내는 것은 아니나 보통은 그렇다. 당분은 로스팅 온도에 꽤 민감하게 반응하고 수분이 증발한 뒤에는 각기 다른 방식으로 열에 반응한다. 일부는 캐러멜화가 진행되어 특정 커피에서 발견되는 캐러멜 풍미를 더한다. 이런 방식으로 반응하는 당분은 덜 달고 결국 쓴맛을 더한다는 점을 꼭 기억해두자. 다른 당분은 커피의 단백질과 만나 마이야르 반응(Maillard reaction)을 일으킨다. 오븐에서 고기가 익으며 갈색으로 변하는 현상을 말하지만, 코코아나 커피를 로스팅할 때도 사용하는 포괄적인 용어다.

첫 번째 갈라짐 단계를 마치면 당분은 거의 남아 있지 않다. 전부 다양한 반응에 관여해 엄청난 향 혼합물이 되는 것이다.

커피 속 산(酸)

생두에 들어 있는 다양한 유형의 산은 일부는 좋은 영향을 미치고 일부는 그렇지 못하다. 로스터에게 특히 중요한 건 클로로겐산(CGAs)이다. 이 불쾌한 산이 안 좋은 맛을 내지 않도록 없애거나 이상적인 화합물이 되도록 만드는 일이 로스팅의 핵심 목표라고 볼 수 있다. 퀸산(quinic acid) 같은 다른 부류의 산은 로스팅 과정에서 안정되어 기분 좋고 깔끔한 맛을 더한다.

커피 속 방향족화합물

훌륭한 커피 향의 대부분은 로스팅 과정에서 세 가지 반응 중에 생겨난다. 마이야르 반응, 캐러멜화, 아미노산과 관련 있는 또 다른 유형의 화학반응인 스트레커 분해(Strecker degradation)다. 이들 반응은 전부 로스팅 중 열기에 의해 형성되며 커피의 맛을 좌우하는 800가지 다양한 휘발성 방향족화합물을 창출한다. 와인보다 커피에서 더 많은 방향족화합물이 발견되었으나 커피는 품종에 따라 몇 가지 방향족화합물로 구성되어 있을 뿐이다. 막 로스팅한 커피의 향은 매우 다양하고 복합적이어서 완전히 동일한 커피를 다시 만들려는 시도는 실패로 돌아간다는 뜻이다.

로스팅 프로파일

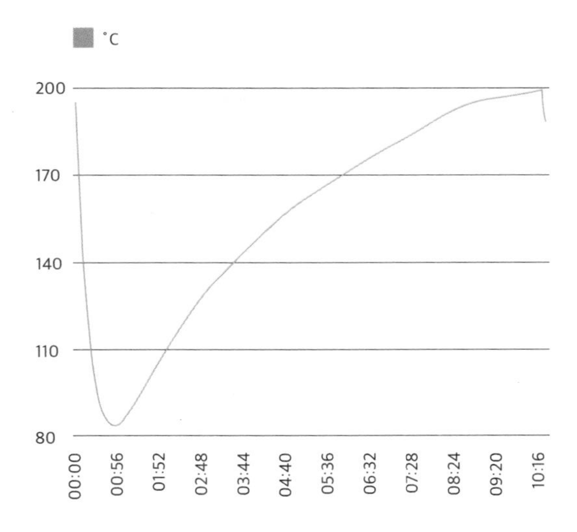

로스터들은 로스팅 과정에서 커피콩의 온도를 살폈다. 시간별로 로스팅 공정이 얼마나 빠르게 변하는가에 따라 로스터는 최종 커피의 맛을 정할 수 있다.

퀀칭(Quenching)

로스팅한 커피를 재빨리 식혀야 과한 로스팅 혹은 부정적인(또는 구운) 맛이 발달하지 않는다. 적은 양을 로스팅할 때는 주로 차가운 쟁반을 이용해 신속히 공기와 접촉해서 식힌다. 많은 양의 경우 공기만으로는 부족하다. 커피에 물을 뿌리면 물이 증발해 수증기로 변하면서 원두의 열기를 빼앗아간다. 제대로 하면 전혀 나쁜 효과를 미치지 않지만 원두가 살짝 더 빨리 숙성되는 단점이 있다. 그러나 많은 업체가 필요 이상으로 물을 뿌려 커피콩의 무게를 늘리고 묶음당 가격을 높이려고 한다. 이는 비윤리적인 행위이자 커피의 품질에도 악영향을 끼친다.

로스터 기기의 종류

원두는 소비하는 곳 가까이에서 로스팅하는 경향이 있다. 생두가 로스팅한 원두보다 더 안정적이고 원두는 로스팅한 지 한 달 안에 사용했을 때 최적의 맛을 내기 때문이다. 로스팅 방식은 다양하나 가장 널리 사용하는 로스팅 기기는 직화식 로스터(drum roaster)와 열풍(hot-air) 혹은 플루이드 베드 로스터(fluid-bed roaster)가 있다.

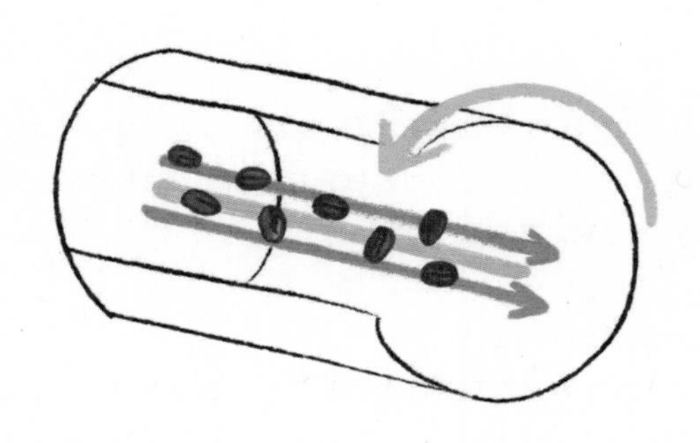

직화식 로스터

20세기 초에 등장한 직화식 로스터는 천천히 로스팅할 수 있어 수제 로스터에게 인기가 높다. 불꽃 아래서 금속 드럼이 빙빙 돌아가며 커피콩을 계속 움직여 균일한 로스팅이 이루어진다.

로스터가 가스 불꽃을 조절하여 통 안의 공기 흐름을 통제하고 열기가 통으로 곧장 들어가서 퍼지는 속도를 조정할 수 있다.

직화식 로스터는 크기가 다양하며 가장 큰 것은 묶음당 500킬로그램까지 로스팅할 수 있다.

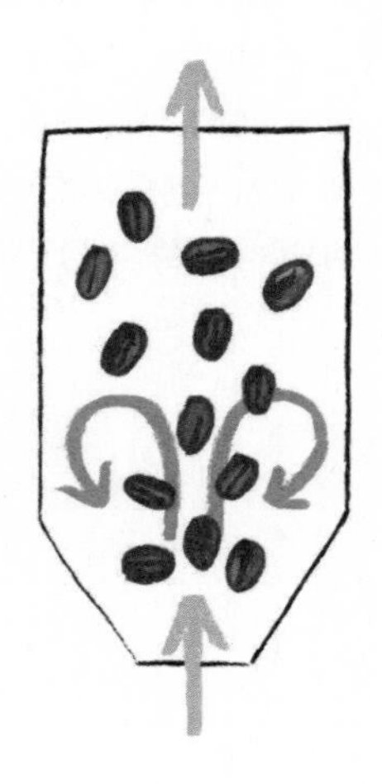

플루이드 베드 로스터

1970년대 마이클 시베츠(Michael Sivetz)가 개발한 이 로스터는 뜨거운 열을 기기 속으로 쏘아올려 콩을 흔들고 열을 가하는 방식이다. 로스팅 시간이 직화식보다 엄청나게 줄어들어 커피콩이 좀 더 부푸는 경향이 있다. 높은 공기 전도열이 원두에 신속하게 닿아서 직화식보다 빠르다.

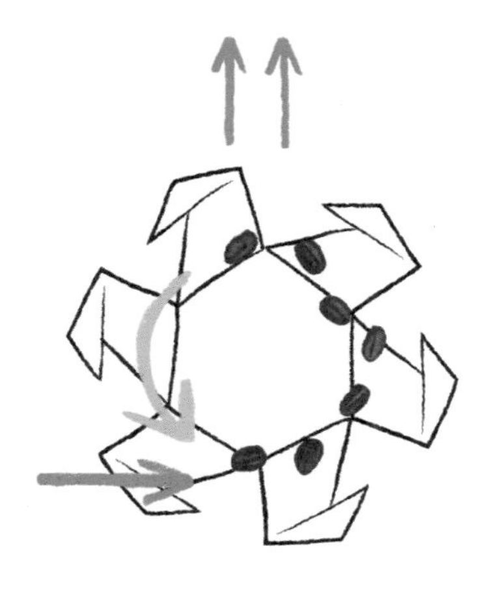

접촉식 로스터(Tangential Roasters)

프로밧에서 개발한 이 로스터는 커다란 직화식 로스터와 비슷하나 열을 가하는 동안 내부의 삽이 커피콩을 골고루 섞어서 많은 양도 효과적으로 볶을 수 있다. 아주 큰 직화식 로스터보다 한참 많은 양을 볶진 못하지만 빠른 로스팅 속도가 장점이다.

원심분리형 로스터(Centrifugal Roasters)

아주 많은 양의 커피콩을 엄청나게 빨리 볶을 수 있다. 커다란 원추형 통이 돌아서 열기를 내며 커피콩을 벽으로 보내면 콩이 다시 통 가운데로 떨어지는 과정을 반복한다. 로스팅 시간은 최저 90초까지 가능하다.
아주 빠른 속도로 로스팅하면 무게 손실을 최소화하고 콩에서 추출할 수 있는 커피의 양도 증가하기에 인스턴트 커피를 만들 때 유용하다. 이렇게 짧은 로스팅은 최고 품질의 커피를 생산하기에는 적합하지 않다.

원두 구입과 보관

항상 최고의 원두를 고르는 법칙 같은 건 없다. 어디서 구매하고 어떻게 저장할 것인가 등 몇 가지 포인트만 기억하면 훌륭한 커피를 마실 확률이 높아진다.

커피는 주로 슈퍼마켓에서 구입하는데, 그러지 말아야 하는 이유가 수없이 많다. 특히 신선도가 문제다(64쪽 참고). 하지만 커피를 슈퍼마켓에서 사지 말아야 하는 가장 큰 이유는 전문 상점에서 구매하는 즐거움을 온전히 누리기 위해서가 아닐까. 소규모 상점주는 커피 이론을 겸비한 열정 넘치는 인물이라고 봐도 무방하니 이들과 교류할 기회를 만들어 보자. 원하는 커피에 대해 조언을 구하거나 구입 전에 시음하는 등 도움도 받을 수 있다. 누군가와 직접 소통하면 정말로 마음에 드는 커피를 고를 확률이 올라가는데, 그동안 어떤 커피를 즐겼는지 알려주면 금상첨화다.

강도 가이드

슈퍼마켓에서 파는 커피의 포장지를 보면 강도에 대해 적혀 있다. 하지만 강도와 전혀 관계가 없다. 한 컵당 얼마나 넣어야 하는지 안내하는 내용이고 커피의 쓴맛만 강해질 뿐이다. 사실 강도는 로스팅 정도에 의해 결정된다. 약하게 로스팅한 커피는 강도가 낮고 강하게 로스팅한 커피는 강도가 높다. 강도 등급이 표시된 커피를 피하는 쪽이 좋은데 무엇보다(예외도 있으나) 커피의 맛과 품질이 생산자의 주요 목적이 아닌 경우가 많기 때문이다.

생산 이력제(Traceability)

수천 개의 로스팅 기기와 수많은 농장에서 나온 셀 수 없이 다양한 로스팅 커피가 존재한다. 모두 다 훌륭할 수 없는 터, 가격 차이와 마케팅 방식에 대해 소비자는 혼란을 겪는다. 커피가 어디서 왔으며 원산지가 어떤 방식으로, 왜 맛에 영향을 미치는지 설명하는 것이 이 책의 목표다. 따라서 최대한 생산 이력 추적이 가능한 커피를 구매하라는 조언을 하고 싶다.

여러 사례에서 특정 농가 혹은 협동조합까지는 이력을 추적할 수 있다. 그러나 전 세계 모든 커피 생산 국가가 그 정도 수준으로 생산 이력제를 시행하지는 않는다. 나라마다 생산 이력제에 대해 다양한 의견이 있다. 상당수의 라틴아메리카 국가가 특정 농가까지 생산 이력을 추적할 수 있는 건 그곳의 커피 대부분이 소규모 개인 농장에서 나오기 때문이다. 다른 나라의 경우 대규모 농장이 일반적이고 국가가 수출에 개입해서 생산 이력제를 어렵게 할 수도 있다.

공급망 전체의 이력을 추적하려면 비용이 늘고, 이 같은 투자는 커피가 비싼 값에 팔리는 경우에만 이익을 볼 수 있다. 고품질의 커피만 생산 이력제를 도입할 가치가 있고, 품질이 형편없는 커피에 생산 이력제를 도입하면 시장에서 경쟁력이 떨어진다는 말이다. 윤리적 문제에 민감한 커피 업계에 제3세계를 착취한다는 이미지가 생기는 걸 막기 위해선 커피가 어디서 왔는지 아는 것만으로도 강력한 정보가 된다. 소통 기술의 발달, 특히 소셜미디어를 활용해 커피 생산자와 궁극적인 소비자 사이의 소통을 늘려나갈 수 있다.

신선도

수년 동안 사람들은 커피를 신선 식품으로 여기지 않았다. 커피 하면 인스턴트 커피를 떠올렸기에 상하지 않을 거라고 생각한 사람들도 있었다. 슈퍼마켓에서 파는 커피는 로스팅 이후 유통 기간이 12~24개월 정도다. 커피는 상온에 둬도 되는 식품이고 로스팅 후에도 2년간 안전하다는 생각 때문인데 그쯤 되면 맛이 상당히 떨어질 것이다. 최종 소비자를 제외하고 모두가 커피를 신선 식품으로 취급하지 않는 쪽이 더 편했던 이유도 한몫했다.

스페셜티 커피 업계는 원두가 얼마나 빨리 상하는지, 언

가장 맛있는 커피는 잘 고른 원두에서 시작된다. 커피 전문 상점에서 갓 로스팅한 커피를 골라보자. 덤으로 산지에 대한 조언도 얻을 수 있다.

제쯤 유통 기간이 지났다고 보는지, 합의를 끌어내지 못해 일반인들에게 제대로 된 영향력을 행사하지 못한다.

라벨에 로스팅 날짜가 분명하게 표기된 원두를 권하고 싶다. 많은 커피 로스터가 로스팅 후 한 달 안에 소비하는 쪽이 좋다고 제안하는데 필자도 동의한다. 원두는 첫 몇 주간 생동감이 넘치다 차츰 불쾌한 냄새가 나기 시작한다. 많은 전문 상점이 갓 로스팅해서 가져온 원두 자루를 쌓아두고 있으며, 온라인에서 로스터에게 직접 구매하면 로스팅한 지 며칠 안 된 원두를 받을 수 있다.

신선한 커피를 위한 황금률

막 로스팅한 커피가 더 좋다는 점을 모르는 사람은 없을 테니 다음의 조언대로 커피를 즐겨보자.

1. 포장에 로스팅 날짜가 분명하게 적힌 원두를 구입한다.
2. 로스팅한 지 2주가 지나지 않은 원두를 구입한다.
3. 한 번에 1~2주 분량만 구입한다.
4. 원두를 사다 집에서 직접 간다

부패

원두가 상하기 시작하면 두 가지 변화가 일어난다. 우선 느리긴 하지만 방향족화합물이 빠져나가 특유의 맛과 냄새가 사라진다. 오래된 원두일수록 맛이 떨어지는 이유다. 두 번째 변화는 산화와 습기로 인한 부패다. 이 과정에서 불쾌한 맛이 덧입혀진다. 부패한 원두는 원래의 특성이 사라지고 상한 맛이 나며 퀴퀴한 나무 냄새나 판지 냄새를 풍긴다.

강하게 로스팅할수록 상하는 속도도 빠르다. 로스팅 과정에서 커피콩에 구멍이 많이 생기므로 산소와 습기가 쉽게 투과하여 부패한다.

커피 숙성

원두를 브루잉하기 전에 숙성시키는 걸 권하는데, 그래서 문제가 더 복잡해지기도 한다. 원두를 로스팅하면 화학작용 때문에 콩이 갈색으로 변하면서 엄청난 양의 이산화탄소를 생성한다. 이 가스는 콩 안에 갇혀 있다가 시간이 흐르면서 천천히 배출된다. 첫 며칠간은 빠르게 분출하다가 점점 그 속도가 떨어진다. 원두 가루에 뜨거운 물을 붓자마자 가스가 나오는데, 브루잉할 때 기포가 생기는 것도 같은 원리다.

에스프레소는 엄청난 압력으로 추출하는 방식이라 원두에 이산화탄소가 많으면 브루잉 과정이 더 어렵고 맛을 제대로 뽑아내기 힘들다. 많은 커피숍이 원두를 5~20일 정도 놔뒀다 사용하는데, 브루잉 맛을 일정하게 유지하려는 노력이다. 집에서는 로스팅과 브루잉 사이 3~4일간 시간을 두라고 권한다. 너무 오래 놔두면 원두를 거의 다 먹을 즈음 부패가 시작되니 주의해야 한다. 필터 커피 브루잉의 경우 숙성은 중요하지 않지만, 로스팅 후 2~3일 정도 놔둬야 맛이 한결 나은 것 같다.

원두 포장

로스터는 원두를 포장할 때 세 가지 선택을 해야 한다. 커피의 신선도뿐 아니라 환경, 비용, 외관까지 고려해야 하는 것이다.

밀봉하지 않은 수제 포장 기름기가 배어나오지 않도록 처리한 수제 종이봉투에 포장한다. 이 종이봉투를 판매 시점에 둘둘 말아두면 원두는 여전히 산소에 노출되어 빨리 상한다. 이런 유의 포장재를 사용하는 로스터는 신선함의 중요성을 강조하며 7~10일 안에 원두를 다 소비하라고 제안한다. 로스터는 판매하는 원두가 신선한지 확인해야 하지만, 그로 인해 원치 않은 폐기량이 나올 수 있다. 물론 종이 포장은 재활용할 수 있고 대개는 환경에 별다른 영향을 미치지 않는다.

스페셜티 커피 업계에서는 포장재를 열기 전까지 상하는 것을 막아주는 삼중 포일 포장을 주로 이용한다.

밀봉 포일 포장 - 삼중 포일 포장은 원두를 포장하는 즉시 밀봉해 공기가 침투하지 않고 밸브가 있어 이산화탄소는 밖으로 배출된다. 이런 포장은 개봉 전에는 부패 속도가 느리지만 한번 개봉하면 부패 속도가 빨라진다. 현재로선 재활용이 불가능하나 많은 스페셜티 로스터가 이 포장재를 선택하는 건 비용과 환경, 신선도를 최대한 절충한 조건이기 때문이다.

가스 주입 밀봉 포일 포장 - 밀봉 포일 포장과 동일하지만 한 가지 중요한 차이가 있다. 밀봉 과정에서 기계가 원두 포장재 안으로 질소 같은 가스를 주입해 부패의 주범인 산소가 배출되지 못하게 막는다. 이 방식은 부패를 최대한 늦출 수 있으나 포장을 열면 부패가 시작된다. 원두를 포장하는 가장 효과적인 방법이지만 장비 구입, 처리 시간, 가스 주입에 추가 비용이 들어서 널리 사용하지 않는 실정이다.

집에서 커피를 신선하게 보관하는 법

원두가 상하기 시작하면 멈출 수 없다. 가능한 한 신선한 원두를 구입하고, 컵 퀄리티에 주는 영향을 최소한으로 줄이도록 빨리 소비하는 수밖에 없다. 집에서 원두를 신선하게 보관하는 방법을 살펴보자.

1. 원두를 밀봉한다 포장을 뜯었다면 포장지에서 분리한다. 포장재가 완벽하게 재밀봉되지 않는다면 밀폐 용기에 옮겨 담는 것이 좋다. 원두 보관용으로 만든 뚜껑 달린 플라스틱 통이 있다.

2. 커피를 어두운 장소에 보관한다 빛은 산화를 가속화하는데, 원두는 특히 햇볕에 취약하다. 투명 용기에 보관한다면 종이 상자에 담아서 넣어둔다.

3. 냉장고에 넣어서는 안 된다 냉장고에 넣는다고 원두의 수명이 늘어나지는 않는다. 냉장고의 음식 냄새가 섞여 교차 오염이 생길 수 있다.

4. 건조하게 유지한다. 밀폐 용기가 없다면 적어도 습한 환경에서 보관하지 않는다.

원두를 오래 보관해야 한다면 냉동실에 넣어둔다. 우선 밀폐 용기로 옮기는 것이 중요하다. 냉동 보관한 원두는 마실 때마다 해동해서 내리고, 해동한 원두는 곧바로 소비한다.

커피콩은 밀폐 용기에 넣어 건조하고 어두운 곳에 보관해야 오래간다.

커피 시음과 설명

커피를 마시는 건 일종의 의식이라는 말이 있을 정도로 커피는 일상에서 특별한 부분을 차지한다. 아침에 일어나 가장 먼저 혹은 일하다가 휴식 시간에 커피를 마신다. 하지만 같이 있는 사람 혹은 아침 식탁에서 읽는 신문에 집중한다. 오로지 커피에 몰두하는 사람은 별로 없지만 그렇게 할 수 있다면 커피에 대한 이해가 급속도로 높아질 것이다.

시음은 두 기관, 즉 입과 코에서 이루어진다. 커피를 배우고 이야기를 할 때 이 두 과정을 따로 생각하면 훨씬 수월하다. 첫 번째 과정은 혀에서 진행되며 산미, 단맛, 쓴맛, 짠맛, 풍미를 기본으로 감지한다. 커피에 대한 글을 읽으면서 초콜릿, 베리, 캐러멜 등 맛에 매혹된 적이 있을 것이다. 이런 맛은 사실 향이어서 입 안이 아니라 비강 내 후신경구가 감지한다.

보통 사람들은 맛과 향을 하나로 느끼기 때문에 맛과 향을 분리하려면 아주 힘들다. 한 번 마시고 엄청나게 복잡한 경험을 이해하려 하기보다는 한 번에 한 가지씩 집중해야 훨씬 수월하다

전문 시음자

최종 소비자에게 도달하기 전 커피는 커피 업계 전역을 돌며 수차례 시음을 거친다. 시음할 때마다 시음자가 무언가 다른 점을 찾아낼 수도 있다. 결점두인지 감지하기 위해 먼저 시음할 수도 있다. 그런 다음 구매 과정에서 로스터들이 시음하거나, 최고의 로트를 선별하는 경매장에서 판정단이 원두의 등급을 매기기 위해 시음하기도 한다. 로스팅 과정이 제대로 이루어졌는지 확인하는 품질 검사 때 다시 로스터들이 시음하고, 그 후 카페 대표가 원두를 선택하기 위해 시음해 볼 수 있다. 마지막으로 맛있는 커피를 바라는 소비자의 입에서 시음을 거친다.

커피 업계는 '커핑(cupping)'이라는 꽤 표준화된 커피 시음 공정을 구축해놓았다. 커핑을 하는 이유는 브루잉할 때 맛에 영향을 주지 않고 모든 커피를 최대한 동일하게 시음하기 위해서다. 그런 이유로 아주 간단한 브루잉 과정을 거친다. 잘못된 브루잉이 커피의 맛을 극적으로 바꿔놓기 때문이다.

정해진 양의 원두를 갈아서 개별 보울에 담고 정량의 끓인 물을 넣는다. 12그램의 원두에는 물 200밀리리터를 넣는 식이다. 그리고 4분 동안 우린다.

크러스트(crust)라고 부르는, 보울 위에 떠 있는 가루 층을 젓는 것으로 브루잉이 마무리된다. 이렇게 하면 원두 가루가 보울 아래로 내려가 추출을 멈춘다. 위에 남은 가루와 거품은 걷어내고 시음 준비를 마친다.

마시기 적당한 온도로 식히면 커피 시음이 시작된다. 시음자는 숟가락으로 커피를 조금 떠서 후루룩 마신다. 이 과정이 커피에 공기를 넣고 미각을 깨운다. 시음할 때 꼭 필요한 과정은 아니지만 이 방식이 한결 수월하다.

커피콩의 원산지, 공정 과정, 로스팅은 뚜렷한 맛을 구축해 브루잉할 때마다 영향을 준다.

커피가 소비자에게 전달되기에 앞서 전문 시음자들이 커피의 등급을 매기고 평가한다. 로스터와 커피 전문점 사장 또한 브루잉을 통해 맛과 품질을 살핀다.

시음할 때 살피는 요소

커피 시음을 제대로 하려면 점수표에 기록해야 한다. 다양한 점수표마다 다른 과정이 필요하지만 동일하게 평가하는 특성이 있다.

단맛

커피는 단맛이 얼마나 필요할까? 단맛은 커피의 아주 이상적인 특징이고 많을수록 좋다.

산미

커피에 산미가 어느 정도인가? 산미가 얼마나 좋게 느껴지는가? 불편한 산미가 많다면 그 커피는 시큼하다고 설명할 수 있다. 그러나 기분 좋은 산미는 커피에서 상큼함과 과즙미를 느끼게 해준다.

커피 시음을 배우는 많은 이가 산미를 까다롭게 생각한다. 커피에 산 성분이 그렇게 많은지 몰랐을 텐데, 확실히 과거에는 이 긍정적인 특성이 제대로 인정받지 못했다. 긍정적인 산미를 대표하는 건 사과다. 사과는 산미가 높을수록 상큼한 맛이 더해져 품질 등급이 높다.

맥주 전문가들이 도수가 높은 홉 맥주를 선호하는 것처럼, 커피 전문가들도 높은 산미를 선호하는 경향이 있다. 업계와 소비자 사이에 선택의 차이가 생기는 이유다. 커피는 과일 맛처럼 특이한 요소가 밀도를 결정한다. 일반적으로 커피의 밀도가 높을수록 산미가 강하고, 시음자들은 높은 산미를 품질이나 흥미로운 맛과 연결하는 법을 터득했다.

마우스필

커피에서 가볍고 섬세하며 차와 같은 마우스필이 느껴지는가, 아니면 한층 풍부하고 부드러우며 진한 맛이 나는가? 많을수록 무조건 좋은 건 아니다. 품질이 낮은 커피도 종종 묵직한 마우스필에 산미가 낮지만 다 맛있지는 않다.

밸런스(balance)

커피를 평가하는 가장 까다로운 측면이다. 입 안을 가득 채운 커피에서 수많은 맛과 향이 느껴지는데, 이들이 조화를 이루는가? 잘 배합된 멜로디인가, 아니면 한 부분이 너무 튀는가? 한 가지 특성이 커피 맛을 지배하지는 않는가?

풍미

풍미는 특정 커피의 다양한 맛과 향을 설명할 뿐 아니라 맛을 찾는 과정이 얼마나 즐거운지 알려준다. 신입 시음자 다수가 이 과정을 가장 힘들어한다. 시음하는 커피마다 분명한 차이가 있지만 그걸 제대로 설명할 언어를 찾기는 힘들다.

NAME ____________ # ____ DATE ________ Rnd 1 2 3 Sn 1 2 3 4 5 TLB# ____ Country

	로스팅 색상	향미 (DRY CRUST BREAK; 3 2 1)	결점두	클린컵	단맛	산미	마우스필	풍미	에프터 테이스트	밸런스	전체 평가	총점 (+36)
			# x I x 4 = SCORE	0 4 6 7 8	0 4 6 7 8	0 4 6 7 8	0 4 6 7 8	0 4 6 7 8	0 4 6 7 8	0 4 6 7 8	0 4 6 7 8	
1.												☐
2.												☐
3.												☐
4.												☐
5.												☐

전문 시음자는 브루잉으로 각기 다른 특성을 평가하기 위해 위의 평가표를 활용한다.

집에서 시음하는 법

일반 소비자와 비교했을 때 전문 시음자는 어떻게 그렇게 빨리 기술을 발전시켰을까? 커핑 잔이나 숟가락 때문이 아니다. 평가표도, 커피 원산지에 관한 엄청난 데이터도 아니다. 그 비결은 정기적으로 커피를 비교해보는 시음에 있다. 커피 시음자가 조용히 이득을 얻는 건 집중해서 제대로 시음하기 때문이고, 이는 집에서도 손쉽게 할 수 있다.

1. 두 종류의 커피를 구입한다. 동네 커피 로스터나 스페셜티 상점의 도움을 받는 게 좋다. 시음에서 비교는 매우 중요하다. 한 번에 한 가지 커피만 시음할 경우 비교 대상이 없어서 기존에 마신 커피 맛을 떠올리며 판단해야 하는데, 그러면 기준이 일정하지 않고 불명확하다.

2. 프렌치 프레스(French press, 78쪽 참고) 작은 것을 두 개를 구입한다. 최대한 작은 것으로 구해서 커피를 작은 잔으로 두 잔 내린다. 더 큰 프레스와 더 큰 잔으로 해도 되지만 이렇게 해야 커피를 너무 많이 마시거나 낭비하는 걸 막을 수 있다.

3. 커피를 잠시 식힌다. 뜨거운 커피보다 따뜻한 커피가 맛을 확인하기 쉽다.

4. 교대로 시음해본다. 한 가지 커피를 두어 번 마시고 다른 커피로 넘어간다. 서로 비교했을 때 커피 맛이 어떤지 생각한다. 참고 자료가 없으면 이 과정은 아주 힘들다.

5. 가장 먼저 질감에 집중하며 두 커피의 마우스필을 생각한다. 한쪽이 다른 쪽보다 무거운 느낌인가? 한쪽이 다른 쪽보다 더 단가? 한쪽이 다른 쪽보다 산미가 분명한가? 포장재를 읽지 말고 맛을 보며 커피의 느낌을 기록한다.

6. 맛은 걱정할 필요 없다. 맛은 시음에서 가장 주눅이 드는 부분이자 가장 크게 좌절하는 요소이기도 하다. 로스터들은 '견과의 맛' 혹은 '꽃 맛' 등 특정한 느낌을 표현할 뿐 아니라 다양한 센세이션을 전달하려고 애쓴다. 예를 들어 커피가 '잘 익은 사과' 같다는 설명이 적혀 있으면 단맛과 산미를 기대할 수 있다. 특정한 맛을 식별할 수 있다면 기록하자. 그렇지 않다고 해도 걱정할 필요는 없다. 어떤 단어나 문장을 선택하든 직접 맛본 커피에 대해 기록하는 건 유용하다. 추상적인 표현이든 특정한 맛에 대한 감상이든 상관없다.

7. 시음을 마쳤으면 기록한 내용을 로스터가 포장지에 설명한 내용과 비교해본다. 이제 그들이 커피에 대해 어떤 말을 하고 싶은지 알겠는가? 포장지에 적힌 내용을 읽으면 좌절감이 해소되는 경우가 많은데 자신이 느낀 맛을 설명하는 단어가 있기 때문이다. 그렇게 갑자기 아주 명쾌하게 이해되면서 커피의 맛을 표현하는 특정 단어를 알아가는 것이다. 이 과정을 거치면 커피에 대한 소감을 설명하기 쉬워진다. 업계의 베테랑들도 꾸준히 이렇게 연습한다.

커피 시음 능력은 비교 시음을 통해 단련할 수 있다.
두 종류의 커피를 골라 질감, 맛, 산미, 풍미를 비교해보자.

커피 그라인딩

방금 갈아낸 신선한 커피 향은 유혹적이고 아찔하고 형용할 수 없으며, 오로지 이 향을 위해 커피 그라인더를 사고 싶게 만든다. 그러나 집에서 직접 원두를 가는 일 역시 미리 갈아둔 원두 가루를 구입하는 것과 비교하면 품질에 엄청난 차이가 날 수 있다.

브루잉 전에 원두를 가는 목적은 콩 안에 갇혀 있는 풍미를 최대한 표면으로 노출시켜 훌륭한 커피를 마시기 위해서다. 원두를 통째로 브루잉하면 아주 연한 맛밖에 느낄 수 없다. 원두를 더 정교하게 갈수록 노출되는 영역이 넓어지고 이론상으론 물이 닿는 면적이 커져서 브루잉을 더 빠르게 할 수 있다. 가는 정도에 따라 브루잉 방식도 달라진다. 입자의 크기가 속도를 바꾸기 때문에 입자가 한결같아야 브루잉이 잘 된다. 마지막으로 공기에 많이 노출될수록 빨리 상하는 만큼 (64쪽 참고) 원두는 브루잉 직전에 가는 것이 이상적이다.

집에서 사용하기 좋은 두 가지 유형의 커피 그라인더에 대해 알아보자.

블레이드 그라인더(Blade Grinder)

대중적이고 비싸지 않은 전기 그라인더다. 금속 칼날이 모터에 부착되어 돌아가며 원두를 으깬다. 으깨는 과정에서 일부는 너무 잘게, 일부는 큰 조각으로 갈리는 것이 단점이다. 이 경우 작은 조각은 쓴맛을 더하고 큰 조각은 불쾌하게 시큼한 맛을 더한다. 균일하지 못한 원두로 브루잉하는 건 그리 즐거운 일이 아니다.

버 그라인더(Burr Grinder)

자동 혹은 수동 기종이 점차 보편화되는 추세다. '버'라고 부르는 칼날이 마주 보는 구조이며 입자의 굵기를 조절하고 싶을 땐 날 사이의 간격을 조정하면 된다. 버 사이의 틈만큼 잘게 분쇄되지 않으면 틈을 통과할 수 없어서 아주 골고루 갈린다. 버 그라인더는 골고루 갈리고 크기를 조절할 수 있어서 품질 좋은 커피를 즐기기에 적합하다.

버 그라인더는 블레이드 그라인더보다 비싸지만 수동 모델은 저렴하고 사용하기도 쉽다. 커피 애호가라면 돈이 아깝지 않을 텐데, 에스프레소를 좋아한다면 강력 추천한다. 다만 에스프레소는 입자의 크기가 매우 중요해서 0.01밀리미터의 오차에도 커피 맛이 달라지기 때문에 커피콩을 아주 미세하게 갈 수 있는 훌륭한 모터가 달린 에스프레소용 버 그라인더를 구입해야 한다. 필터 커피와 에스프레소 모두 사용 가능한 그라인더도 있으나 대부분은 한 가지 기능만 갖추고 있다.

금속, 세라믹 등 다양한 형태의 버 그라인더가 나와 있다. 버의 칼날이 무뎌지기 시작하면 그라인더가 콩을 깔끔하게 가는 것이 아니라 작은 알갱이로 으깨서 커피 맛이 무디고 쓰다. 버의 교체 주기는 제조사의 안내문을 참고하고, 새 버는 커피를 브루잉하는 단계에서 작지만 가치 있는 투자라는 점을 꼭 기억하자.

버 그라인더는 커피콩을 균일한 크기로 자르고 가는 정도도 조절할 수 있다. 집에서 근사한 브루잉을 하고 싶다면 구입해도 좋다.

커피를 취미로 즐기다 보면 장비를 업그레이드하고 싶어진다. 우선 그라인더에 투자하라고 강하게 권한다. 비싼 그라인더일수록 모터가 좋고 버가 더 균일한 크기로 갈아낸다. 최신 그라인더와 작은 가정용 에스프레소 기기가 싸구려 그라인더와 최고급 상업용 에스프레소 기기보다 맛있는 커피를 만들어낸다.

블레이드 그라인더로 간 원두(위쪽)는 칼날이 두 개 달린 버 그라인더(아래쪽)로 곱게 간 것보다 알갱이 크기가 불규칙하고 브루잉했을 때 맛이 덜하다.

밀도와 입자 크기

안타깝게도 그라인더가 모든 커피를 동등하게 대하는 건 아니다. 강하게 로스팅한 원두일수록 그라인더에서 잘 으깨지기 때문에 좀 더 성기게 갈아야 할 수도 있다.

또한 일반적으로 마시는 커피보다 한층 높은 고도에서 생산한 커피라면 더 섬세하게 갈아야 한다. 이를테면 브라질산 원두를 즐기다 케냐산으로 바꾸려고 할 때 말이다. 몇 차례 시도하다 보면 원두를 얼마나 갈아야 할지 감이 생기고, 원두를 잘못 우려서 낭비하는 일이 줄어든다.

입자 크기

커피콩을 어느 정도로 갈아야 하는지 정확하게 설명하는 건 쉽지 않은 일이다. '성기게' '중간' '곱게' 등은 상대적인 문제라 딱히 도움이 되지 않는다. 그라인더 업체에서도 공통으로 정한 규정이 없기 때문에 그라인더를 강도 '5'로 설정할 경우 같은 모델이라도 다른 그라인더는 같은 강도로 나오지 않는다.

아래의 사진은 실물 크기로 입자의 차이를 잘 보여준다. 이 정도면 완벽한 수준에 가까워질 테고, 매일 아침 조금만 노력하면 머지않아 더 맛있는 커피를 즐길 것이다.

브루잉에 사용하는 물

훌륭한 커피를 원한다면 브루잉에서 물은 아주 중요하다. 지금부터 설명하는 사항들이 좀 과하다고 느낄지도 모르지만 물에 조금만 정성을 쏟으면 엄청난 보상으로 돌아온다.

센물(硬水) 지대에 산다면 작은 미네랄 워터 한 병을 구입해서 커피 한 잔을 내려 마신다. 곧바로 한 번 더 동일한 방식으로 커피를 내리되 이번에는 수돗물을 쓴다. 경험 많은 전문 시음자부터 열정으로 똘똘 뭉친 초보자까지 이 둘을 비교해보고 품질 차이에 엄청난 충격을 받았다.

물의 역할

커피에서 물은 가장 중요한 요소이며 에스프레소의 90퍼센트, 필터 커피의 98.5퍼센트를 차지한다. 물맛이 좋지 않다면 결국 어떤 커피도 맛이 좋을 수가 없다. 게다가 염소 맛이 느껴진다면 그 커피는 정말 끔찍할 것이다. 브리타(Brita) 필터처럼 활성탄소 필터가 내장된 기본 정수기가 있으면 불쾌한 맛을 없앨 수 있지만 완벽한 커피용 물은 아니다.

물은 용해제로 작용해 브루잉 과정에서 커피의 풍미를 추출하는 역할을 한다. 그래서 물의 품질이 중요하고 경도나 미네랄 함량에 따라 브루잉에 엄청난 영향을 미치는 것이다.

경도

물의 경도는 물속에 녹아 있는 석회의 양을 측정한 수치이며 지역 기반암으로 결정한다. 물을 끓이면 석회가 용해되어 나오고 시간이 지나면서 흰 가루가 쌓인다. 이런 센물 지대에 사는 사람들은 석회가 주전자, 샤워기, 세탁기에 영향을 미쳐서 힘들어한다.

경도는 뜨거운 물과 갈아낸 원두의 상호작용에 엄청난 영향을 미친다. 센물은 커피가 녹는 시간에 변화를 가져와 화학적 수준에서 커피 브루잉 방식을 바꿔버린다. 경도가 낮으면 이상적이나 중간에서 센물까지는 커피에 부적합하여 미묘함, 단맛, 복합미가 느껴지지 않는 커피가 나온다. 실용적 수준에서 보자면 단물(軟水)은 에스프레소 기기나 필터 커피 머신처럼 물을 끓이는 방식의 기기를 사용할 때 아주 중요하다. 석회는 빠르게 쌓이기 때문에 기계 고장을 일으키는 원인이 된다. 실제로 많은 제조사가 센물로 인한 고장은 사후 보증에서 제외하는 추세다.

미네랄 함량

훌륭한 맛과 경도가 약한 것만 빼면 우리가 물에 바라는 건 별로 없지만 상대적으로 미네랄 함량은 낮은 편이 좋다. 미네랄 워터 제조사들은 물병에 미네랄 함량을 표기해야 한다. 보통은 총 용해 물질(TDS) 혹은 '180도에서 건조 잔여물'이 있다고 표기한다.

완벽한 물

미국스페셜티커피협회(The Specialty Coffee Association of America, SCAA)에서 브루잉에 완벽한 물에 대해 가이드라인을 제시하고 있다. 73쪽의 표가 요약본이다.

지역 급수 품질에 대해 알고 싶다면 상수도사업본부에 연락하거나 웹사이트로 접속하면 그 지역 물에 대한 데이터를 제공하고 있다. 정보를 찾을 수 없다면 반려동물용품점에서 어항 물 테스트용 키트를 구입하여 정확하게 알아보자.

물 고르기

이 모든 정보가 좀 과하고 복잡하다 싶다면 아래의 요약만 기억해둬도 좋다.

- 약에서 중간 센물이 나오는 지역에 산다면 수돗물을 쓰되 정수해서 맛을 끌어올린다.
- 중간에서 아주 센물이 나오는 지역에 산다면 현재로선 생수가 최고의 선택이다. 위 목표에 가장 적합한 생수를 고른다. 슈퍼마켓 자체 브랜드 생수는 유명 브랜드보다 미네랄 함량이 적은 경향이 있다. 생수가 이상적인 건 아니지만 가장 맛있는 커피를 내리고 싶다면 그에 합당한 물을 선택해야 한다.

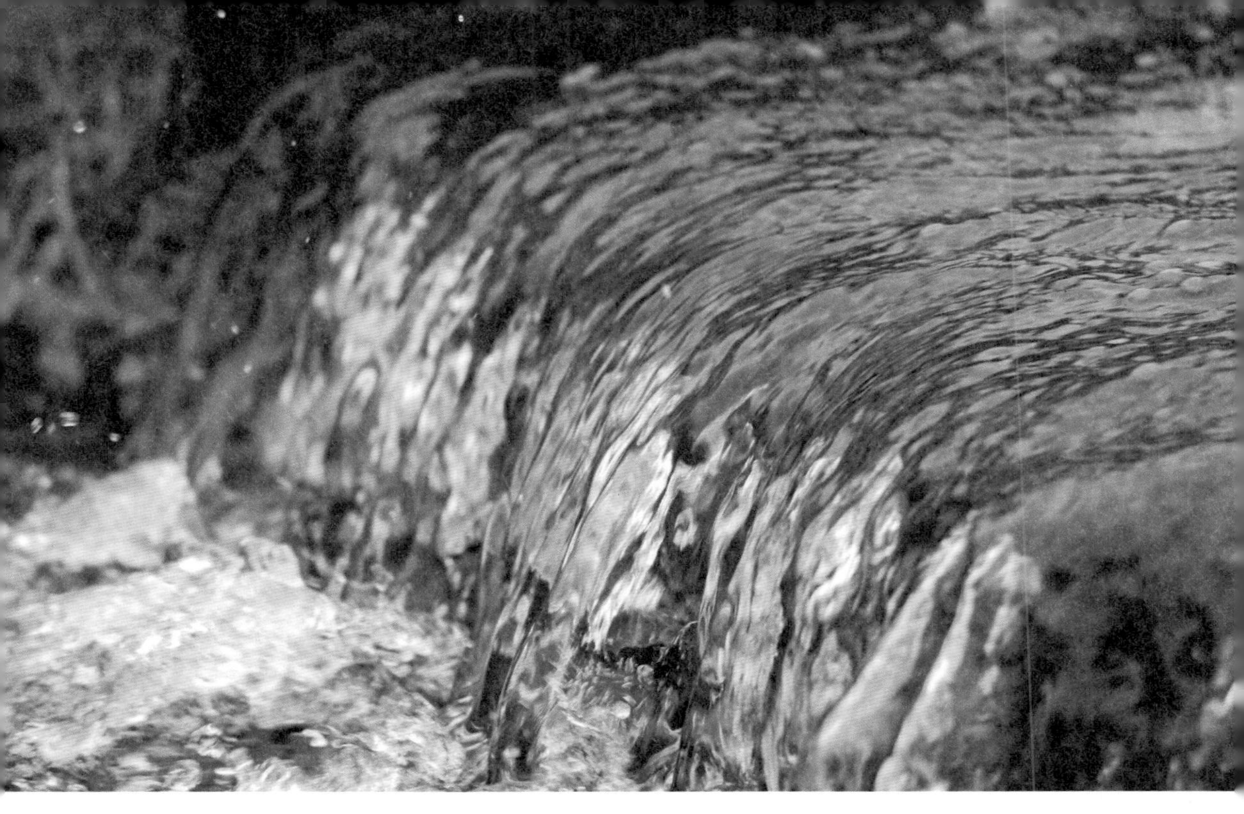

브루잉에 쓰이는 물이 커피 맛을 좌우한다. 미네랄 워터가 가장 좋지만 정수한 물도 커피의 맛을 끌어올린다.

커피 브루잉에 완벽한 물을 고르는 가이드라인

	목표	수용 가능 범위
향	깨끗, 신선, 무취	
색상	투명	
총 염소량	0mg/1	0mg/1
180도에서 총 용해 물질	150mg/1	75~250mg/1
칼슘 경도	4그레인 혹은 68mg/1	1~5그레인 혹은 17~85mg/1
총 알칼리도	40mg/1	약 40mg/1
pH	7.0	6.5~7.5
나트륨	10mg/1	약 10mg/1

집에서 마시는 근사한 커피의 기준은 기호에 따라 다르지만,
물과 커피의 비율은 중요한 요소인 만큼 알아두는 편이 좋다.

브루잉 기초 상식

커피콩 수확부터 한 잔의 커피로 탄생하기까지 그 핵심은 브루잉 과정에 있다. 이 단계에 오기까지 감내한 모든 고생, 커피콩에 담긴 모든 잠재력과 맛이 잘못된 브루잉으로 사라져버릴지도 모른다. 브루잉을 잘못하는 일이 잦아서 짜증도 나지만 기본 원칙을 이해하면 더 나은 결과를 얻고 여유롭게 과정을 즐길 수 있다.

커피콩의 주성분은 섬유소로 나무와 흡사하다. 섬유소는 물에 용해되지 않으므로 커피를 내리고 버리는 가루를 섬유소라고 보면 된다. 광범위하게 말하자면 커피콩의 다른 구성 성분들은 물에 녹아서 잔에 담기지만, 그 모든 성분이 커피 맛을 좋게 하지는 않는다.

맛있는 한 잔의 커피를 추출하기에 적합한 원두의 양을 1960년대부터 연구하고 있다. 가루 낸 원두의 양이 부족하면 커피 맛이 연할 뿐 아니라 시큼하고 톡 쏘기도 한다. 이런 상태를 '과소 추출'이라고 부른다. 반대로 너무 많이 넣으면 커피 맛이 쓰고 진하고 잿물 같다. 이걸 '과다 추출'이라고 부른다.

그런데 원하는 만큼 추출했는지 계산할 수 있다. 과거에는 이 과정이 꽤 간단했다. 브루잉 전에 가루의 무게를 재고 브루잉 후 남은 가루를 낮은 온도의 오븐에서 완전히 말려 다시 무게를 잰다. 그 무게의 차이가 브루잉 과정에서 추출된 커피의 양이 되는 것이다. 지금은 전문가용 굴절계와 스마트폰 소프트웨어를 활용해 가루에서 얼마를 추출하는지 쉽게 계산할 수 있다. 일반적으로 맛있는 한 잔의 커피에는 브루잉에 사용된 원두 무게의 18~22퍼센트가 들어 있다. 집에서 커피를 마신다면 정확한 수치가 별로 중요하지 않지만, 한도를 조절하는 방법을 알아두면 마시는 커피의 품질을 끌어올릴 수 있다.

강도

커피 한 잔을 이야기할 때 중요한 용어지만 대부분 잘못 사용하고 있다. 슈퍼마켓에서 파는 자루 커피에 주로 쓰이나 정말로 부적절하다. 여기서 말하는 강도는 원두를 얼마나 진하게 로스팅했으며 쓴맛은 어느 정도인가를 가리킨다.

커피에 쓰는 '강도'는 알코올 음료를 설명하는 방식으로 적용해야 마땅하다. 맥주에서 도수 4퍼센트는 알코올 함량 4퍼센트를 의미한다. 마찬가지로 진한 커피 한 잔에는 연한 커피보다 더 높은 함량의 커피가 따뜻한 물에 녹아 있다는 뜻이다. 강도에서 옳고 그름이란 없다. 그저 개인의 선호 차이일 뿐이다.

강도를 조절하는 두 가지 방식이 있다. 가장 보편적인 방식은 원두와 물의 비율을 다르게 하는 것이다. 원두를 많이 브루잉할수록 진해진다. 브루잉을 이야기할 때 강도를 60g/l처럼 리터당 원두의 그램 수로 설명한다. 이 강도의 원두를 얼마나 내리고 싶은지 결정해야 한다. 이를테면 500밀리리터 정도로 말이다. 그리고 원두를 얼마나 넣을지 비율을 계산한다. 이 경우 30그램이 적당하다.

선호하는 원두와 물의 비율은 40g/l에서 브라질과 스칸디나비아의 경우 100g/l까지 세계적으로 다양하다. 보통은 자기 마음에 드는 비율을 찾아 가장 많이 쓰는 브루잉 방식으로 즐긴다. 필자는 60g/l을 추천한다. 원두와 물의 비율을 바꾸는 건 브루잉 강도를 바꾸는 것과 같지만 항상 최선은 아니다.

추출 정도를 변경해 강도를 바꿀 수도 있다. 프렌치 프레스에 원두를 넣으면 물이 끓으면서 천천히 조금씩 커피를 내리는데, 이렇게 나온 음료는 브루잉해나가는 동안 더 진해진다. 문제는 쓴맛과 불쾌한 맛이 나오기 전에 좋은 맛을 충분히 추출하도록 추출 수준을 조절하는 것이다. 많은 사람이 커피 맛이 없어도 추출 정도를 바꿀 생각을 하지 않으나 추출이 잘못되면 맛없는 커피가 나온다.

정확한 계량

브루잉 방식을 조금만 바꾸면 커피 맛이 크게 달라질 수 있다. 가장 큰 변수는 물의 양(75쪽 참고)과 일관성을 유지하는 것이다. 브루어를 저울에 올리면 끓인 물을 얼마나 넣어야 하는지 정확히 알 수 있다. 물 1밀리리터의 무게는 1그램이다. 그러니 브루잉의 품질과 일관성을 쉽게 끌어올릴 수 있다. 단순한 디지털 저울은 비싸지 않아 이미 주방에서 많이들 쓰고 있다. 처음에는 좀 집착하는 게 아닌가 싶지만 이렇게 브루잉을 시작하면 예전으로 돌아가지 못할 것이다.

우유, 크림, 설탕

커피에 관심이 있다면 우유와 설탕이 업계 종사자에게 금기와도 같다는 걸 잘 안다. 우월감으로 여기는 이가 많으며 커피 전문가와 일반 소비자 사이에 논쟁을 일으키는 부분이다.

전문가들은 전 세계에서 커피는 마시기 쉬운 방식으로 손님에게 내놓는다는 사실을 자주 잊어버린다. 열악하게 로스팅하거나 엉망으로 브루잉한 싸구려 커피는 엄청나게 쓰고 단맛이라고는 찾아볼 수 없다. 우유, 심지어는 크림이 쓴맛을 일부 덮어주는 훌륭한 역할을 하고 설탕은 한층 맛을 살려준다. 그래서 보통 사람들은 설탕을 넣은 커피 맛에 익숙해졌고 고품질의 수제 커피에도 자연스레 넣는다. 바리스타, 전문 로스터 혹은 훌륭한 커피에 열정이 있는 사람에게 이런 풍토는 좌절감을 안겨준다.

뛰어난 커피는 그 자체에 단맛이 있어 우유를 쓰면 쓴맛을 억누르는 게 아니라 커피 고유의 맛이 모호해져 생산자의 노고와 원산지의 특성을 가린다. 필자는 아무것도 넣지 않은 커피를 마셔보라고 권한다. 블랙으로 즐기기 어렵다면 우유나 설탕을 넣어보자. 그러나 이 근사한 세상을 살피는 일은 블랙커피가 아닌 한 아주 힘들다. 첨가물을 넣지 않은 커피를 즐길 수 있도록 시간과 노력을 투자하면 엄청난 보답을 받을 것이다.

일관성 있게 훌륭한 커피를 만들고 싶다면 디지털 저울은 가치 있는 투자다.

훌륭한 커피는 그 자체에 단맛이 있다. 우유와 설탕은 개인의 취향이지만 일단 블랙으로 마셔보자.

프렌치 프레스

카페티에르(cafetière) 혹은 커피 플런저(coffee plunger)로 알려진 프렌치 프레스는 가장 저평가된 커피 브루잉 방식이 아닐까 싶다. 사실 저렴하고, 사용하기 쉽고, 재사용이 가능하며 대부분은 집에 하나쯤 가지고 있다.

프렌치 프레스의 가장 친숙한 버전은 1929년 이탈리아인 아틸리오 칼리마니(Attilio Calimani)가 발명하고 특허를 냈다. 그러나 1852년 프랑스인 마이에르(Mayer)와 델포지(Delforge)가 아주 비슷한 브루어를 특허받았다.

프렌치 프레스는 침출식 브루어이며, 보통 원두를 브루잉하는 방식처럼 가루를 채우고 물을 투과시킨다. 이 기구는 물과 원두 가루를 결합해 좀 더 일정한 추출이 가능하다.

프렌치 프레스는 브루잉한 뒤 가루를 걸러내는 방식으로 금속 거름망을 사용한다. 망에 커다란 구멍이 있어서 커피의 비용해 물질이 잔으로 많이 들어간다. 잔에 담긴 커피 기름과 약간의 원두 조각이 한층 크고 풍부한 바디감과 질감을 만든다. 프렌치 프레스를 멀리하는 이유는 찌꺼기다. 잔 바닥에 점토질 입자가 쌓여서 실수로 마실 경우 아주 불쾌하고 모래 같은 이물감이 느껴진다.

찌꺼기를 최소화해 제대로 브루잉하는 방식을 소개한다. 인내와 노력이 조금 더 들어가지만 원두의 독창적인 풍미와 특성이 쉽게 느껴지는 근사한 커피로 보상받을 것이다.

프렌치 프레스로 커피를 내리면 균일하게 추출된 커피를 즐길 수 있다. 작은 원두 입자가 금속망을 투과하면서 물에 맛을 더해 풍부한 바디감과 질감을 선사한다.

프렌치 프레스 방식

비율 75g/l. 침출식 브루어로 푸어 오버 브루어와 비슷한 강도를 내고 싶을 땐 물과 원두의 비율을 살짝 높이면 된다.
입자의 굵기 중간/고운 설탕 정도(71쪽 참고). 많은 경우 프렌치 프레스에서 브루잉을 할 때 원두를 성기게 가는데, 그라인더가 너무 미세하게 갈고 브루잉할 때 금세 쓴맛이 나오지 않는 한 꼭 그럴 필요 없다고 생각한다.

A

B

C

1. 브루잉 직전에 원두를 간다. 잊지 말고 원두의 무게부터 잰다.
2. 브루잉에 적합한, 미네랄 함량이 낮은 깨끗한 물을 끓인다.
3. 프렌치 프레스에 원두 가루를 넣고 저울에 올린다. **A**
4. 정확한 양의 물을 부으며 무게를 재서 비율을 75g/l로 맞춘다. 빠르게 부어서 원두 가루를 골고루 적신다.
5. 원두 가루에 스며들도록 4분간 놔둔다. 이 시간 동안 원두 가루가 위로 떠서 크러스트 층을 형성한다.
6. 4분이 지나면 커다란 숟가락으로 크러스트를 젓는다. 이렇게 하면 가루가 브루어 바닥으로 떨어진다.
7. 여전히 위에 남아 있는 작은 거품과 가루를 숟가락으로 떠서 버린다. **B**
8. 다시 5분을 기다린다. 커피를 마시기엔 너무 뜨거우니 브루어에 그대로 두고 고운 입자가 바닥에 가라앉기를 기다린다.
9. 망 플런저를 비커 위에 놓되 밀지 않는다. 밀어내면 소용돌이가 생겨 바닥에 앉은 점토질이 섞일 수 있다.
10. 망을 이용해 커피를 잔에 따른다. 거의 다 마실 때까지 점토질이 느껴지지 않을 것이다. 마지막 남은 한 방울까지 부어버리고 싶은 충동을 이겨내면 맛있고 풍미가 좋으며 점토질이 매우 적은 커피를 얻을 수 있다. **C**
11. 커피를 잔에서 조금 더 식힌 뒤에 즐겨보자.

많은 사람이 브루잉이 끝나면 브루어에 있는 걸 다 따라내서 가루가 계속 우려나 과다 추출되는 걸 막으려고 한다. 그러나 위의 지침대로 한다면 커피가 과다 추출 되거나 불쾌한 맛이 생길 우려가 없다.

푸어 오버 혹은 필터 브루어

'푸어 오버'는 각기 다른 브루잉 방식을 설명할 때 사용하는 용어다. 여과식 브루잉이라는 공통점이 있는데, 물이 원두층을 통과하는 과정에서 맛을 뽑아내는 걸 의미한다. 가루를 걸러내는 도구는 종이, 천, 고운 금속망까지 다양하다.

단순히 컵 위에 올리는 필터 브루어는 커피 브루잉을 시작한 이후 쭉 사용해왔으나 혁신적인 발전은 꽤 늦은 편이다. 원래 천 필터만 사용했다. 그러다 1908년 독일의 기업가 멜리타 벤츠(Melitta Bentz)가 종이 필터를 발명했다. 지금은 그녀의 손자들이 운영하는 멜리타 그룹이 여전히 종이 필터, 커피, 커피 머신을 생산한다.

종이 필터가 발명되면서 전기 여과기에서 벗어난다는 희망이 생겼다. 전기 여과기는 끔찍한 브루잉 도구인데, 원두 가루에 뜨거운 물을 반복해서 부어가며 엄청나게 쓴 커피를 내리는 방식이다. 독일 업체인 비고마트에서 개발한 전자 커피 머신이 등장하면서 드립 커피 브루잉의 혁신을 가져왔고, 이는 여과기의 종말을 알리는 신호탄이 되었다. 다양한 전기 필터 커피 머신이 큰 인기를 끌고 있으나 모든 제품이 훌륭한 커피를 만들어주는 것은 아니다(85쪽 참고).

지금은 다채로운 브루어, 브랜드, 도구가 저마다 장점과 특성을 가지고 같은 역할을 한다. 다행히 브루잉의 기본 원리는 같아서 브루어의 종류가 달라도 쉽게 적용할 수 있다.

커피 주전자

푸어 오버 방식으로 커피를 브루잉할 땐 물을 추가하는 속도가 중요한 역할을 한다. 일반 주전자로 천천히 조심스럽게 따르기란 여간 힘든 일이 아니라 최근에는 커피 바에서도 전용 주전자를 활용하는 추세다. 전용 주전자는 보통 난로에 올리지만 전기식 모델도 있다. 주둥이가 매우 좁아서 원두 위로 아주 천천히 안정감 있게 물을 부을 수 있다.

업계에서 큰 인기를 누리고 있으나 집에서 커피를 내릴 때 꼭 필요한 도구라고 생각하진 않는다. 물을 붓기는 수월하지만 제대로 사용하지 않으면 물 온도를 떨어뜨려 커피가 최대한 우러나지 못하기 때문이다. 다소 부담스럽고 외관이 복잡해 보이는 것도 사실이다. 솔직히 원두에 물만 부으면 되는 것 아닌가? 다만 날마다 물 붓는 속도가 달라진다면 매일 커피 맛이 달라질 테니 전용 주전자가 있어도 괜찮겠다.

기본 원리

이 방식으로 커피를 내릴 때 세 가지 요인이 커피에 영향을 준다. 불행하게도 세 요인이 독립적이지 않아 원두와 물의 정확한 계량이 아주 중요하다. 특히 아침 일찍 충혈된 눈으로 커피를 끓여야 한다면 꼭 익혀두자.

1. **원두의 분쇄** 정도 원두를 곱게 갈수록 물이 스며들면서 추출되는 양도 많다. 표면적이 넓으면 간 원두 가루에 흐르는 물이 천천히 침투해서 접촉하는 시간이 더 길어진다.
2. **접촉 시간** 물이 얼마나 빨리 원두 가루에 침투하느냐 뿐 아니라 물을 추가하는 데 걸리는 시간까지 포함한다. 보통은 물을 아주 천천히 부어서 커피의 추출량을 늘리려고 한다.
3. **원두의 양** 원두 가루의 양이 많을수록 물이 스며드는 시간이 길어지고 접촉 시간도 늘어난다.

브루잉을 제대로 하고 싶다면 세 가지 요인을 최대한 일정하게 유지해야 한다. 예를 들어 누군가 우연히 원두의 양을 줄였는데 커피가 충분히 우러나지 않자 원두를 잘못 갈았기 때문이라고 생각할 수 있다. 주의를 기울이지 않으면 잘못된 판단으로 맛없는 커피를 만들 위험이 크다.

블룸(Bloom)

브루잉을 시작할 때 원두 가루가 물을 머금을 정도로 살짝 따르는 걸 말한다. 뜨거운 물을 부으면 가루 속에 갇혀 있던 이산화탄소가 흘러나오며 커피 층이 반죽처럼 부풀어 오른다. 대개는 이렇게 30초를 기다렸다가 남은 물을 붓는다.

이 방식을 널리 실천하고 있는데도 타당성 여부에 관한 연구는 그리 많지 않았다. 이산화탄소를 일부 방출해서 커피를 한층 쉽게 추출할 수 있다는 연구 결과가 나오긴 했다. 필자는 아침에 커피를 마시는 의식에서 가루가 피어오르는 모습을 홀린 듯 바라보는 즐거움을 누릴 수 있어 좋다.

푸어 오버 커피를 만들 때 처음에는
원두가 부풀거나 블룸할 정도만 물을 붓는다.

푸어 오버 커피의 강도는 원두의 입자 크기,
타이밍, 물을 붓는 속도에 달려 있다.

푸어 오버 혹은 필터 브루어

비율 60g/l. 모든 푸어 오버와 필터 커피 방식의 시작점을 이렇게 설정하라고 권하나 개인의 기호에 맞춰 실험해보자.

입자의 굵기 중간/고운 설탕 정도(71쪽 참고)는 30그램의 원두를 물 500그램에 브루잉할 때 적절하다. 커피콩은 한 잔을 내릴 거면 더 곱게 갈고, 더 많이 내릴 거면 더 성기게 갈아야 한다.

1. 브루잉 직전에 원두를 간다. 잊지 말고 원두의 무게부터 잰다.
2. 브루잉에 적합한, 미네랄 함량이 낮은 물을 주전자에 끓인다.
3. 물이 끓는 동안 종이 필터를 브루어에 끼우고 뜨거운 아래쪽을 가볍게 헹군다. 이렇게 하면 종이의 맛이 커피에 스며드는 걸 줄이고 브루잉 장치를 데울 수 있다.
4. 브루어에 원두를 넣고 컵이나 저그에 올려서 저울에 놓는다. **A**
5. 주전자에서 물을 곧바로 따를 생각이라면 물이 끓고 난 뒤 10초간 기다린다. 커피 전용 주전자를 쓴다면 곧장 물을 따른다.
6. 저울을 지침으로 활용해 원두에 물을 살짝 끼얹는다. 원두 무게의 두 배 정도가 적당하다. 너무 정확할 필요 없으니 원두가 젖을 정도로 충분히 붓는다. 필자는 드리퍼를 들어올려 살짝 요동치게 해서 원두를 적신다. 숟가락으로 조심스럽게 젓는 것도 한 방법이다. 30초를 기다렸다 남은 물을 붓는다. **B**
7. 남은 물을 천천히 원두에 붓되 측정한 정량을 지킨다(이미 따른 물도 계산한다). 그리고 원두에 직접 부어야 한다. 브루어 가장자리에 부으면 물이 원두를 투과하지 않고 흘러내릴 수 있어 좋지 않다. **C**
8. 필요한 양의 물을 다 부었고 내린 커피의 표면이 드리퍼 아래에서 2~3센티미터 위까지 찼다면 다시 한번 살짝 젓는다. 브루어 벽에 원두가 달라붙는 걸 방지하기 위해서다. D
9. 원두 아랫부분의 물이 빠질 때까지 내린다. 브루어 바닥이 상대적으로 평평해야 한다. **E**
10. 원두 찌꺼기와 필터를 버리고 브루어를 컵에서 분리하여 커피를 즐긴다.

그렇게 내린 커피의 맛에 만족할 수 없다면 어느 부분을 바꾸고 싶은지 생각해보자. 원두 입자의 굵기를 바꾸면 커피 맛이 달라질 수 있다. 커피가 쓰다면 과다 추출되었을 가능성이 있으므로 다음에는 살짝 성기게 갈아야 한다. 맛이 너무 연하거나 시큼하거나 톡 쏜다면 원두를 좀 더 곱게 갈아보자. 이런 식으로 고쳐나가면 자신에게 꼭 맞는 분쇄 정도를 신속하게 찾을 수 있다.

다양한 필터 종류

푸어 오버와 필터 커피 브루잉에 사용되는 필터는 크게 세 종류가 있다. 저마다 재질이 달라서 브루잉에 영향을 미친다.

금속 필터

프렌치 프레스처럼 금속 필터는 갈아낸 원두의 큰 덩어리만 걸러낼 수 있다. 그래서 커피 안에 점성질의 침전물이 생기고 살짝 탁해 보인다. 필터에 놓인 원두 가루와 원두 기름에 바디감이 더해져 많이들 좋아한다. 금속 필터는 깨끗이 청소하고 정기적으로 세척하면 몇 년이고 쓸 수 있지만, 그러지 못할 경우 기름 찌꺼기가 쌓여서 산패한다.

금속 필터

천 필터

천은 아주 오랫동안 커피 필터로 사용해왔다. 종이와 마찬가지로 원두를 추출하지만 기름기도 일부 따라온다. 그래서 아주 깔끔하면서도 맛이 풍부하고 마우스필이 충만한 커피를 즐길 수 있다.

사용한 뒤에는 곧바로 세척하고 말려야 한다. 건조가 늦어지면 불쾌한 냄새가 배어 세탁기에 너무 오래 놔둔 빨래 같은 악취를 풍긴다. 정기적으로 천 필터를 쓴다면 물 한 잔에 적셔 냉장 보관하는 게 좋다. 오랫동안 보관할 계획이라면 젖은 채로 지퍼백에 넣어서 얼려둔다. 다만 계속 얼리고 해동하면 천이 조금 더 빨리 닳을 수 있다.

너무 얼룩진 천은 피해야 한다. 어넥스에서 나온 카피자(Cafiza)가 세척용으로 쓸 만하다. 에스프레소 머신 클리너로 나왔으나 아주 큰 필터 브루어에 쓰는 천을 세척하는 용도로 고안된 제품이다. 소량을 뜨거운 물에 풀고 천을 담갔다가 깨끗이 헹궈서 보관한다.

천 필터

종이 필터

종이 필터는 흔히 쓰는 필터 유형으로 가장 깔끔하게 커피를 우릴 수 있다. 필터의 모든 재료를 다 걸러내서 결국 커피 기름도 잔에 들어간다. 꽤 깔끔한 커피가 나오고 살짝 붉은빛이 도는 경우가 많다. 표백하지 않은 갈색 종이는 불쾌한 종이 맛이 커피에 묻어나는 경향이 있으니 표백한 흰 종이 필터를 권한다.

종이 필터

전기 필터 머신 방식

전기 커피 머신을 쓰면 어림짐작할 필요 없이 정확하게 몇 번이고 반복할 수 있어 편리하다. 그래도 여전히 원두와 기기에 넣는 찬물의 비율을 지켜야 하는데, 그 점을 제외하곤 다 기계에 맡기면 된다.

그러나 가정용 필터 커피 머신은 꽤 별로인 커피를 만드는 경우가 많다. 물을 정확한 온도까지 끓이지 못해서다. 새로운 머신을 들일 생각이라면 적당한 물 온도를 맞출 수 있는지 확인해보자. 미국스페셜티커피협회나 유럽커피브루잉센터(European Coffee Brewing Centre) 같은 단체에서 인정한 제품을 구입하는 쪽이 좋다.

열판이 달린 커피 머신은 피하자. 열판에 커피 주전자를 계속 놔두면 커피가 아주 빠르게 '조리'되어 불쾌한 맛이 생긴다. 보온병 달린 머신이 훨씬 낫다. 대부분의 전기 커피 머신은 많은 양을 브루잉할 때 최고의 성능을 보여준다. 한 번에 최소 500밀리리터는 내리길 권하며 이렇게 내린 커피는 보온병에서 30분 정도 보관할 수 있다.

전기 필터 머신 방식

비율 60g/l. 모든 푸어 오버와 필터 커피 방식의 시작점으로 권하는 비율이나 개인의 선호를 찾아 여러 차례 시도해보자.
입자의 굵기 중간/고운 간 설탕 정도(71쪽 참고). 500밀리리터에서 1리터 정도의 커피를 내리는 경우다. 한 번에 1리터가 최대 용량인 경우가 많으므로 더 많은 양을 원한다면 원두를 좀 더 굵게 갈아야 한다.

1. 브루잉 직전에 원두를 간다. 잊지 말고 원두의 무게부터 잰다.
2. 종이 필터를 브루잉 바스켓에 끼우고 뜨거운 물로 헹궈낸다.
3. 브루잉 바스켓을 기기에 올리고 커피 브루잉에 적합한, 미네랄 함량이 낮은 신선한 물을 넣는다.
4. 머신의 전원을 켜고 브루잉이 시작되면 지켜본다. 원두가 젖지 않은 부분이 있다면 숟가락으로 얼른 젓는다.
5. 브루잉이 끝날 때까지 기다린다.
6. 종이와 원두 찌꺼기를 버린다.
7. 내린 커피를 음미한다.

푸어 오버 방식과 마찬가지로 커피 맛이 마음에 들지 않을 경우 원두의 양을 조절하기보다 분쇄 정도를 조절해야 커피 맛을 바꿀 수 있다.

에어로프레스는 에스프레소 머신과 필터 커피 메이커를 혼합한 수동형 도구 같다. 피스톤을 써서 물을 원두에 투과한 뒤 종이 필터로 걸러낸다.

에어로프레스(Aeropress)

꽤 특이한 커피 메이커인데 한 번 써보고 만족해하지 않는 경우를 본 적이 없다. 에어로비 부메랑(Aerobie throwing ring)을 발명한 앨런 애들러(Alan Adler)가 2005년에 고안한 제품이라 이런 이름이 붙었다. 저렴하고 내구성이 좋고 휴대가 간편해서 많은 커피 전문가가 여행 갈 때마다 챙긴다. 게다가 이 브루어는 세척도 아주 쉽다.

에어로프레스는 두 가지 브루잉 기법을 결합한 제품이라는 점이 흥미롭다. 처음에는 프렌치 프레스처럼 물과 원두를 함께 넣는데, 브루잉을 마무리할 때 피스톤을 써서 물을 원두에 투과한 뒤 종이 필터로 걸러내는 점이 특징이다. 살짝 에스프레소 머신 같기도 하고 필터 커피 메이커 같기도 하다.

다른 브루어와 비교했을 때 에어로프레스를 활용할 수 있는 방법과 기술이 아주 많다. 매년 최고의 기법을 뽑는 대회가 열리기도 한다. 노르웨이에서 시작했는데 국제 행사로 커져서 월드에어로프레스챔피언십이 생겼다. 매년 웹사이트(www.worldaeropresschampionship.com)를 통해 심사하여 톱 3에 오른 방식을 공개하니 얼마나 다채롭게 활용할 수 있는지 알아보자.

그러나 필자는 에어로프레스를 에스프레소나 그 비슷한 걸 만드는 데 사용하는 건 반대한다. 진한 커피를 소량만 내리는 기구지만 사람의 손으로 플런저를 밀어내야 하는 만큼 머신처럼 고도의 압력을 똑같이 반복할 수 없어서다.

에어로프레스를 활용해 커피를 즐기는 두 가지 방법을 소개한다.

비율과 입자의 굵기

원두 입자의 크기, 브루잉 시간, 물의 양이 매우 중요하다. 에어로프레스로 최상의 결과를 얻으려면 먼저 어떤 커피를 마시고 싶은지 결정해야 한다.

- 소량의 진한 커피를 원한다면 100g/l으로 기준을 정하자. 조금 더 빨리 커피를 내리고 싶으면 원두를 아주 곱게 갈아야 한다. 원한다면 성기게 갈아도 되지만 브루잉 시간이 길어진다.
- 일반 커피와 비슷한 맛을 원한다면 75g/l이 좋다. 프렌치 프레스와 비율이 동일한 건 이 도구 역시 침출식이기 때문이다. 다시 한번 말하지만, 원두의 굵기에 따라 브루잉 시간을 조절해야 한다.

전통 에어로프레스 방식

아래에 설명한 인버티드(inverted) 방식보다 좀 더 많은 커피를 내릴 수 있다. 또한 일거리가 줄어드는 만큼 주방이 엉망이 될 일도 적다.

너무 많은 요인이 작용하기 때문에 한 번에 여러 가지를 조절하고 싶은 유혹이 들 수 있다. 더 세게 밀면 브루잉 속도를 높일 수 있지만 원두에서 그만큼 더 많이 추출된다. 시간을 늘리면 추출이 더 많아지므로 원두도 더욱 미세하게 갈아야 한다. 한 번에 한 가지씩 변화를 주는 쪽이 훨씬 쉽고, 여러 번 시도해보면 내 입에 꼭 맞는 커피를 마실 수 있다.

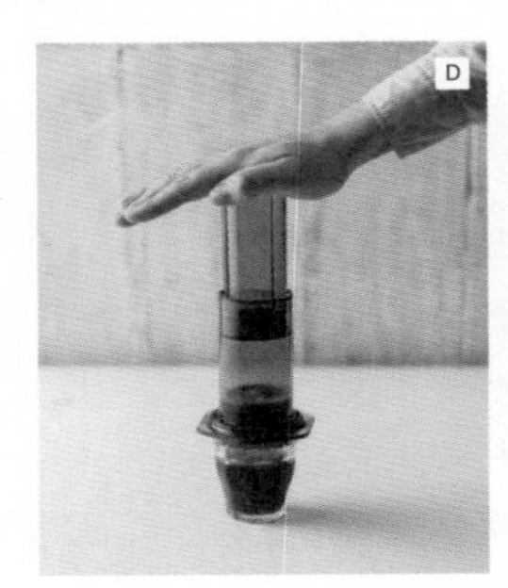

1. 브루잉 직전에 원두를 간다. 잊지 말고 원두의 무게부터 잰다.
2. 종이 필터를 홀더에 끼우고 브루어에 고정한다.
3. 뜨거운 물을 흘려보내 브루어를 데우고 종이를 헹군다.
4. 디지털 저울에 머그잔을 올리고 그 위에 브루어를 올린 다음 커피를 넣는다. **A**
5. 커피 브루잉에 적합한, 신선하고 미네랄 함량이 적은 물을 주전자에 끓인다.
6. 물이 끓으면 10~20초간 기다렸다 저울을 켜고 에어로프레스에 적절한 양의 물을 붓는다(원두 15그램을 넣을 경우 물 200밀리리터를 붓는다). 이제 타이머를 설정한다. **B**
7. 원두를 재빨리 젓고 피스톤을 에어로프레스에 놓는다. 밀봉되었는지 확인하되 아직 밀면 안 된다. 이로써 원두 윗부분이 진공 상태가 되어 물이 브루어 아래로 흘러내릴 염려가 없다. **C**
8. 브루잉을 한 뒤(1분에서 시작하길 권한다) 머그잔을 꺼내고 브루어를 저울에서 내린 다음 천천히 플런저를 밀어 커피를 배출한다. **D**
9. 피스톤을 2.5센티미터 정도 들어올려 브루잉을 멈춘 다음 원두 찌꺼기를 처리한다. 필터 홀더를 빼고 브루어를 쓰레기통 위에서 잡은 상태로 플런저를 밀어 찌꺼기를 버린다. 남은 찌꺼기가 있다면 두드려 떨구고 피스톤 바닥과 브루어를 씻는다. **E**
10. 이제 커피를 즐겨보자.

인버티드 에어로프레스 방식

아주 인기가 많아 소개하지만 실패하기도 쉽다. 처음에는 전통 방식대로 사용하되, 이 지침에 따라 안전하게 여러 가지 실험을 해보자.

인버티드 방식은 에어로프레스를 거꾸로 뒤집어서 압력을 줄 때까지 브루잉한 커피가 빠져나갈 수 없다. 플런저를 밀기 전에 브루어를 뒤집어서 잔에 커피를 부어야 하는데 이때 실수하기 쉽다. 뜨거운 커피가 가득 든 용기는 주의를 기울여 뒤집어야 한다. 그런데 이 방식으론 많은 양의 커피를 내릴 수 없다. 최대 용량은 물 200밀리리터일 것이다.

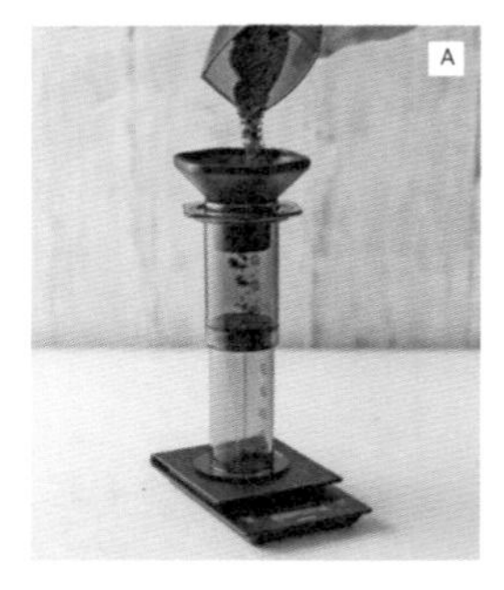

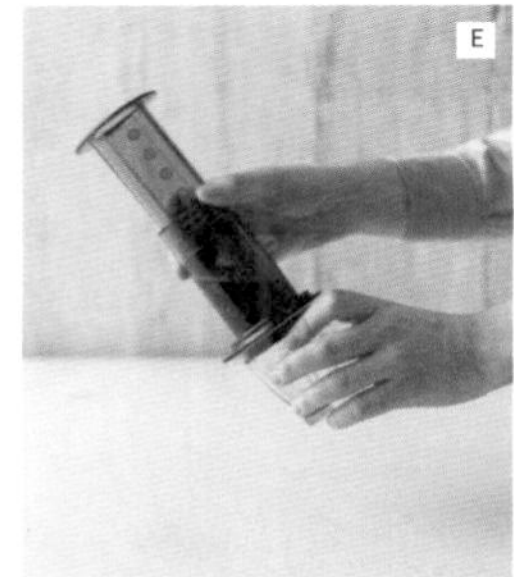

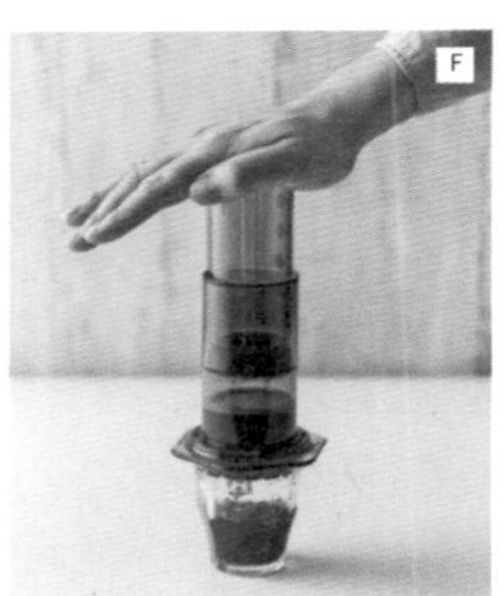

1. 브루잉 직전에 원두를 간다. 잊지 말고 원두의 무게부터 잰다.
2. 종이 필터를 홀더에 끼우고 브루어 본체에 고정한다.
3. 뜨거운 물을 흘려서 브루어를 데우고 종이를 헹군다.
4. 브루어에 피스톤을 2센티미터 정도 밀어넣은 다음 장치를 뒤집어서 디지털 저울에 놓는다. 이제 원두를 넣는다. **A**
5. 브루잉에 적합한, 신선하고 미네랄 함량이 적은 물을 주전자에 끓인다.
6. 물이 끓으면 10~20초 정도 기다렸다가 저울 눈금을 켜고 에어로프레스에 정량의 물을 따른다. **B**
7. 타이머를 설정하고 원두를 재빨리 저어서 1분간 우린다.
8. 원두를 우리는 동안 저울에서 브루어를 내린다. 종이가 들어 있는 필터 홀더를 브루어에 놓는다. 종이를 헹궜다면 뒤집을 때 들러붙을 것이다.
9. 브루어의 맨 윗부분을 천천히 피스톤 쪽으로 내려 커피가 거의 필터에 닿도록 만든다. 이렇게 하면 피스톤이 한층 안정되어 뒤집을 때 빠질 염려가 적다. **C**
10. 우려내는 단계 막바지에 잔을 브루어 위에 뒤집어놓은 다음 손으로 한쪽씩 잡고 조심스레 뒤집는다. **D E**
11. 커피가 잔으로 들어갈 때까지 천천히 플런저를 민다. **F**
12. 88쪽에 설명한 것처럼 브루어를 비우고 헹군다.
13. 이제 커피를 마음껏 즐겨보자.

스토브 탑 모카 팟 (Stove-top moka pot)

대부분의 집에서 모카 포트를 쓰고, 수납장에 적어도 하나쯤을 들어 있을 것이다. 왜 이렇게 인기가 많은지 설명하기 참 어려운데, 사용자 친화적인 제품이 아닐뿐더러 모카 포트로 맛있는 커피를 내리는 일이 쉽지 않아서다. 아주 강하고 매우 쓴 커피를 만들지만 이탈리아에서는 모카 포트를 맹신하며 거의 모든 가정에 두듯 에스프레소를 마시는 사람들에게는 꽤 괜찮게 느껴져서일지도 모르겠다.

모카 포트의 특허권은 1933년 이 도구를 발명한 알폰소 비알레티(Alfonso Bialetti)가 가지고 있다. 비알레티 컴퍼니는 지금까지도 아주 대중적인 브루어를 생산하는 회사다. 모카 포트는 대개 알루미늄(몇 년 전 이 부분에 대해 무시무시한 루머가 돌았다)으로 만드는데 스테인리스스틸 기종이 더 이상적이다.

지금부터 설명하는 방식은 좀 어렵게 느껴질 수 있으나 모카 포트를 만족하며 즐기는 사람도 도움 될 테니 제대로 알아두자. 이 유형의 커피 메이커는 브루잉한 물 온도가 너무 높아 아주 쓴 혼합물이 추출되는 게 가장 큰 문제다. 모카 포트로 내린 커피의 쓴맛에서 전정한 가치를 느끼기도 하고, 그런 이유로 이 도구를 싫어하기도 한다. 지금 소개하는 방식은 오랫동안 잊힌 모카 포트의 새로운 측면을 부각하여 색다른 방식으로 커피를 즐기게 해준다.

단, 커피와 물의 비율이 높고 브루잉 시간이 꽤 짧아서 가볍게 로스팅한, 밀도나 특정 산미와 과즙미가 담긴 커피를 만들어내긴 힘들다. 약한 에스프레소 로스팅 원두나 낮은 고도에서 생산된 원두를 추천한다. 모카 포트는 쓴 커피를 만들어내는 경향이 있어서 세게 볶은 원두는 피해야 한다.

스토브 탑 모카 포트에서 최상의 결과물을 얻고 싶다면
가벼운 에스프레소 로스팅 원두나 낮은 고도에서 자란 원두를 고르자.
과하게 쓴 브루잉을 막을 수 있다.

스토브 탑 모카 방식

비율 200g/l. 대부분의 경우 비율에 크게 신경 쓸 필요가 없다. 그저 갈아낸 원두를 홀더에 가득 채우고 물을 넣은 뒤 과도한 압력이 밸브 바로 아래까지 도달하도록 기다리면 된다. 사람이 개입할 부분이 거의 없다.

입자의 굵기 아주 고운/소금 정도(71쪽 참고). 논란의 여지가 있는 말이지만 에스프레소용 원두(아주 곱게 간 원두)를 권하지 않는다. 평상시보다 살짝 성기게 간 원두를 쓰면 모카 포트가 만드는 쓴맛을 최소화할 수 있다.

1. 브루잉 직전에 원두를 갈고 바스켓에 골고루 평평하게 담는다. 원두 가루를 꽉꽉 눌러 담으면 곤란하다.
2. 브루잉에 적합한 신선하고 미네랄 함량이 적은 물을 주전자에 끓인다. 뜨거운 물로 시작하면 포트가 짧은 시간에 데워져 상대적으로 원두가 덜 뜨겁기 때문에 쓴맛을 줄일 수 있다.
3. 브루어 바닥의 스몰 밸브 바로 아래까지 뜨거운 물을 채운다. 밸브가 물에 잠기면 안 된다. 안전 밸브라 압력이 너무 많이 차지 않도록 막아주는 역할을 한다. **A**
4. 커피 바스켓을 제자리에 놓는다. 둥근 고무 개스킷이 완전히 세척되었는지 확인한 다음 조심해서 브루어에 맞춘다. 제대로 밀봉하지 않으면 브루어가 잘 작동하지 않는다. **B**
5. 팟 뚜껑을 연 상태로 중간 불에 올린다. 바닥 쪽 물이 끓기 시작하면 압력이 생기면서 증기가 물을 관으로 밀어올려 원두로 전달한다. 물을 더 빨리 센 불에 끓일수록 더 많은 압력이 형성되어 브루잉 과정이 빨라진다. 물론 너무 서두르고 싶지 않을 것이다. **C**
6. 커피가 천천히 차오르기 시작한다. 콸콸거리는 소리가 나는지 잘 들어보자. 소리가 나면 불을 끄고 브루잉을 멈춘다. 물은 대부분 날아가고 열기가 커피에 스며들어 더 쓰게 추출하기 시작했음을 알리는 신호다.
7. 브루잉을 멈추려면 브루어 아래쪽을 흐르는 찬물에 식힌다. 이렇게 하면 온도가 떨어져 수증기가 응결되고 압력이 사라진다. **D**
8. 이제 마음껏 커피를 즐긴다.

브루어를 세척하기 전에 손을 대도 안전한 온도까지 내려갔는지 꼭 확인한다. 완전히 말려서 제자리에 둔다. 꽉 잠근 상태로 보관하면 고무마개의 수명이 줄어든다.

진공포트

사이폰(syphon) 브루어라고 알려진 진공 커피포트는 역사가 깊으며 상당히 즐거운 방식으로 커피를 추출하는 도구다. 그러나 극심한 짜증을 유발하는 까닭에 많은 경우 찬장에 넣어두거나 장식용으로 방치하곤 한다.

진공 커피포트는 1830년대 독일에서 처음 등장했다. 특허는 1838년 프랑스인 잔 리샤르(Jeanne Richard)가 신청했다. 최초 컨셉 이후 디자인은 크게 변하지 않았다. 두 공간으로 나뉘며 아래쪽에 물을 채워 열을 가한다. 원두가 들어 있는 칸을 그 위로 올리고 밀봉해 수증기가 밑에서부터 차오르게 한다. 이렇게 수증기를 가두면 바닥에서 물이 관을 통해 올라와 필터를 거쳐 위로 넘어간다. 이 시점에서 물은 끓는 점 바로 아래에 도달해 커피를 만들기 적당한 온도가 된다. 이제 원하는 시간 동안 우려내는 일만 남았다. 원두를 우리는 동안 아래 칸의 열기를 유지하는 일이 중요하다.

브루잉이 끝나면 진공 포트를 화기에서 옮긴다. 김이 식으면서 다시 물로 돌아가 진공 포트 위 칸에 있는 원두를 빨아들이고 필터를 통해 아래 칸으로 내려온다. 원두는 갇힌 채로 위 칸에 분리되고 커피는 아래로 떨어진다. 전 과정이 물리학을 재미있게 적용한 것이라 학교 실험으로도 자주 등장한다. 다만 제대로 다루는 게 힘들어서 다들 한두 번 써보고 포기하는 게 참 아쉽다.

추가 도구

이 브루잉 방식은 개별 열 공급원이 필요하다. 일부 진공 커피포트는 곧바로 가스레인지에 올릴 수 있게 설계되었고 심지가 든 알코올 초를 쓰는 것도 있다. 초 대신 아주 작은 캠핑용 부탄 스토브로 대체해도 된다. 일본을 비롯해 일부 전문 커피 상점에서는 할로겐 램프를 이 브루어 밑에 놓고 열원으로 쓰는 걸 선호한다. 가장 효율적이진 않지만 보기엔 근사하다.

작은 대나무 주걱으로 커피를 젓기도 하는데 특별히 대나무가 효과를 내는 게 아니니 숟가락을 써도 된다. 제대로 된 의식을 행하듯 특별한 도구를 갖춰놓고 사용하는 기쁨을 부정하는 것도 아니고 커피 맛에 어떤 영향도 주지 않는다고 단언하는 것도 아니니 오해하지 말자.

필터

가장 전통적인 진공 포트는 금속 디스크를 천 필터로 감싸서 사용한다. 이 천을 깨끗하게 유지하는 일이 중요하다. 사용하고 나면 뜨거운 물로 최대한 깨끗이 헹궈야 한다. 며칠 안에 또 사용할 게 아니라면 세제를 풀어서 세척한다. 천 필터를 세척하고 보관하는 방법은 84쪽에 잘 나와 있다. 종이나 금속 같은 대안도 있지만 특별한 어댑터가 필요하다.

진공 커피포트는 담금 방식으로 커피를 정교하게 내린다. 낮은 칸에서 수증기가 올라와 위의 원두에 스며들면 응축된 물이 커피를 내려 아래 보온통으로 흐르는 원리다.

진공 포트 방식

비율 75g/l. 사이폰 브루잉을 위해 원두를 조금 더 넣는 걸 선호하기도 하는데, 일본은 이 방식이 보편적이다.

입자의 굵기 중간/정제당 정도의 입자(71쪽 참고). 담금 방식이기 때문에 브루잉 시간을 원두 입자의 크기에 맞춰야 한다. 너무 곱게 갈면 아래로 내리는 과정이 멈춰서 브루잉이 중단된다. 너무 거칠게 갈면 더 높은 온도에서 매우 긴 시간 브루잉하기 때문에 꽤 쓴 커피가 나온다.

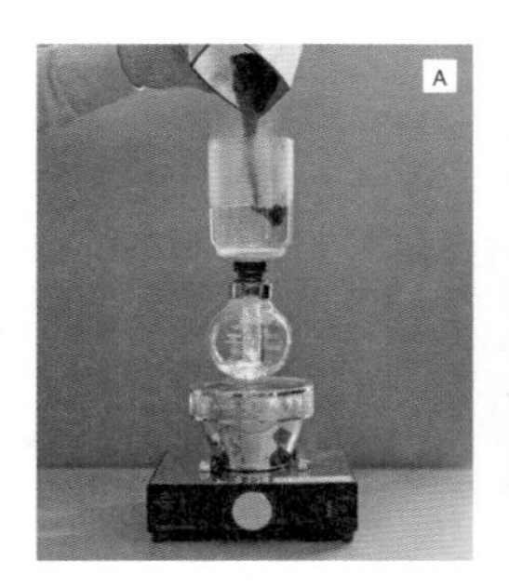

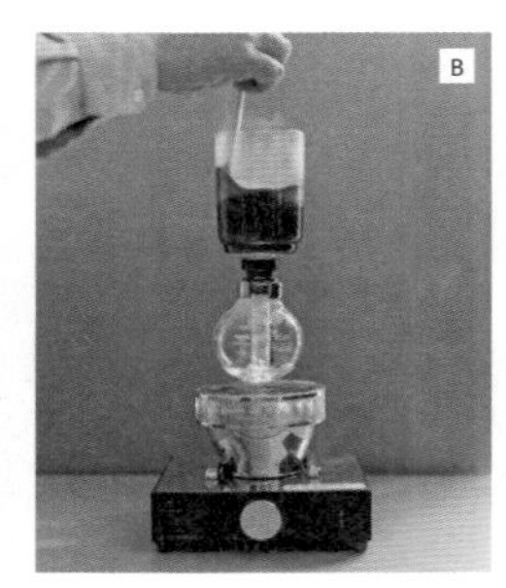

1. 브루잉 직전에 커피를 갈고 무게를 측정한다.
2. 커피 브루잉에 적합한, 미네랄 함량이 낮은 신선한 물을 주전자에 끓인다.
3. 필터를 위 칸에 장착하고 제대로 작동하도록 준비한다.
4. 아래 칸을 디지털 저울에 올리고 원하는 비율에 맞춰 정량의 뜨거운 물을 계산해 붓는다.
5. 핸들을 잡고 아래 칸을 열원(작은 부탄 버너, 알코올 버너 혹은 사진에 등장한 할로겐 램프)에 올린다.
6. 위 칸을 그 위에 놓되, 아직 밀봉하지 않는다. 너무 일찍 밀봉하면 확장된 가스가 물이 적정 온도에 도달하기 전에 위 칸으로 밀어올려 커피 맛이 나빠진다.
7. 물이 끓기 시작하면 아래 칸 위에 올린 위 칸을 밀봉한다. 조절 가능한 열원을 쓸 경우 세기를 가장 낮게 줄인다. 이제 끓는 물이 위 칸으로 밀고 올라오기 시작한다. 곧바로 필터를 살펴 중앙에 놓였는지 확인한다. 그렇지 않다면 한쪽에서 많은 거품이 올라올 것이다. 주걱이나 숟가락으로 필터를 조심스럽게 옮겨서 자리를 잡아준다.
8. 처음에는 위 칸으로 거품이 꽤 거세게, 크게 올라온다. 거품이 작아지면 브루잉 준비가 끝난 것이다. 원두에 물을 붓고 흠뻑 젖을 때까지 젓다가 타이머를 켠다. **A**
9. 맨 위에 막이 생긴다. 30초가 지난 뒤 떠 있는 원두가 다시 우러나도록 살살 젓는다. **B**
10. 다시 30초가 지난 뒤 열원의 전원을 끈다. 커피가 아래 칸으로 내려가기 시작하면 시계 방향으로 한 번 젓고 반시계 방향으로 한 번 저어 가장자리에 원두가 눌어붙는 걸 막는다. 다만 너무 많이 저으면 마지막에 커피가 커다란 돔 형태가 되어 추출이 고르지 못하다.
11. 커피가 완전히 내려질 때까지 기다린다. 위 칸에는 가루가 살짝 곡선을 이루며 남는다. 커피를 포트에 따를 때 보온병이 뜨거우면 조리한 맛이 난다. **C**
12. 커피를 식힌다. 이 방식으로 내린 커피는 엄청나게 뜨겁다. **D**

TURCO
BAR
TYPE
TYPE

19세기 에티오피아에서 커피가 처음 발견된 이후 현존하는
가장 오래된 카페는 아디스아바바의 토모카(Tomoca)다.
이탈리아 식민 통치 시기를 보여주듯 매끄러운 에스프레소 머신이 보인다.

에스프레소

지난 50년 동안 에스프레소는 커피를 마시는 '최고'의 방식으로 존재해왔다. 특별히 전해내려오는 에스프레소 브루잉 방식이 없는 터라 이 말은 사실이 아니다. 그러나 지금 에스프레소는 집 밖에서 가장 많이 소비되는 커피다. 실제로 많은 카페에서 필터 커피보다 에스프레소에 더 비싼 가격을 붙인다.

에스프레소가 커피 소매 업계를 주도하는 건 부인할 수 없는 사실이다. 이탈리아식 커피 문화가 널리 대중화되었든, 혹은 미국화되었든 전 세계에 체인을 둔 커피 전문점에서도 패스트푸드 버전의 에스프레소를 만난다.

한 잔의 에스프레소를 내리는 일은 엄청나게 짜증이 나면서 동시에 아주 보람차다. 말하기 조심스럽지만 새로운 취미가 필요한 게 아니라면 집에 에스프레소 기기를 두지 마라. 일요일 오전 느긋하게 맛있는 카푸치노 한두 잔을 즐기며 신문을 보려면 엄청난 준비가 필요하니까. 게다가 뒤치다꺼리도 상당하다. 그런 부분까지 다 챙기고 싶지 않다면 그냥 동네 카페에 가서 다른 사람이 내려주는 커피를 마시자. 다만 아직 많은 이가 훌륭한 동네 커피숍을 찾지 못한 걸 잘 알기에 집에서 근사하게 에스프레소 추출하는 법을 알려주고자 한다.

에스프레소의 탄생

이미 살펴본 것처럼 커피를 내릴 때는 원두의 크기가 매우 중요하다. 커피콩을 곱게 갈면 갈수록 추출하기 수월하고 그 과정에 필요한 물이 적게 든다. 이 말은 진한 커피를 얻을 수 있다는 뜻이다. 문제는 콩을 미세한 수준으로 갈 경우 중력 자체로는 물이 커피 층을 뚫고 나가지 못한다는 것이다. 그래서 진한 정도에 한계가 생긴다.

오래전부터 이 문제를 고민한 결과 첫 번째로 나온 해결책은 수증기를 가둔 압력으로 물을 원두에 투과하는 것이었다. 이 초창기 에스프레소 머신은 이름만 에스프레소일 뿐 카페에서 일반 강도의 커피를 빠르게 내리려고 만든 기계다. 생명을 위협하지 않는 수증기 자체의 압력만으로는 너무 낮아서 공기압이나 수압 등 다양한 방식을 활용했다.

아킬레 가치아의 발명품이 비약적인 발전을 이뤄냈다. 사용자가 커다란 레버를 당겨 스프링을 압축하면 스프링이 풀리면서 압력이 뜨거운 물을 원두에 투과하는 방식이다. 압력이 극적으로 갑자기 풀리는 방식이며, 입자가 꽤 미세한 원두에도 사용할 수 있어 양이 적고 진하며 제대로 추출한 커피를 만들게 되었다.

크레마

대부분의 커피 애호가에게 에스프레소의 핵심은 진한 강도뿐 아니라 커피 표면에 밀도감 있게 형성되는 거품 층이다. 크레마는 이탈리아어로 크림을 뜻하며 커피 맨 위에 자연스럽게 형성되는 거품이 맥주잔에 생기는 거품과 비슷하다.
크레마가 생기는 까닭은 물이 고압을 받았을 때 이산화탄소를 더 많이 용해하고 커피에 든 가스가 로스팅 과정에서 배출되기 때문이다. 브루잉한 커피는 잔으로 내려질 때 일반 기압으로 돌아와 더 이상 모든 가스를 붙잡지 않으므로 그것이 용해되어 셀 수 없이 많은 거품으로 변한다. 이 거품이 커피에 갇혀 안정된 밀도를 형성하는 것이다.

오랫동안 크레마를 중요한 요인으로 여겼으나 실제로는 두 가지 사실만 알려줄 뿐이다. 우선 커피의 신선도 여부다. 로스팅한 지 오래될수록 원두에 든 이산화탄소가 적어서 거품이 작게 생성된다. 두 번째는 에스프레소가 진한지 연한지 여부다. 크레마의 색이 짙을수록 커피가 진하다. 크레마는 커피의 거품이기에 색이 밝으면 거품도 가볍게 추출된다. 커피 색깔이 크레마의 색을 결정하는 것이다. 진하게 로스팅한 커피는 진한 크레마가 생기는 이유다. 크레마는 생두의 품질이 좋은지, 로스팅이 잘되었는지, 에스프레소 만드는 기기가 깨끗한지 등 맛있는 커피를 만드는 모든 핵심 요소에 대해 알려주지 않는다.

기본 기법

갈아낸 원두를 작은 금속 바스켓에 넣고 손에 든다. 이 바스켓에는 작은 구멍이 있어 커피가 통과하지만 가장 작은 입자를 제외한 원두 가루는 투과할 수 없다. 이렇게 추출하는 방식이다.

바스켓에 든 원두는 압축(탬핑)해서 평평하게 만든다. 원두가 담긴 핸들을 에스프레소 머신에 고정하고 펌프를 작동한다. 머신이 거의 끓는 점에 가까운 물을 저장고에서 끌어와 원두에 투과한다. 그러면 커피가 밑에 놓인 잔으로 떨어진다. 일부 머신에선 작동자가 언제 펌프를 꺼서 브루잉을 멈출지 결정할 수 있다. 그래서 눈대중으로 살피거나 정해진 물을 다 썼을 때 유용하다. 다른 기기들은 물의 양을 미리 설정하면 자동으로 멈춘다.

훌륭한 에스프레소는 좋은 레시피에서 나온다. 뛰어난 커피 로스터들이 근사한 커피를 내리는 그들만의 노하우를 알려줄 것이다. 훌륭한 레시피란 정확한 계량이 관건이고 다음의 준비가 필요하다.

- 갈아낸 원두의 무게(그램)
- 원두를 통해 얻을 양(그램 혹은 밀리리터로 표시)
- 브루잉에 걸리는 시간
- 브루잉에 쓸 물의 온도

추상적으로 대충 알려주고 싶지 않아 집에서도 손색없는 에스프레소를 내리는 데 유용한 정보와 필자가 수년간 전 세계를 돌며 바리스타들에게 가르친 기법, 에스프레소를 추출할 때 핵심이라고 여기는 부분들을 정리했다.

1905년에 특허를 낸 라 파보니의 투 그룹 이데알레(two-group ideale) 기종은 시장에 나온 첫 번째 기기다. 덕분에 에스프레소 스타일의 커피가 유럽으로 들어와서 전 세계로 퍼졌다.

압력과 저항성

에스프레소 머신이 정해진 시간에 일정량의 커피를 내리게 해야 한다. 갈아낸 원두 18그램을 브루잉해서 27~29초에 36그램의 커피를 추출하라고 적혀 있는 레시피를 가정해보자. 이대로 하기 위해 제어할 부분은 물이 원두를 얼마나 빨리 투과하는가다.

물이 원두를 투과하는 속도가 맛이 어느 정도로 추출되는가를 결정한다. 너무 느리게 통과하면 원두의 너무 많은 성분이 우러나 쓴맛, 잿맛, 매우 거친 맛이 난다. 물이 너무 빨리 지나가면 커피가 충분히 우러나지 않아서 시큼하고 밍밍할 것이다.

물이 얼마나 쉽게 원두를 통과하는지 살피면 속도를 제어할 수 있다. 사용하는 원두의 양(바스켓에 많이 넣을수록 물이 투과하는 시간이 길어진다)과 커피 입자의 크기를 차별화해보면 알 수 있다.

원두를 곱게 갈수록 입자가 잘 모여서 물이 통과하기 어렵다. 물병 두 개를 놓고 한쪽에는 모래를 가득 채우고 다른 쪽에는 같은 무게로 조약돌을 넣으면 물은 모래보다 조약돌에서 더 빨리 흘러내릴 것이다. 마찬가지로 커피 입자가 성길수록 머신이 물을 밀어내는 속도도 빨라진다.

많은 이가 경험하는 문제이자 세계 각지의 수많은 바리스타까지 좌절하게 만드는 부분은 흐르는 속도가 잘못되면 커피 맛이 좋지 못하고, 원두를 가는 과정이 잘못되었는지 원두 사용량이 잘못되었는지 곧바로 알지 못한다는 점이다. 이런 이유로 집에서는 최대한 원두를 계량하라고 권한다. 실수, 좌절, 낭비를 줄이는 방법이다. 분량이 정확하면 원두 입자의 굵기를 달리해야 한다는 걸 쉽게 파악할 수 있다.

에스프레소는 지구상에서 가장 준비할 것이 많은 음료일 것이다. 절대로 과장이 아니다. 정해진 브루잉 시간이 몇 초만 빗나가도, 바스켓에 원두가 1그램만 적게 들어가도, 잔에 내린 커피가 몇 그램만 모자라도 맛있는 커피는 물 건너가고 힘든 노동은 쓸모없어진다.

최대한 많은 부분을 동일하게 유지하고 한 번에 한 가지 변형만 주는 것이 좋다. 한 잔을 내리고 실망했다면 우선 원두의 굵기부터 조정해보자. 이 부분이 잘못되었다면 다른 부분을 고쳐봐야 원하는 결과를 얻지 못하기 때문이다.

훌륭한 바리스타는 정해진 시간에 원하는 양만큼 커피를 뽑을 수 있다.
1956년산 라 산 마르코(La San Marco) 같은 매끈한 기기를 사용한다고
해도 가장 먼저 살펴야 하는 부분은 원두를 제대로 갈았는지 여부다.

탬핑(temping)

탬핑은 브루잉 전에 갈아낸 원두를 압축할 때 쓰는 용어다. 원두 가루 사이에 공간이 있어 압축하지 않고 기기에 넣으면 고압의 물이 원두 가루 사이 공기층을 찾아들어가 재빨리 지나치는 바람에 원두의 상당 부분을 우려내지 못한다. 물이 골고루 원두를 적셔주지 못하는 걸 채널링(channelling)이라고 한다. 채널링 현상이 생기면 물이 원두를 골고루 추출하지 못해서 에스프레소 맛이 아주 시큼하고 불쾌해진다.

많은 이가 탬핑의 중요성을 엄청 강조하지만 필자는 그렇게까지 중요하다고 보지 않는다. 탬핑의 목적은 그저 원두의 공기를 빼고 브루잉 전에 닿는 면을 평평하게 다지는 것이다. 원두를 얼마나 세게 누르냐는 물이 얼마나 빨리 통과하느냐 만큼 엄청난 차이를 만들지 못한다. 공기를 전부 빼냈다면 더 이상 세게 눌러봐야 득이 될 게 없다. 에스프레소 머신은 물을 원두에 9바(bar) 혹은 130psi(제곱인치당 힘의 파운드)로 밀어내는데, 사람이 누르는 것보다 강한 힘이다. 목표는 원두를 평평하게 다지는 것일 뿐 그 이상은 없다.

원두 가루가 바스켓 벽에 걸렸다면 핸들을 툭 쳐서 고르기도 한다. 하지만 핸들을 치면 바스켓 벽에서 떨어진 원두로 인해 채널링이 될 수 있다. 또한 탬퍼에 손상이 가서 제대로 써보지도 못하고 장식용으로 활용해야 할지도 모른다.

마지막으로 탬퍼를 제대로 잡으라는 조언을 하고 싶다. 손전등을 쥐는 것처럼 엄지가 바로 아래를 향해야 한다. 그 상태로 팔꿈치부터 손목까지 곧게 뻗고 원두에 압력을 줘야 한다. 다른 손은 손잡이를 드라이버처럼 잡고 나사를 조인다고 상상하면 손목을 보호하기 위해 팔을 아래로 내릴 것이다(100쪽 참고). 많은 전문 바리스타가 잘못된 방식으로 잡아 손목 통증으로 고생한다.

에스프레소 방식

에스프레소 두 잔을 내리려고 한다. 잔을 두 개 놔두거나 잔 하나에 더블 에스프레소를 넣어도 된다.

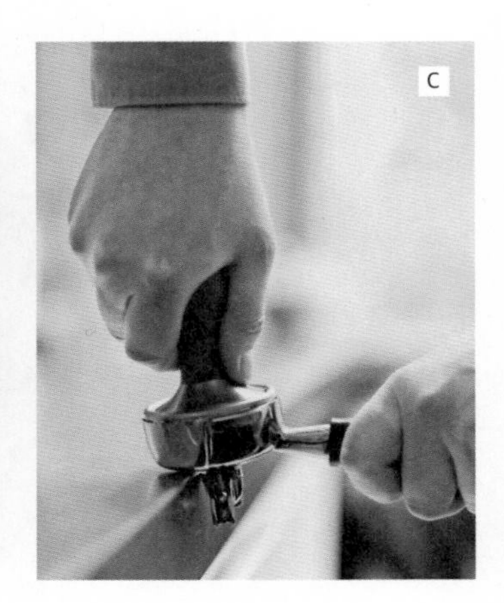

1. 에스프레소 머신의 수조통에 미네랄 함량이 낮아 커피를 내리기 좋은 물을 채우고 버튼을 눌러 가열한다.
2. 브루잉 직전에 원두를 간다. 잊지 말고 원두의 무게부터 잰다. **A**
3. 바스켓이 깨끗한지 확인한다. 마른행주로 닦아 물기는 물론 지난번에 커피를 내리고 남은 잔여물까지 제거한다. 행주로 닦으면 마지막 브루잉의 기름때도 제거할 수 있다.
4. 가능하다면 전체 브루잉 핸들(포터필터라고 부르는)을 눈금 위에 올리고 원두의 무게를 잰다. 그럴 수 없다면 바스켓을 핸들에서 분리하여 저울에 올린다. **B**
5. 저울이 정확하다면 레시피와의 오차가 0.1그램 이하가 되도록 원두의 양을 맞춘다. 공들여 만든 자신만의 레시피든 로스터가 준 레시피든 상관없다. 이 정도까지 정확하게 지켜야 하나 싶겠지만 디지털 저울은 꽤 저렴해졌고 여러 차례 활용하면 더 맛있는 커피를 더 자주 마실 수 있다.
6. 저울에서 핸들을 들고 원두를 바스켓 안에서 탬핑한다. 손목을 곧게 유지하여 원두가 평평하게 깔리도록 만든다. 탬퍼를 원두 위에 놓고 핸들의 각도를 살피면 고르게 폈는지 알 수 있다. **C**
7. 커피를 내릴 잔의 무게를 측정한다.
8. 기계의 전원을 켜고 물을 좀 흘려보낸다. 이렇게 해서 브루잉할 물의 온도를 맞추고 지난번 브루잉 뒤 남은 원두 가루를 헹궈낼 수 있다.
9. 조심스럽게 핸들을 머신에 고정한 뒤 커피를 받을 잔을 놓는다.
10. 시간을 잴 장비를 준비한다. 머신에 샷이 추출되는 시간이 얼마인지 표시되지 않을 경우, 휴대전화 스톱워치 기능을 쓰거나 주방용 타이머를 사용해보자.
11. 최대한 빨리 브루잉을 시작한다. 브루잉이 시작될 때 타이머도 누른다. 로스터가 권장한 시간만큼 추출한다. 딱히 제안받은 것이 없다면 27~29초로 정한다.
12. 정해놓은 시간이 되었으면 기계를 멈춘다. 핸들이 몇 초 뒤 드립을 멈추면 잔을 다시 저울에 올려 커피가 얼마나 나왔는지 살핀다.

베네치아의 세인트 마크 스퀘어에 자리한 카페 플로리안(Caffe Florian)은 1720년부터 커피를 파는 에스프레소의 발상지다.

결과 판단하기

로스터가 추천한 무게에서 몇 그램 정도의 오차가 나면 이상적이다. 그렇지 않다면 다음번에 간단한 변화를 줘보자.

- 내린 양이 너무 많으면 흐름이 너무 빠른 것이다. 원두를 좀 더 정교하게 갈아서 물이 투과하는 속도를 줄여야 한다.
- 추출량이 너무 적으면 투과 속도가 너무 느린 것이다. 이럴 때는 원두를 더 성기게 갈아 속도를 높여야 한다.

많은 사람이 이런 식으로 정확도를 맞추는 건 과하다고 여겨 눈대중으로 판단하길 좋아한다. 그래도 괜찮지만 정확성은 떨어진다.

그라인더를 특정 원두에 맞게 설정했다면 낮 동안 온도차가 급변하지 않는 한 조절할 필요가 줄어들 것이다.

분쇄도 조절하기

에스프레소의 경우 버 그라인더로 원두 입자의 굵기를 쉽게 조절할 수 있어 원두를 직접 갈아도 된다. 새로운 원두를 구입했다면 그라인더에 새 수치를 설정해야 한다. 그라인더에 수치를 정하는 걸 업계 용어로 '다이얼링 인(dialling in)'이라고 부른다.

원두를 갈고 나면 그라인더에 가루가 남는다. 따라서 그라인더 설정을 바꿀 경우 처음에 나오는 가루는 기존에 간 가루가 섞였다는 뜻이다. 새 원두를 몇 그램 더 갈아서 추출한 커피를 버리는 것으로 해결하는 방식이 보편적이다. 원두 입자의 굵기를 바꿔서 갈았으나 브루잉 과정에서 차이가 드러나지 않는다면 기존의 가루를 충분히 제거하지 않은 것이다.

그라인더를 조절할 때 항상 조금씩 바꿔보라고 권한다. 새 그라인더를 샀다면 저렴한(신선하면 더 좋겠지만) 원두를 사다가 그라인더 설정을 살짝 바꿔 브루잉 과정에 어느 정도 영향을 미치는지 파악하는 것이 바람직하다. 그라인더는 대부분 설정 번호가 적혀 있다. 실제로는 아무 의미가 없는 수치지만 정교하게 갈고 싶다면 숫자가 작은 쪽으로, 그 반대면 큰 쪽으로 돌린다. 그라인더에 선택할 수 있는 단계가 있어서 가끔은 숫자 전체를, 가끔은 숫자 일부를 조절하면 된다. 원두의 굵기가 잘못 설정되었을 경우 한 단계씩 변화를 주면서 시작해보자.

추출 비율

에스프레소는 다양한 스타일이 있고 얼마나 오래, 진하게 내렸는가에 대한 선호는 개인에 따라 차이가 크다. 상업적으로는 추출 비율이라고 부른다. 정해진 양의 원두에서 커피를 얼마나 추출할 것인가? 필자는 원두를 두 번 우려내는 것부터 시작하라고 조언한다. 예를 들어 원두 18그램을 넣었다면 에스프레소의 무게는 36그램이어야 한다. 이탈리아 사람들은 보통 양이 적은 커피를 선호해서 더블 에스프레소를 내릴 경우 14그램의 원두로 28그램을 추출할 것이다. 커피와 물의 비율은 원하는 강도를 유지해준다.

더 진한 에스프레소를 마시고 싶을 때는 비율을 바꾼다. 1:2가 아니라 1:1.5 정도로 해서 18그램의 원두로 27그램을 추출한다. 이처럼 적게 추출하면 맛이 아주 진할 테니 분쇄 정도를 조절하여 브루잉 시간을 비슷하게 맞춘다. 투과 속도는 그대로 두고 물만 적게 넣으면 브루잉이 빨라져 원하는 맛을 모두 추출하는 데 실패한다.

인도 콜카타의 콜카타대학 근처에 자리한 컬리지 스트리트 커피하우스(College Street Coffee-House)는 예술가, 지식인, 학생들의 모임의 장소로 도시 문화의 역사에서 중요한 역할을 한다.

브루잉 온도

커피 업계는 이제야 에스프레소를 추출할 때 온도가 안정돼야 한다는 부분에 주목하기 시작했다. 브루잉 온도를 바꾸면 추출과 커피 맛에 영향을 주지만 많은 이가 생각하는 것만큼 중요한 요소는 아니다. 브루잉에 들어가는 물이 뜨거울수록 맛을 추출하는 데 더 효과적이다. 약하게 로스팅한 경우 강하게 로스팅한 원두보다 브루잉 온도를 더 높여 맛을 살리는 편이 좋다.

0.1도만 바꿔도 맛이 달라진다는 주장이 있다. 말도 안 되는 소리다. 1도면 누구나 감지할 정도로 작은 변화가 생길 테지만, 온도가 살짝 안 맞았다고 에스프레소가 엉망이 되는 경우는 보지 못했다.

에스프레소 머신에서 온도를 조절할 경우 물 온도를 90~94도로 정하길 권한다. 에스프레소 맛이 이상하다면 우선 레시피의 다른 부분부터 변경해보자. 그러나 계속해서 시큼한 맛이 난다든지 맛에 문제가 있다면 온도를 높여보고, 계속 쓴맛이 난다면 온도를 낮춰보자(그 전에 기기를 제대로 세척했는지 확인해야 한다).

브루잉 압력

최초의 에스프레소 머신은 압축 스프링을 통해 원두에 물을 투과하는 방식으로 압력을 활용했다. 스프링이 확장되며 압력이 감소하여 고압에서 시작해 저압으로 끝나는 방식이다. 그 후 전기 펌프가 흔해지면서 일정한 압력을 줄 수 있도록 설정해야 했다. 일부에서는 표준 압력을 9바(bar, 130psi)로 설정한 것은 기존 기기들의 스프링이 내는 다양한 압력의 평균치이기 때문이라고 말한다.

이 압력이 최고의 투과 속도를 얻을 수 있는 지점이기도 해서 참 행운이다. 9바 이하의 압력에서는 원두가 엄청난 저항을 보여 투과 속도가 떨어진다. 9바보다 더 높을 경우 원두가 너무 압축되어 마찬가지로 속도가 떨어진다. 기기가 정상 압력에서 돌아가는 한 별다른 문제가 생기지 않는다. 압력이 너무 낮으면 에스프레소는 바디감이 없고 이상적인 크레마도 찾을 수 없다. 압력이 너무 높으면 나무의 쓴 냄새가 나서 에스프레소를 마실 수가 없다.

바리스타가 직접 브루잉하는 물의 압력을 조정하는 기계가 나왔지만, 아직 가정용 머신에 다양하게 적용할 만큼 충분한 데이터가 쌓이진 않은 상태다.

세척과 관리

전 세계 상업용 커피 머신의 95퍼센트가 제대로 세척되지 않는다. 필자는 고객에게 실망스럽고 쓴맛이 나는 형편없는 커피를 내놓는 원인이라고 생각한다. 너무 깔끔해서 탈인 경우는 없다. 커피를 만들고 나서 조금만 움직이면 깔끔한 머신이 커피 맛을 달콤하고 개운하게 유지해줄 것이다.

- 커피를 다 내렸으면 핸들에서 바스켓을 빼고 수세미에 세제를 묻혀 아래쪽을 닦는다. 이렇게 하지 않으면 마른 커피의 녹이 쌓여서 악취를 풍기고 맛이 나빠진다.
- 에스프레소 머신 디스펜서가 망을 통해 물을 투과한다. 이 부분이 쉽게 분리되는 경우 떼어내서 세척하고 물을 분사하는 부분도 닦아낸다.
- 망을 빼놓았을 때 고무 개스킷도 청소한다. 여기에 커피 찌꺼기가 쌓이면 바스켓이 기기에 제대로 밀착되지 않아 브루잉할 때 누수가 생겨서 핸들 옆으로 물이 흘러 잔으로 떨어진다.
- 핸들에서 브루잉 바스켓을 제거하고 세척용 바스켓으로 교체한다. 머신을 살 때 기본 구성품으로 들어 있는, 구멍이 없는 바스켓이다.
- 영업 시간이 끝나면 상업용 에스프레소 머신 클리너를 이용해 머신에 남은 커피 찌꺼기를 씻어낸다. 남은 찌꺼기는 시간이 지나면 산패되어 불쾌한 맛을 낸다. 제조사의 지침에 따라 에스프레소 머신에 클리닝 파우더를 묻힌다.
- 우유 스팀기도 쓰고 나서 꼭 씻어둔다.

너무 깨끗하면 기계 맛이 나니 에스프레소 한두 잔을 내려 '맛을 더해야' 세척 후의 금속 맛이 없어진다고 주장하는 사람도 있다. 필자는 그런 경우를 한 번도 본 적이 없고, 기기를 제대로 예열하니(제조사의 지침에 따라 최소 10분에서 최대 15분) 곧바로 내려도 커피 맛이 좋았다.

사용하지 않을 때는 스위치를 꺼두는 편이 좋다. 원한다면 타이머를 설정해 커피를 내리도록 준비하고 끝나면 꺼놓는다. 에스프레소 머신은 전력이 많이 소모돼서 사용하지 않는데도 켜두면 전력 낭비다.

머신이 제대로 작동하게 유지하려면 사용하는 물이 적합해야 한다. 센물을 쓰면 석회가 기기에 빨리 쌓여서 고장의 원인이 된다. 센물이 아니어도 석회가 천천히 쌓이는 경우가 있어 여러 제조사에서 석회 제거법을 알려주고 있다. 지나치게 조심하다가 기기에 석회가 엄청나게 쌓일 경우 전문가의 도움과 그에 따른 엄청난 비용 없이는 제거하기 힘들다.

시간이 흐르면 기기 헤드의 고무 개스킷을 교체해야 할 수도 있다. 브루잉 핸들을 고정했을 때 기계에서 90도로 튀어나와야 한다. 그보다 더 옆으로 돌아가기 시작하면 고무가 닳은 것이므로 바꿔야 한다.

에스프레소용 커피 로스팅

에스프레소는 다른 브루잉 방식과 사뭇 달라서 소량의 물을 사용하기 때문에 커피를 제대로 추출하기 어렵다. 게다가 엄청난 농축액(커피가 아주 진해서)이므로 균형이 무척 중요하다. 같은 원두여도 천천히 브루잉하면 맛있고 균형 잡힌 커피가 나오지만 빠르게 브루잉하면 과도한 산미로 뒤덮여버린다.

그런 이유로 로스터들이 에스프레소용으로 사용할 때는 로스팅 방식을 바꾼다. 보편적이진 않지만 필터 커피용으로 브루잉할 때보다 살짝 느리게, 살짝 진하게 로스팅하라고 권한다.

그러나 전 세계 로스터들이 에스프레소에 적합한 로스팅 수준을 두고 이견을 보이는 터, 상당히 약한 것부터 강한 로스팅까지 스펙트럼도 다양하다. 필자는 생두가 가진 특징을 잘 보여주는 약한 로스팅을 선호하는 편이다. 강한 로스팅은 한층 일반적인 '로스팅' 커피 맛이 나고 쓴맛도 높아서 좋아하지 않는다. 그러나 내가 좋아하는 건 나에게만 중요하니 자기 기준을 따르면 된다.

생두를 강하게 로스팅할수록 추출은 더 수월하다. 로스팅하는 동안 커피콩의 투과성이 높아져 잘 부스러지기 때문이다. 커피를 제대로 추출하려면 브루잉 과정에서 물을 적게 써야 한다. 바디감과 마우스필을 중요하게 여긴다면 1:1.5 비율로 살짝 강하게 로스팅한다. 단맛과 깔끔함을 선호하는 경우 1:2로 약하게 로스팅하면 된다.

1953년 이탈리아 배우 지나 롤로브리지다(Gina Lollobrigida)가 프리스 스트리트 29번지에 오픈한 런던 최초의 에스프레소 바인 모카 바에서 바리스타 주변에 고객들이 모여 있는 모습이다.

스팀 밀크

제대로 된 스팀 밀크에 잘 내린 에스프레소를 섞으면 근사한 경험을 할 수 있다. 잘 생성된 우유 거품은 액체 마시멜로처럼 부드럽고 풍성해서 마실 맛이 난다. 중요한 건 거품이 거의 눈에 보이지 않을 정도로('마이크로폼'이라 부른다) 작아야 한다는 점이다. 이런 거품은 탄성이 있고 잘 따라지며 카푸치노와 카페라테에 근사한 질감을 더한다.

스팀 밀크는 신선한 우유로 만들어야 한다. 유통 기간이 다 되어도 맛이 괜찮고 안전하지만 안정된 거품을 만들 능력은 줄어들기 시작한다. 데우면 평범하게 거품이 일겠지만 방울은 금세 터질 것이다. 거품을 낸 우유잔을 귀에 가져가면 막 부은 탄산음료에서 공기가 빠져나가는 것처럼 톡톡 터지는 소리가 들릴 것이다.

우유를 데울 때는 두 가지 별개의 과정이 필요하다. 공중에서 저어 거품을 생성하는 것과 우유를 가열하는 것이다. 대부분의 스팀기는 한 번에 한 차례만 사용하게 되어 있으므로 우선 거품을 만드는 데 집중해야 한다. 우유에 공기가 충분히 들어가고 원하는 만큼 거품이 생겼다면 적절한 온도로 열을 가하는 데 집중한다.

적절한 온도

커피와 섞을 우유의 적합한 온도는 여러 커피 전문점과 고객 사이의 논쟁거리다. 우유는 68도가 넘어가면 맛과 질감이 급격하게 줄어든다. 열이 단백질을 파괴하고 새로운 맛을 생성하기 때문인데 그 맛이 항상 좋다고는 볼 수 없다. 조리한 우유의 향은 좋게 말하면 달걀, 나쁘게 말하면 아기의 토사물 같다.

아주 뜨거운 카푸치노는 60도로만 가열한 우유로 만들 경우 질감, 맛, 단맛이 사라진다. 우유를 끓는점까지 데우면 근사한 마이크로폼을 만들 수가 없다. 어쩔 수 없는 우유의 성질이어서 아주 뜨겁거나 아주 맛있는 커피 중 하나만 골라야 한다. 그렇다고 모든 음료가 만든 즉시 즐길 수 있는 게 아니어서 미지근할 때 내가야 한다는 말은 아니다.

전지유 혹은 탈지유?

거품은 우유의 단백질이 만드는 것이므로 탈지유든 전지유든 상관없다. 그러나 지방 함량은 중요하다. 음료에 멋진 질감을 더해주지만 그로 인해 맛이 달라진다. 탈지유로 만든 카푸치노는 즉각적이고 강렬한 커피 맛이 오래 지속되지 않는다. 전지유로 카푸치노를 만든 경우 맛은 덜할지 몰라도 오래간다. 필자는 늘 전지유를 쓰라고 권하지만 우유가 들어간 커피는 조금만 마시는 게 좋다. 나에겐 적은 양의 진한 카푸치노가 즐거움이기 때문이다.

스팀 밀크 만드는 법

전통적인 스팀기에 적합한 방식이다. 에스프레소 머신에 일련의 추가 장치가 달렸거나 자동 거품 기능이 있다면 제조사의 지침을 따르는 편이 현명하다.

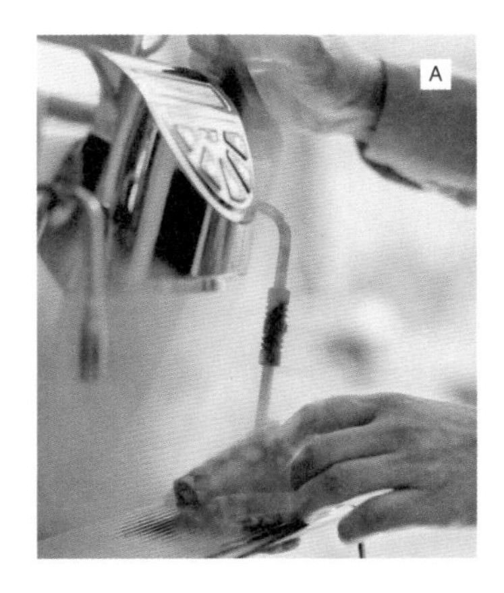

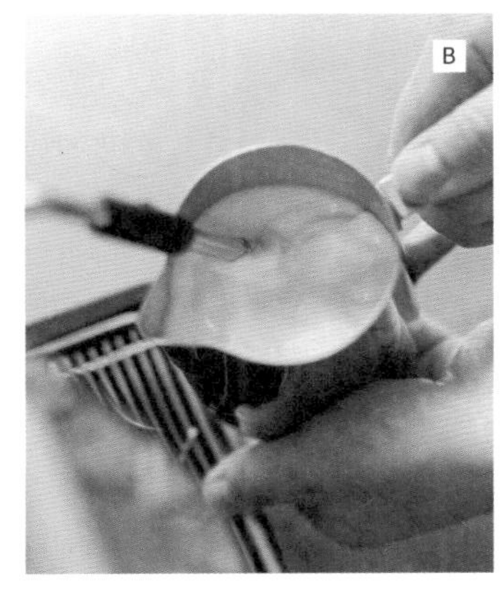

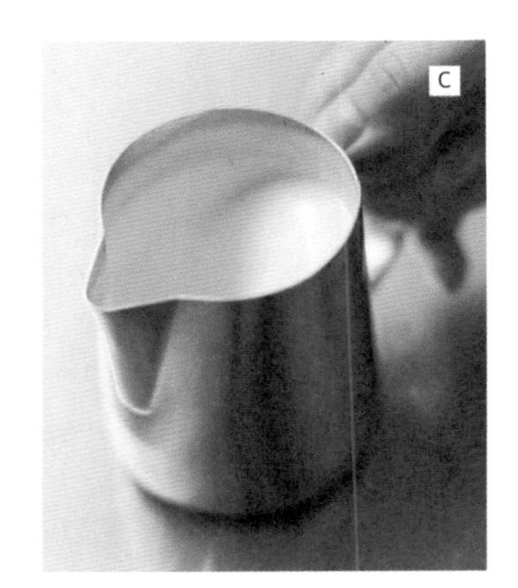

1. 드립 트레이나 헝겊 위로 스팀기를 놓고 가볍게 밸브를 연다. 이렇게 해서 안에 농축된 물질을 제거한다. 이 과정이 공기 빼기다. **A**
2. 신선한 우유를 깨끗한 스테인리스스틸 스팀 피처에 따른다. 용기의 60퍼센트 이하로 맞춘다.
3. 스팀기를 우유에 넣되, 끝부분만 잠기도록 한다.
4. 밸브를 완전히 개방하고 피처를 살짝 낮춰 스팀기가 우유 밖으로 나오게 한다. 그리고 소리에 집중한다. 스팀기가 공기로 우유를 휘저으면 쉭쉭거리는 소리가 날 것이다. 우유가 부풀어오르면 용기를 조금 더 아래로 내려서 가라앉히고 공기를 더 많이 넣는다.
5. 원하는 거품의 정도가 있을 경우 우유가 따뜻해지기 전에 생기는 것이 이상적이다. 그다음에는 스팀기 끝부분을 다시 집어넣어 거품에 열을 가한다. 표면 바로 아래에 둬야 한다. 살짝 한쪽으로 치우치면 우유가 빙글빙글 돌면서 섞이는 것이 보인다. 이 과정에서는 소리가 거의 나지 않는다.
6. 우유가 충분히 따뜻한지 시험하고 싶으면 저그 바닥에 손을 놓는다. 손을 대기 어려울 때까지 계속 열을 가한다. 이 지점에서 우유는 약 55도가 된다. 이제 손을 떼고 원하는 온도에 맞춰 3~5초 더 스팀을 돌린다. **B**
7. 스팀 밸브를 완전히 잠근 다음 우유가 담긴 용기를 내린다. 스팀기를 젖은 수건으로 닦고 안쪽에 들어 있는 남은 우유가 빠져나가도록 천 위로 스팀기의 거품을 뺀다.
8. 크고 못생긴 거품이 좀 생겼다고 걱정할 필요는 없다. 몇 초 놔두면 우유가 가장 큰 거품부터 잠식하여 아주 잘 쪼개버린다. 데운 우유 용기를 한두 번 쳐주면 큰 거품이 터진다.
9. 음료에 우유와 거품을 섞고 싶다면 완전히 섞는 게 관건이다. 두드린 뒤 우유와 거품을 와인 향을 음미할 때처럼 돌려서 섞는다. 우유를 잘 섞어 근사한 마이크로폼을 만들려고 세게 돌릴 수도 있다. 우유 거품이 반짝일 때까지 돌리고 음료에 따른다. **C**

에스프레소 장비

에스프레소 머신은 다양해서 모든 예산대에 맞출 수 있다. 부담 없이 시작할 수 있는 저렴한 것부터 소형차 한 대 값은 족히 나가는 인공지능 머신까지 다양하다. 물론 하는 일은 다 똑같다. 물을 데워서 고압으로 밀어내는 것이다.

돈을 들인 만큼 품질, 제어, 지속성 부분에서 기기의 성능이 뛰어나다. 지속성 부분에서 가장 문제 되는 건 기기가 어떻게 물을 데우고 어떤 식으로 압력을 생성하는가, 하는 부분인데 기기별로 다양한 방식을 사용한다.

서모블록(Thermoblock) 머신

가장 저렴한 가정용 에스프레소 머신이 이 방식으로 에스프레소를 만든다. 기기 내부에 물을 데우는 단일 구간이 있다. 이런 기기들은 대부분 두 가지 설정으로 되어 있다. 하나는 커피를 내리기 적합한 온도로 물을 데우는 것이고, 다른 하나는 스팀을 내기 위해 물을 끓이는 설정이다. 그러니까 한 번에 한 가지 기능만 할 수 있으므로 커피를 먼저 내리고 열을 가해 스팀 밀크를 만드는 쪽이 편하다.

광범위하게 보자면 서모블록 머신은 물 온도를 일정하게 내놓지 못하고 한 번에 브루잉과 스팀을 같이 할 능력이 없어서 기기가 만들 수 있는 음료의 수가 줄어들기 때문에 사용자에게는 단점으로 작용한다. 그러나 성능 좋은 그라인더와 같이 쓰면 훌륭한 에스프레소를 만들 수 있다.

서모블록 머신은 진동 펌프를 통해 압력을 일으킨다. 이 방식에는 두 가지 단점이 있는데, 꽤 시끄럽고 정확한 설정이 불가능하다. 에스프레소에서 원하는 압력은 9바(bar, 130psi) 정도다. 진동 펌프는 더 높은 압력으로 설정되어 있고 제조사들 역시 압력이 높을수록 더 좋다고 생각하는지 15바(220psi)를 자랑한다.

9바를 넘어서면 기기에 장착된 과압 밸브가 열려서 압력이 줄어든다. 이 밸브는 잘 작동하지 않아 시간을 두고 계속 조절해줘야 한다. 그러나 무작정 기기를 열어보는 건 추천하지 않는다. 무상 수리를 받을 수가 없다.

서모블록 머신은 가장 인기 있고 널리 쓰는 에스프레소 머신인 건 확실하지만 에스프레소를 즐기는 많은 이가 곧 업그레이드를 생각할 정도로 제약이 많다.

열교환 머신

상업용 에스프레소 머신에서 보편적이며 이 기술을 적용한 가정용 기기도 나왔다. 단일 요소로 구성되어 있으나 물을 120도까지 끓일 수 있다. 그래서 스팀이 많이 나오고 항상 스팀 밀크를 만들 수 있다. 그러나 이 보일러의 물이 커피를 내리기에는 너무 뜨거워 열교환이라는 장치를 통해 차가운 물을 주입한다. 관이 스팀 보일러를 통과하는 방식이다. 브루잉을 위해 끓인 물과 별도로 보관해 보일러의 열기가 재빨리 브루잉할 물로 전달되어 원하는 온도로 맞추는 것이다.

이런 식의 기기를 '프로슈머(prosumer)'라고 부른다. 소비자 가격과 전문가의 성능 사이에서 영악하게 양다리를 걸치고 있다. 열교환 기기 방식은 가정용의 경우 보일러 온도를 바꾸면 브루잉용 물 온도에 영향을 미친다. 더 많은 스팀을 원한다면 보일러 온도를 높여야 하고, 그러면 브루잉 온도도 올라간다. 브루잉 온도를 크게 낮추면 스팀 기능이 제대로 작동하지 않을 수도 있다.

이 기기들 상당수가 온도 조절 장치를 사용해 보일러의 온도를 제어하므로 몇 가지 변형이 가능하다. 성능이 우수한 기계일수록 스팀 보일러 온도 제어가 안정적이다.

열교환 머신은 진동 펌프('서모블록 머신' 참고) 혹은 회전 펌프 어느 쪽이든 상관없다. 회전 펌프는 상업용 기기에 쓰며 더 조용하고 조절이 편하다. 하지만 같은 압력으로 설정해두면 펌프의 종류에 따라 성능 차이가 크지 않다.

1950년대 로마의 고객들이 근사하게 차려입은 바리스타가 내린 에스프레소를 즐기고 있다. 이 번쩍번쩍한 기기는 근사해 보이지만 훌륭한 커피 그라인더가 있어야 빛을 발한다.

듀얼 보일러(Dual-Boiler) 머신

브루잉용 물과 스팀용 물을 전적으로 분리하는 것이 이 기기의 용도다. 이름에서 알 수 있듯 기기 내부에 보일러용과 브루잉용이 따로 있어 차나 아메리카노 등에 사용하도록 작은 스팀 보일러가 물을 고온에서 끓여준다.커피 보일러의 온도는 디지털 제어를 통에 아주 미세하게 조절되므로 온도를 쉽게 바꿀 수 있고 안정성도 높다. 이 기기들은 상업용 기기만큼 훌륭한 커피를 뽑아내지만 고가인 경우가 많다.

에스프레소 그라인더

에스프레소 머신과 함께 쓰기 좋은 그라인더는 두 가지 핵심 기능이 필요하다. 훌륭한 에스프레소를 추출할 만큼 원두를 곱게 갈 수 있어야 하고, 분쇄 크기를 아주 살짝 조절할 만큼 변경이 쉬워야 한다.

비싼 그라인더일수록 설정을 제어하기 쉽고 모터가 강할수록 소음이 줄어든다. 가장 좋은 건 커팅 디스크가 들어간 버 그라인더인데, 커피에 쓴맛을 더하는 미세한 커피 조각을 만들지 않는다.

에스프레소를 사랑하는 많은 사람이 결국 최고급 가정용 모델이 아닌 작고 기본적인 상업용 그라인더에 안착한다. 그러나 훌륭한 가정용 기기도 나와 있다. '즉석 분쇄식'이라고 설명하는 그라인더를 찾는 것이 이상적이다. 원두 가루를 보관하는 통이 없는 대신 브루잉 핸들의 바스켓으로 원두 가루를 곧장 보내는 방식을 말한다.

조언 한마디

훌륭한 에스프레소 머신은 아름다운 오브제이자 만족스러운 도구이고 기술의 경이로움을 보여주는 척도가 되지만, 훌륭한 커피 그라인더가 없다면 돈 낭비에 지나지 않는다.

필자는 늘 에스프레소 머신보다는 커피 그라인더 먼저 업그레이드하라고 조언한다. 훌륭한 그라인더와 서모블록 머신이 싸구려 그라인더와 최고급 듀얼 보일러 에스프레소 머신보다 맛있는 커피를 만든다. 그라인더에 돈을 투자하면 더 큰 보답을 받아 집에서 즐기는 커피의 품질이 한층 높아진다.

로스팅단계

양이 많든 적든, 우유가 들어가든, 진하든, 에스프레소 베이스의 다양한 커피 음료를 알아보자.

에스프레소 에스프레소의 정의에 대해 의견이 많은데 일부는 엄청나게 정확하고 일부는 일반론이다. 필자는 고압의 물로 곱게 간 원두를 추출한 소량의 진한 음료라고 정의한다. 그리고 에스프레소라면 크레마가 있어야 한다는 말도 덧붙인다. 더 정확하게 말하자면, 원두의 무게와 내린 커피의 비율이 1:2여야 에스프레소다. 무엇이 옳은지 그른지 과하게 설명하기보다는 전반적인 측면에서 에스프레소에 대한 포괄적 정의와 방식에 대해 말하고자 한다.

리스트레토(Ristretto) 이탈리아어로 '제약받다'라는 의미이며 에스프레소보다 더 적은 양으로 더 진한 커피를 내리는 걸 말한다. 에스프레소와 동일한 원두에 물을 적게 넣는다. 원두를 곱게 갈아서 커피의 이상적인 향취가 모두 추출될 수 있도록 시간을 충분히 갖고 브루잉한다.

룽고(Lungo) 룽고 혹은 '롱(long)' 커피는 스페셜티 커피 업계에서는 최근까지 구식으로 알려졌다. 에스프레소 머신을 사용하되 원두 양보다 물을 두세 배 더 써서 양을 늘린다. 그렇게 추출한 커피는 상당히 연한 데다 오래 지속되는 맛을 좋아하는 소비자에게는 바디감과 마우스필이 전혀 없어서 형편없는 커피로 평가받는다. 객관적으로 보자면 끔찍하고 아주 쓰고 잿물 같은 맛이다.

그러나 최근 스페셜티 커피 업계에서 약하게 로스팅한 원두를 이 방식대로 추출해 복합미와 균형 잡힌 커피를 만드는 움직임이 나왔고, 필자는 꽤 맛있다고 생각한다. 에스프레소 블렌드로 산미의 밸런스가 좋은 커피를 원한다면 같은 양의 원두에 물을 더 추가해서 만들어보자. 원두를 좀 성기게 갈아서 투과 속도를 높이면 과다 추출을 막을 수 있다.

마키아토(Macchiato) '표식' 혹은 '얼룩'이라는 뜻에서 나온 이름으로 에스프레소에 우유 거품을 더한 음료다. 이탈리아에서는 바리스타가 바에 에스프레소 예닐곱 잔을 쭉 세워놓고 분주하게 움직이는 걸 쉽게 볼 수 있다. 고객 중 한 명이 음료에 우유를 그냥 넣어주길 바란다면 소량의 우유 거품을 넣고 어느 잔인지 표시해두는 게 중요하다. 갓 내린 에스프레소에 우유를 조금 부으면 크레마 아래로 사라져서 알아낼 수가 없다.

지난 10년간 품질에 중점을 둔 많은 커피 전문점이 이 음료에 새로운 시도를 했다. 마키아토를 에스프레소에 거품을 낸 우유를 올리는 방식으로 바꾼 것인데, 한층 양이 많고 연하며 단 음료를 찾는 고객의 요청으로 만들었다. 가끔은 바리스타가 아주 작은 잔에 라테 아트를 더해 자랑하려고 선보이기도 한다.

여기에 스타벅스가 캐러멜 마키아토라는 음료를 내놓으며 혼란이 가중됐다. 이는 완전히 새로운 음료이며 캐러멜 시럽으로 '표시'한 혹은 '얼룩'을 낸 카페라테에 가깝다. 북아메리카에서는 특히 혼란을 주었는데, 커피숍에서 이를 '전통 마키아토'라고 하는 경우가 많기 때문이다.

카푸치노(Cappuccino) 카푸치노를 둘러싸고 많은 전설이 남아 있다. 재빨리 벗어나야 할 것 중 하나는 그 이름이 수도승이 입는 긴 의복의 모자에서, 그들의 대머리에서 기인한 게 아니라는 점이다. 사실은 19세기 빈 사람들이 즐긴 음료인 카푸치너(kapuziner)에서 나왔다. 조금 내린 커피에 우유나 크림을 섞어 카푸친 수도승의 의복처럼 갈색으로 만들었다. 특히 이름이 음료의 강도를 나타낸다.

카푸치노를 두고 최근에 생긴 또 다른 소문은 3분의 1 법칙이다. 지금까지 이어져온 전통 카푸치노는 에스프레소, 우유, 우유 거품이 3분의 1씩 차지해야 한다는 것이다. 필자가 커피를 처음 배울 때 들었지만 이 레시피는 전통에 기반을 두지 않았다. 커피 서적을 별로 읽지 않았고 카푸치노의 3분의 1 법칙을 처음 언급한 서적은 1950년대 자료였다. 거기에서는 카푸치노를 '동일한 양의 우유와 우유 거품이 섞인 에스프레소'라고 정의한다. 이 문장은 그 책에서 토씨 하나 틀리지 않고 여러 번 나왔다. 다만 우유와 거품만 동일한 양인지, 세 가지 재료가 다 동일한 양인지 확실하게 말하지 않는다. 1:1:1로 레시피를 정하지 않았으니 1:2:2라는 의미일 수도 있는 것이다. 에스프레소 싱글 샷으로 150~175밀리리터의 카푸치노를 만드는 비율은 1:2:2가 오랜 전통이며, 지금도 이탈리아와 유럽 일부 지역에서 그렇게 서빙한다. 패스트푸드점에서는 아직 이 커피의 비율을 더 관대하게 정하지 않았다. 카푸치노는 제대로 만들면 아주 맛있다.

필자는 훌륭한 카푸치노가 우유 베이스 에스프레소 음료의 화룡점정이라고 생각한다. 조밀하고 부드러운 거품의 풍성한 층이 달콤하고 따뜻한 우유와 결합해 근사한 에스프레소 맛과 어우러지는 것이야말로 완벽한 기쁨이다. 미지근한 정도에 가까울수록 카푸치노를 더 즐길 수 있고 단맛도 더해져 솔직히 최고의 카푸치노는 몇 모금 만에 입에서 사라져버린다. 카푸치노가 너무 뜨거웠다면 있을 수 없는 일이다.

카페라테(Caffe Latte) 카페라테는 이탈리아에서 기원한 음료가 아니다. 에스프레소가 처음 세계로 퍼질 때 대부분은 쓰고 진하고 특이한 커피라고 생각했다. 일부에서는 우유를 넣어 단맛을 높이고 쓴맛을 줄였다. 카페라테는 커피를 너무 진하지 않게 즐기고 싶은 소비자의 욕구를 위해 나온 음료다. 전형적으로 카푸치노보다 액상 우유가 더 많이 들어가 커피의 맛이 덜하다. 또한 우유 거품도 더 적어야 한다.

필자는 라테가 아닌 카페라테라고 주의해서 설명하는데, 이탈리아 여행 중에 라테를 주문하면 그냥 우유 한 잔을 받는 수모를 겪는다.

하루에 카푸치노 한 잔

이탈리아에서는 아침에 카푸치노를 한 잔 마시고 이후에는 에스프레소를 마셔야 한다는 전통이 있다. 문화가 식습관에 영향을 미친 매력적인 사례로 보인다. 남부 유럽인의 상당수가 그렇듯이 많은 이탈리아인이 유당불내증을 앓고 있다. 그러나 유당불내증이 있는 사람도 문제없이 소량의 우유를 섭취할 수 있기에 날마다 카푸치노를 마셔도 되는 것이다. 물론 카푸치노를 두 잔 혹은 세 잔 마시면 아무리 작은 이탈리아식 카푸치노라고 해도 소화불량을 일으킬 수 있다. 그래서 이탈리아 사람들은 과도한 우유 섭취를 예방하기 위해 온종일 카푸치노를 마시는 건 작은 금기로 지정해두었다.

룽고
마키아토
아메리카노
플랫 화이트

리스트레토
카푸치노
카페라테
에스프레소

1905년 르네 오노어(René Honore)가 세운 페얼레 데 엔드의 홍보 포스터.
프랑스 최대 규모의 커피 수입상으로
하루에 2,000킬로그램이 넘는 원두를 로스팅했다.

플랫 화이트(Flate White) 지구상의 다양한 커피 문화는 다양한 음료를 탄생시켰고, 플랫 화이트의 원산지가 호주인지 뉴질랜드인지는 아직도 논의 중이나 이 음료는 분명 오스트랄라시아에서 유럽과 북아메리카로 건너가 사업을 시작한 이들에 의해 널리 펴졌다. 영국에서는 그 이름이 처음으로 커피 전문 카페에서 나온 음료와 동일시되었고, 이후 주요 체인점 메뉴에 올랐다. 그러나 플랫 화이트의 기원은 매우 평범하다. 1990년대까지 이탈리아를 제외한 모든 곳에서 쫀득한 머랭 같은 거품이 상당히 떠 있는 카푸치노를 내놓는 것이 일반적이었다. 잔 꼭대기에 산맥처럼 거품이 우뚝 솟아오르면 그 위로 초콜릿 파우더를 솔솔 뿌리기도 했다. 많은 소비자가 공기로 이루어진 듯한 이 커피에 좌절을 느끼고 거품을 올리지 않은(flate) 우유를 넣은(white) 커피를 요구하기 시작했다. 이것이 문화가 되었고 사람들이 품질에 집중하기 시작하면서 더 나은 우유의 질감과 라테 아트가 더해져 플랫 화이트는 맛있는 음료로 재탄생했다.

플랫 화이트를 가장 잘 설명한 말은 소량의 진한 라테와 같다는 표현이다. 진한 커피 맛은 더블 리스트레토나 더블 에스프레소로 만들고, 여기에 뜨거운 우유를 부어 150~176밀리리터짜리 음료가 탄생한 것이다. 우유에 거품을 더하지만 그리 과하진 않다. 그래서 라테 아트라는 패턴을 쉽게 만들 수 있는 것이다.

아메리카노(Americano) 제2차 세계대전 이후 이탈리아에 주둔한 미군들 입에는 에스프레소가 너무 진했다. 그래서 에스프레소와 뜨거운 물을 같이 달라고 하거나 고향에서 마시던 것과 비슷한 수준으로 희석해달라는 요구가 많았다. 이렇게 나온 음료는 '카페 아메리카노'라는 이름이 붙었다.

필터 커피와 비슷하지만 아메리카노가 더 맛이 떨어진다. 하지만 장비를 따로 갖출 필요 없이 필터 커피의 강도로 브루잉하면 되니까 카페 주인들에게 인기가 높았다.

필자가 추천하는 아메리카노 레시피는 간단하다. 신선하고 깨끗한 뜨거운 물을 잔에 따르고 더블 에스프레소를 내려서 붓는 것이다. 에스프레소 머신에 스팀 보일러가 있다면 뜨거운 물을 활용할 수 있다. 물론 한동안 머신에서 물을 쓰지 않았다면 맛이 이상할 수도 있다. 에스프레소에 아주 뜨거운 물을 넣으면 안 되고, 뜨거운 물 위로 에스프레소를 올려야 한다고 주장하는 사람도 있다. 뭐가 다른지 잘 모르겠다. 그렇게 나온 커피가 더 깔끔하고 좋아 보인다는 점 말고는.

에스프레소를 희석하면 쓴맛이 살짝 높아지는 단점이 있다. 아메리카노를 브루잉하자마자 커피에 뜬 크레마를 없애면 해결된다. 크레마는 보기에 좋을 뿐 그 속에 작은 원두 조각들이 갇혀 있어 커피에 쓴맛을 더한다. 크레마를 제거하고 저어 마시면 아메리카노의 풍미가 한층 높아진다(또한 크레마를 제거하고 에스프레소를 마셔보라. 맛의 차이가 상당하다. 필자는 크레마 없는 에스프레소를 좋아한다. 추가로 다른 노력을 기울이는 것보다 그 자체를 즐기는 게 행복하다. 단, 아메리카노는 추가 작업이 가치 있다고 생각한다).

코르타도(Cortado) 드물게 이탈리아에서 시작되지 않은 커피 베이스 음료다. 스페인의 마드리드에서 나온 음료이며 그곳에서 가장 즐겨 마신다. 전통적으로 스페인 사람들은 에스프레소를 살짝 넉넉하게 뽑아서 이탈리아식보다 좀 더 연했다. 코르타도를 만들려면 에스프레소 30밀리리터에 같은 양의 스팀 밀크를 섞으면 된다. 코르타도는 유리잔에 담아내는 것이 전통이다. 전 세계에 퍼지면서 몇 가지 다른 방식으로 재해석되었으나 이것이 기본이다.

홈 로스팅

예전엔 생두를 사다 집에서 직접 로스팅하는 일이 드물었다. 20세기 중반 들어 편의 위주로 트렌드가 바뀐 것이다. 집에서 원두를 로스팅하면 상당히 즐겁고 가격도 저렴하지만, 베테랑 상업 로스터 수준의 커피를 얻는 데는 어려움이 있다.

집에서 직접 로스팅하면 생두를 고르는 과정에서 이것저것 많이 배운다. 다른 취미와 마찬가지로 엄청난 실패와 놀라운 성공을 경험할 수 있다. 로스팅한 원두보다 생두가 저렴하니 귀찮아도 돈을 절약하자는 것이 아니라 홈 로스팅을 새로운 취미로 여기는 마음가짐이 중요하다. 시간과 장비를 투자하면 즐겁게 배울 수 있다.

온라인으로 생두를 파는 업체가 많아지는 추세다. 생두는 로스팅한 원두보다 수명이 길지만 대량 구입은 주의해야 한다. 생두도 시간이 지나면서 맛이 떨어지고 구입한 지 3~6개월 안에 소비하는 것이 좋다.

생두를 고를 때는 원산지가 생산 이력제를 실시하는지 확인해보자(국가별 페이지에서 자세한 사항 참고). 또한 같은 원두를 로스팅하여 파는 업체를 찾아가 구입하는 것도 가끔은 괜찮다. 자신의 로스팅 기법을 판매용 로스팅 원두와 비교해 벤치마킹하면서 실력이 어느 정도 늘었는지 확인하는 것도 좋은 경험이 된다.

홈 로스팅 기기

적절한 열을 가하면 거의 모든 원두를 볶을 수 있다. 그런데 생두를 베이킹 시트에 올리고 갈색이 될 때까지 오븐에서 구우면 상당히 끔찍한 결과물이 나온다. 골고루 구워지지 않을 뿐더러 오븐 트레이 쪽에 붙은 건 타버릴 수도 있다. 이런 실험을 해보면 로스팅 과정에서 활발하게 움직이며 골고루 섞임으로써 균일한 품질을 내놓는 일이 중요하다는 걸 깨닫는다. 원두를 웍에서 볶는 것도 가능하지만 많은 양을 재빨리 섞으려면 힘도 들고 지친다.

한층 더 복잡한 방식으로 시작하는 경우도 많은데, 열풍기로 구우며 커피콩을 섞거나 전기 팝콘 기기를 조작해서 쓰기도 한다. 중고 팝콘 기기를 싸게 사서 원두를 괜찮게 볶는 것이다. 적은 양이라면 4~5분 만에 볶지만 로스팅을 가볍게 해도 균일한 품질이 나오지 않는다. 하지만 강하고 긴 로스팅을 선호한다면 만족스러울 것이다. 이 기기는 로스팅용으로 만든 것이 아니어서 원두를 볶을 만큼의 전력을 쓰지 못한다는 점을 명심하자.

집에서 로스팅을 제대로 하고 싶다면 전용 로스터를 구입해보자. 소박하게 시작해서 커피 내리는 의식을 즐기기로 결정했다면 계속 사용하며 전반적인 과정을 진행해본다. 이렇게 하면 쉽고 재미있으며, 이 과정을 전문가에게 맡기기로 마음을 정했다고 해도 후회가 없다.

가정용 로스터는 크게 열풍 로스터와 드럼 로스터로 나뉜다.

새로운 취미처럼 커피콩을 집에서 로스팅하면 실패도 하고 놀라운 성공도 맛보겠지만, 여러 종류의 생두를 시음하고 볶아보고 싶다면 충분히 가치 있는 일이다.

완벽한 로스팅

열풍 로스터에서 이상적인 로스팅은 8~12분이다. 드럼 로스터의 경우 조금 더 느려서 커피의 종류에 따라 10~15분 정도 걸린다. 로스팅한 원두가 아주 쓰다면 너무 강하게 볶은 것이다. 풍미와 단맛이 사라졌다면 너무 천천히 볶은 것이다. 아주 시큼하고 톡 쏘고 풀내가 나면 너무 빨리 볶은 것이다. 시음을 많이 해보고 여러 번 시도와 실수를 거치면서 과정이 더 나아지고 자신이 좋아하는 정도를 제대로 찾아낼 것이다.

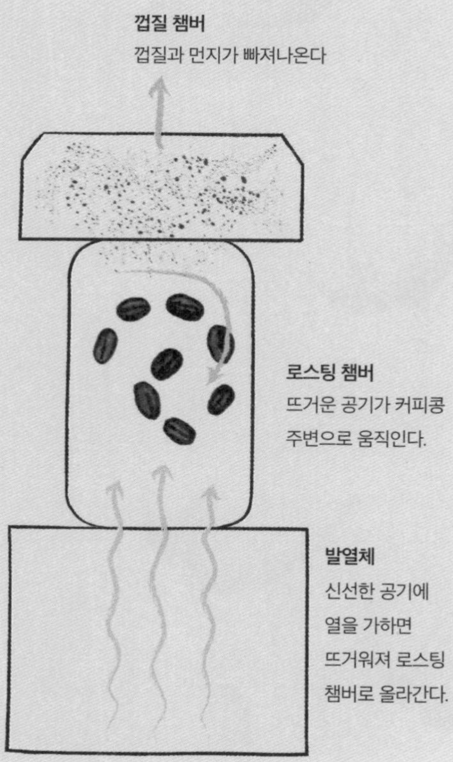

열풍 로스터

열풍 로스터는 상업용 플루이드 베드 로스터(60쪽 참고)를 작게 만든 버전이다. 강력한 팝콘 기기처럼 작동한다. 뜨거운 온도가 로스팅 챔버 안에서 커피콩을 섞고 움직여 골고루 볶아서 적절한 열기로 갈색을 만든다. 열의 양과 팬의 속도를 어느 정도 제어해야 하므로 필요에 따라 과정의 속도를 높이거나 늦출 수 있다. 드럼 로스터보다 저렴한 이 기기들은 홈 로스팅에 발을 담그기 시작한 초보에게 적합하다.

열풍 로스터 중에서도 로스팅 과정에서 발생하는 연기와 냄새를 훨씬 더 잘 다루는 제품이 있으나 그래도 로스팅은 환기가 잘되는 곳에서 하길 권한다. 단, 야외에서 로스팅하는 경우 추워서 로스팅 시간이 더 길어질 수 있다.

드럼 로스터

가정용 드럼 로스터는 상업용 드럼 로스터와 디자인만 비슷할 뿐 품질과 무게는 같지 않다. 열을 가한 드럼 속에서 원두가 볶아지며 골고루 갈색으로 익는 원리다.

일부 드럼 로스터에는 프로그래밍 기능이 있어 자신만의 로스팅 프로파일을 구축할 수 있다. 열의 강도를 로스팅 전 과정에서 다양하게 바꿀 수 있고, 기계는 자동으로 그 과정을 실행해 가장 마음에 든 로스팅 방식을 쉽게 복제할 수 있다.

열풍 로스터가 작동하는 방식

껍질 챔버
껍질과 먼지가 빠져나온다

로스팅 챔버
뜨거운 공기가 커피콩
주변으로 움직인다.

발열체
신선한 공기에
열을 가하면
뜨거워져 로스팅
챔버로 올라간다.

PART THREE:
COFFEE ORIGINS
커피 기초 지식

AFRICA

커피의 원산지로 에티오피아가 널리 알려졌으나 중앙아프리카와 동아프리카에서 엄청난 커피가 재배되고 있다. 케냐, 부룬디, 말라위, 르완다, 탄자니아, 잠비아에서 나온 커피콩을 위한 수출 시장도 구축되었다. 나라마다 고유한 기술과 특성으로 구매자들의 선택 폭을 넓혀주고 있다. 이 장에서는 각국의 핵심 커피 생산지를 살피고 전형적인 수확 과정, 시음 방식, 커피콩의 생산 이력제를 알아본다.

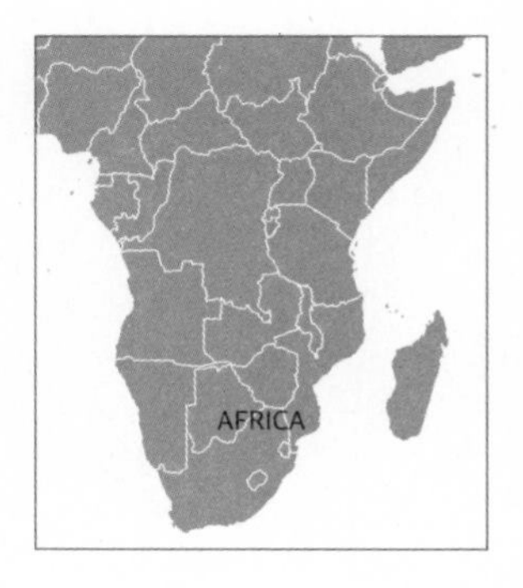

부룬디

1920년대 벨기에의 식민 통치 아래 부룬디로 커피가 들어왔고, 1933년부터 모든 소작농이 최소 50그루의 커피나무를 재배해야 했다. 1962년 부룬디가 독립하고 커피 생산이 민자로 전환되었다. 1972년 정치적인 기후 변화로 상황이 달라졌지만 1991년부터 천천히 민간 부분으로 돌아왔다.

부룬디산 훌륭한 커피는 다양한 베리류의 복합미에 풍미가 뛰어나다.

커피 재배는 차츰 증가했으나 1993년 내전으로 생산이 급감했다. 이후 생산 증대와 함께 부룬디 커피의 가치 향상에 노력을 기울였다. 내전으로 경제가 파탄 나자 업계의 투자가 중요해졌다. 2011년 부룬디는 전 세계 1인당 소득 최하위 국가로 지정됐고 인구의 90퍼센트가 농업으로 근근이 생계를 꾸렸다. 커피와 차 수출이 외화획득률의 90퍼센트를 차지한다. 커피 생산량은 회복되었으나 아직 1980년대 초 수준에도 이르지 못했다. 그러나 부룬디의 커피에는 희망이 있다. 65만 가정이 농업에 의존하고 품질 향상을 통해 더 높은 가격을 받고자 하는 움직임은 좋은 일이다. 다만 불안한 정치 상황이 도래할 거라는 두려움은 여전히 남아 있다.

부룬디의 지형은 커피 생산에 아주 적합하다. 국토 대다수가 산악 지대라 적절한 고도와 기후를 갖췄다. 따로 커피 생산 단지를 조성하진 않았으나 엄청난 수의 소규모 농가에서 커피를 생산한다. 최근 이들이 한층 조직화되었고 전국 160곳의 워싱 스테이션(washing station)을 중심으로 돌아간다. 3분의 2가 국가 소유이고 나머지는 개인 소유다. 수백에서 최대 2,000명의 생산자가 각 스테이션에서 자신의 커피를 평가받는다.

스테이션은 각 지역에서 SOGESTALs(Sociétés de Gestion des Stations de Lavage)라는 관리 조직으로 통합되어 효과적으로 운영된다. 최근 이곳을 통해 지역마다 더 나은 인프라를 공급한 덕분에 품질이 향상되었다.

부룬디산 최고의 커피는 완벽한 세척을 거친 부르봉 종이지만 다른 종도 재배한다. 부룬디와 이웃한 르완다 사이에는 여러 방식에서 유사성이 존재한다. 고도와 커피 품종이 비슷하고 두 국가 모두 내륙 지역이라 생두의 상태가 좋을 때 소비 국가로 빨리 수출하는 것이 관건이다. 르완다처럼 부룬디의 커피 역시 감자 악취 (potato defect, 148쪽 참고)에 취약하다.

생산 이력제

최근까지만 해도 각 지역 SOGESTALs의 워싱 스테이션에서 나온 커피를 혼합했다. 이 말은 부룬디에서 수출한 커피는 해당 SOGESTAL까지만 추적이 가능하다는 뜻이고, 이곳이 곧 원산지인 셈이다.

2008년 부룬디가 스페셜티 커피 분야까지 진출하면서 더 직접적으로 생산 이력제를 적용한 구매의 길이 열렸다. 2011년 부룬디에서 프레스티지 컵(Prestige Cup)이라는 커피 품질 경연 대회가 열렸고, 이후 한층 조직적인 컵 오브 엑설런스(Cup of Excellence)가 등장했다. 개별 워싱 스테이션에서 나온 로트를 별도로 보관해 품질에 따라 등급을 나눈 다음 경매에서 생산 이력제를 유지한 상태로 판매한다. 머지않은 미래에 부룬디에서 한층 독창적이고 흥미로우며 품질이 크게 향상된 커피를 만나볼 수 있을 것이다.

URUNDI
COFFEE
COMPA
BCC

재배 지역

인구
11,179,000
2016년 60킬로그램 자루 기준 생산량
351,000

부룬디는 작은 국가라 두드러진 생산 지역은 따로 없다. 커피는 토양이 적합하고 고도가 맞으면 전국 어디서든 자란다. 부룬디는 여러 지방으로 나뉘며 커피 농가는 워싱 스테이션(습식 도정) 주변에 모여 있다.

부반자(Bubanza)
부룬디 북서쪽에 자리한 지역이다.
고도 평균 1,350미터
수확 4~7월
품종 부르봉, 잭슨(Jackson), 미브리지(Mibrizi), 일부는 SL 품종

부줌부라 외곽(Bujumbura Rural)
부룬디 서쪽에 위치한다.
고도 평균 1,400미터
수확 4~7월
품종 부르봉, 잭슨, 미브리지, 일부는 SL 품종

부루리(Bururi)
부룬디의 국립 공원 세 곳이 속한 남서부 지방이다.
고도 평균 1,550미터
수확 4~7월
품종 부르봉, 잭슨, 미브리지, 일부는 SL 품종

치비토케(Cibitoke)
부룬디의 극북서 쪽으로 콩고민주공화국 국경과 접해있다.
고도 평균 1,450미터
수확 4~7월
품종 부르봉, 잭슨, 미브리지, 일부는 SL 품종

기테가(Gitega)
국가가 소유한 건식 도정소 두 곳이 있는 중부 지방이다. 건식 도정소는 생산 마지막 단계에서 수출 직전의 품질을 관리한다.
고도 평균 1,450미터
수확 4~7월
품종 부르봉, 잭슨, 미브리지, 일부는 SL 품종

카루지(Karuzi)
부룬디 중부에서 살짝 서쪽에 자리한 지방이다.
고도 평균 1,600미터
수확 4~7월
품종 부르봉, 잭슨, 미브리지, 일부는 SL 품종

부룬디 카얀자에서 인부들이 수확한 커피를 세척하러 왔다.

카얀자(Kayanza)
르완다 국경 인근 북쪽 지역으로 스테이션 수가 두 번째로 많다.
고도 평균 1,700미터
수확 4~7월
품종 부르봉, 잭슨, 미브리지, 일부는 SL 품종

키룬도(Kirundo)
부룬디의 최북단을 이루는 지역이다.
고도 평균 1,500미터
수확 4~7월
품종 부르봉, 잭슨, 미브리지, 일부는 SL 품종

마캄바(Makamba)
부룬디최남단에 있는 주들 한 곳이다.
고도 평균 1,550미터
수확 4~7월
품종 부르봉, 잭슨, 미브리지, 일부는 SL 품종

무람비야(Muramvya)
중부의 작은 지방이다.
고도 평균 1,800미터
수확 4~7월
품종 부르봉, 잭슨, 미브리지, 일부는 SL 품종

무잉가(Myyinga)
부룬디 북동쪽 지방으로 탄자니아와 근접해 있다.
고도 평균 1,600미터
수확 4~7월
품종 부르봉, 잭슨, 미브리지, 일부는 SL 품종

음와로(Mwaro)
중부의 또 다른 작은 지방이다.
고도 평균 1,700미터
수확 4~7월
품종 부르봉, 잭슨, 미브리지, 일부는 SL 품종

응고지(Ngozi)
커피 생산에서 가장 중추적인 지역으로 부룬디 북쪽에 자리하며 워싱 스테이션의 25퍼센트가 이곳에 있다.
고도 평균 1,650미터
수확 4~7월
품종 부르봉, 잭슨, 미브리지, 일부는 SL 품종

루타나(Rutana)
부룬디 남쪽, 키지키 산(Mount Kiziki) 서쪽에 있는 지방이다. 워싱 스테이션 한 곳을 보유하고 있다.
고도 평균 1,550미터
수확 4~7월
품종 부르봉, 잭슨, 미브리지, 일부는 SL 품종

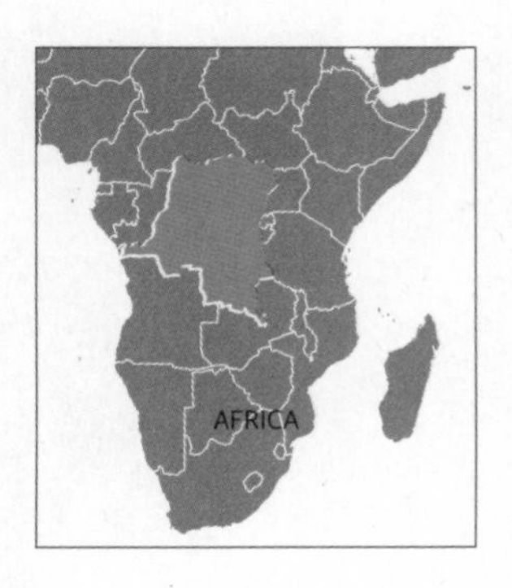

콩고민주공화국

1881년 리비아에서 처음 커피를 도입했으나 1898년 벨기에 식민 통치 아래 이곳에서 자라는 새로운 커피 품종이 발견되어 농업식 생산이 시작되었다. 격동의 역사에도 불구하고 콩고민주공화국은 현재 스페셜티 커피의 떠오르는 생산지로 각광받는 중이다. 앞으로의 가능성에 큰 기대를 걸고 있지만 아직 풀어야 할 과제도 많다.

콩고민주공화국에서 나온 최고의 커피는 근사한 과일 맛이 나고 단맛과 즐거운 풀바디감을 경험할 수 있다.

1898년 벨기에령 콩고에서 발견된 식물은 코페아 카네포라 종으로 주민들이 강인한 자생력을 홍보하기 위해 '로부스타' 라고 이름 붙였다(12쪽 참고). 벨기에의 잔인한 운영 방식으로 농장이 탄력을 받으며 생산이 시작되었다. 커피의 대다수는 1960년 독립할 때까지 소규모 농가가 아닌 이들 소유지에서 생산되었다. 그때까지 커피 생산을 포함한 농업은 자금과 여러 지원을 넉넉히 받았다. 벨기에령 콩고 국립농업연구협회(Institut National pour l'Etude Agronomique du Congo Belge)에서 전문가 300명이 근무했고 전국에 스물여섯 곳의 연구센터가 있었다.

1960년 독립하면서 정부 지원이 줄어들었고, 1970년대 농장이 감소하기 시작했는데, 일부는 민유림이 소외되었기 때문이고 다른 일부는 인프라의 부족 때문이었다. 1987년이 되자 콩고민주공화국에서 생산된 커피 중 14퍼센트만 사유지에서 나왔고 1996년에는 2퍼센트에 지나지 않았다. 그러나 커피 생산은 1970년대와 1980년대 자유 시장의 결과로 호황을 누렸고, 정부는 수출에 세금을 줄이는 방식으로 1980년대 말까지 산업을 유지하고자 노력했다.

1990년대는 콩고와 커피 분야 모두 잔인한 시절이었다. 제1차와 제2차 콩고 전쟁이 1996년부터 2003년까지 이어져 생산을 감소시켰고 커피가 시드는 질병이 퍼져 상황이 더욱 악화되었다. 1980년대 말과 1990년대 초 높은 생산량이 절반 이상으로 줄어들었다. 커피시들음병은 로부스타 생산에만 영향을 미쳤지만, 이 품종이 콩고민주공화국에서 생산하는 커피의 대부분을 차지했다.

국가의 인프라는 여전히 큰 문제로 남아 있다. 커피가 콩고민주공화국의 경제를 일으킬 첨병이 되기를 기대하나 폭력 사태가 좀처럼 해결되지 않는다. 정부와 비정부기구가 이 분야에 크게 투자하고 훌륭한 커피 생산국의 잠재력에 대한 흥미도 커지고 있다. 토양, 고도, 기후가 훌륭한 커피 생산을 허락했으니 그들을 살피고 지원할 가치는 충분하다.

생산 이력제

콩고민주공화국의 커피는 소규모 생산자 그룹이나 조합에서 나온다. 단일 산지를 찾기도 어렵고 그들이 훌륭한 커피를 생산할 거라고 보기도 힘들다.

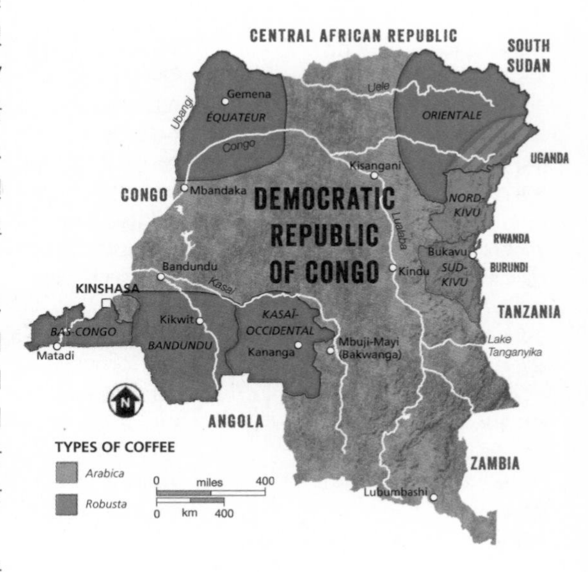

키부에서 한 남성이 잘 익은 커피 열매를 세척하고 있다.
콩고민주공화국에서 생산한 커피는 수년간 국제 커피 시장에서 종적을 감췄으나 생산을 활성화하려는 노력이 이루어지고 있다.

1911년 수출 준비를 마친 콩고산 커피가 든 자루. 당시 콩고는 벨기에의 식민 통치를 받았다.

재배 지역

인구
82,243,000
2016년 60킬로그램 자루 기준 생산량
335,000

콩고민주공화국의 일부 지역은 주로 로부스타를 재배하고 다른 지역은 대부분 아라비카를 키우며 또 다른 지역에선 이 둘을 혼합해 재배한다.

키부(Kivu)
키부는 북키부, 남키부, 마니에마 세 지역으로 나뉜다. 모두 키부호수를 둘러싸고 있어 붙은 지역명이다. 고도가 가장 높은 곳에서 콩고 최고의 커피가 자라는데 주로 아라비카 종이니 찾아볼 가치가 충분하다.
고도 1,460~2,000미터
수확 10월~이듬해 9월
품종 주로 부르봉

오리엔탈(Oriental)
소량의 아라비카가 자라는 동쪽 지방이나 주로 로부스타를 재배한다.
고도 1,400~2,200미터
수확 10월~이듬해 9월
품종 로부스타와 부르봉

콩고센트럴(Kongo Central)
공식적으로 바콩고(Bas-Congo)라 부른다. 극서부에 자리해 일부 지역에서 커피를 생산하지만 전부 로부스타다.
수확 3~6월
품종 로부스타

에콰테르(Equateur)
북서쪽에 자리한 대규모 커피 생산 지역이다. 주로 로부스타를 재배한다.
수확 10월~이듬해 1월
품종 로부스타

키부호수 주변의 커피 농장으로 일하러 가는 여성이다.
키부 고산 지대에서 자란 아라비카는 한때 세계 최고로 알려졌다.

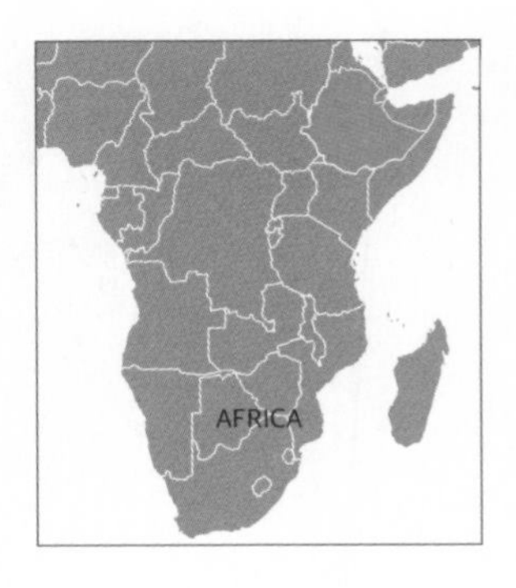

에티오피아

커피 생산국 가운데 에티오피아가 가장 독보적이라고 해도 과언이 아니다. 특별하고 두드러진 커피 품종뿐 아니라 이를 둘러싼 신비로움도 가득하기 때문이다. 폭발적인 꽃향기와 과일 맛이 느껴지는 에티오피아산 커피는 많은 전문가가 풍미의 다양성에 눈뜨게 해주었다.

에티오피아 커피는 맛이 다채롭다. 감귤, 베르가모트, 꽃, 달콤한 과일, 심지어 열대과일의 풍미까지 느껴진다. 최고의 세척 커피는 엄청나게 우아하고 복합미가 넘치며 맛이 좋고, 가장 품질이 뛰어난 자연 공정 커피는 야생 과일의 풍미와 매력적인 특별함을 선보인다.

살짝 위험 부담이 있긴 하지만 에티오피아를 커피의 발상지라고 해도 무난할 듯싶다. 코페아 아라비카가 수단 남부에서 처음 등장했으나 에티오피아로 전해진 이후 널리 퍼졌으니 말이다. 이곳에서 처음 커피가 음료가 아닌 과일로 사람들 사이에 소비되었다. 예멘이 커피를 작물로 처음 수확했다면 에티오피아는 오래전부터 야생에서 자란 커피 열매를 수확했다.

커피는 1600년대 처음 에티오피아에서 수출된 것으로 보인다. 커피에 관심을 보인 유럽 상인들은 여러 차례 거절당했지만 이후 커피 농장이 예멘, 자바, 궁극적으로 아메리카에도 생겼다. 당시 에티오피아의 커피는 농장이 아닌 카파와 부노 지역의 야생 커피나무에서 수확한 것이었다.

1800년대 초 근대 에티오피아 지역인 이너리아에서 1만 킬로그램의 커피를 수출한 기록이 등장하며 에티오피아 커피에 대한 호기심이 다시 커졌다. 19세기 에티오피아산 커피는 두 가지 등급으로 나뉘었다. 하라 지역에서 재배된 하라리(Harari)와 나머지 야생 지역에서 자란 아비시니아(Abyssinia)다. 하라는 이상적인 고품질 커피로(늘 그런 건 아니지만) 오랜 명성을 누렸다.

1950년대는 에티오피아 커피 산업의 구조가 성장한 시기이며 새로운 등급 체계가 도입되었다. 1957년 에티오피아 커피위원회(National Coffee Board of Ethiopia)가 설립되었다. 그러나 황제 하일레 셀라시에(Haile Selassie)를 타도한 사건이 1970년대에 변화를 가져왔다. 소작농의 봉기가 아니라 엘리트 계층이 기아와 분열에 지쳐 일으킨 쿠데타에 가까웠다. 군이 권력을 장악했고 사회주의적 이상이 강한 영향력을 행사했다. 정부는 토지 재분배와 함께 재빨리 토지를 국유화했다. 덕분에 시민들이 살기 좋아졌다는 주장도 있는데, 농촌 빈곤층의 수입이 50퍼센트까지 높아졌기 때문이다. 그러나 엄격한 마르크스주의자가 통치하면서 토지 소유나 인부 고용을 금지하는 바람에 커피 산업은 타격을 입을 수밖에 없었다. 대규모 농장은 문을 닫고 에티오피아는 다시 야생에서 커피를 수확하는 방식으로 돌아갔다. 1980년대는 800만 명이 기아로 허덕였고 그중 100만 명이 목숨을 잃었다.

에티오피아는 커피의 발상지로 알려져 있다.
에티오피아 여성이 랄리벨라주 월로에서 1년산 커피를 볶고 있다.

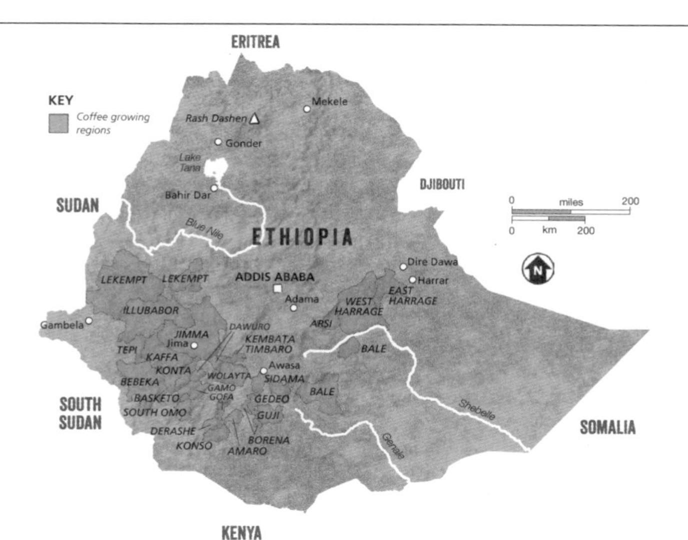

민주주의를 향한 움직임

1991년 에티오피아인민혁명민주전선(Ethiopian Peoples' Revolutionary Democratic Front)이 군사 정권을 타도했다. 에티오피아가 민주주의를 향해 나아가는 자유화의 시작이었다. 전 세계 시장이 에티오피아를 위해 열렸으나 결국 가격이 불안정하게 요동쳤다. 에티오피아 커피 농가는 크게 널뛰는 가격 변동에 적응해야 했다. 이 일로 조합을 결성하여 조합원들에게 자금, 시장 정보와 수송 등의 지원을 하고 있다.

에티오피아 상품거래소 (The Ethiopian Commodity Exchange, ECX)

최근 에티오피아 커피 무역에서 벌어진 가장 큰 변화이자 스페셜티 커피 구매자에게 가장 큰 근심을 안겨준 건 2008년에 생긴 에티오피아 상품거래소다. 에티오피아에서 생산한 여러 가지 상품을 효과적인 방식으로 거래함으로써 판매자와 구매자 모두를 보호하는 것이 목적이다. 그러나 이 체계는 일반 상품이 아닌 독보적이고 생산 이력을 추적할 수 있는 상품을 구입하려는 사람들에게 좌절을 안겨주었다. 상품거래소 창고로 배달된 커피는 세척한 커피의 지역 원산지 번호를 부여받는다(1~10까지). 모든 자연 공정 커피는 11번이 된다. 그리고 품질에 따라 1~9등급 혹은 하급이라는 표식이 붙는다.

이 공정이 커피의 정확한 생산 이력을 경매 전에 제거해 버린다. 하지만 농부들은 전보다 커피 판매 금액을 빨리 받는다는 장점이 있다. 또한 어떤 커피를 세계 시장에 내놓을지 조절할 수 있고, 접촉 과정에서 재정 투명성을 높일 수 있다.

지금은 에티오피아 상품거래소의 제약 밖에서 일할 기회가 늘어났고, 덕분에 생산 이력 추적이 가능한 고품질의 커피가 해외 소비자에게 닿고 있다.

생산 이력제

단일 산지에서 나온 에티오피아 커피를 찾는 일은 가능하지만 상당히 드물다. 특정 조합까지 추적하는 건 수월하다. 에티오피아 상품거래소를 통해 커피를 구입하면 생산 이력을 추적할 수 없지만 품질은 훌륭하다. 에티오피아의 커피는 많은 장점이 있으니 로스터를 찾아가 추천받는 것도 현명한 방법이다.

에티오피아의 생산 체계

에티오피아의 커피는 생산 방식에 따라 크게 세 가지 범주로 나뉜다.

야생 커피(Forest coffee) 남서부 지역 야생에서 자란 커피나무 열매를 수확한 것이다. 이 나무들은 주변의 음지 식물과 어우러지고 품종도 다양하다. 커피를 재배하는 쪽과 비교했을 때 수확량이 적은 편이다.

정원 커피(Garden coffee) 집 안이나 집 주변에 심은 나무에서 얻은 커피다. 너무 그늘지지 않도록 정기적으로 가지치기를 하여 나무를 관리한다. 그리고 비료도 뿌린다. 이 방식은 에티오피아 커피 생산의 다수를 차지한다.

농장 커피(Plantation coffee) 대규모 농장에서 재배한 나무에서 딴 커피다. 병충해에 강한 품종을 고르고 표준 농법을 활용해 가지치기와 덮기를 하며 비료도 준다.

에티오피아 공장에서 등급을 분류하기 위해 여성들이 손으로 커피콩을 고르고 있다. 에티오피아산 커피에서 다양한 맛이 나는 건 재배 지역마다 다른 기후 덕분이다.

재배 지역

인구
102,374,000
2016년 60킬로그램 자루 기준 생산량
6,600,000

에티오피아의 커피 재배 지역은 업계에 가장 널리 알려진 이름들이고 지금도 앞으로도 쭉 그럴 것이다. 아라비카 토착 품종과 야생 품종의 유전적 다양성 역시 흥미로운 부분이다.

시다마(Sidama)

시다마는 2004년 에티오피아 정부가 자국의 우수한 커피를 널리 알리기 위해 트레이드마크로 지정한 세 지역 중 한 곳이다. 이곳에서는 세척과 자연 공정을 거친 커피를 혼합해 생산한다. 과일 맛과 진한 향기를 즐기는 이들 사이에서 인기가 아주 높다.
시다마 민족에서 명칭을 따왔으나 커피에서는 시다모(Sidamo)라고 부른다. 최근 들어 시다모라는 명칭이 경멸의 의미로 느껴진다며 거부하는 운동이 있었다. 그러나 이는 브랜드이고 산업과 깊은 관련이 있다. 그래서 시다모와 시다마를 병용한다. 에티오피아산 최고 커피가 이곳에서 나온다.
고도 1,400~2,200미터
수확 10월~이듬해 1월
품종 토착 품종

리무(Limu)

시다마나 예가체프만큼 명성이 높지 않지만 리무에서도 근사한 커피를 생산한다. 이 지역 생산자는 대부분 소농인데 정부 소유의 대규모 농장도 있다.
고도 1,400~2,200미터
수확 11월~이듬해 1월
품종 토착 품종

지마(Jima)

남서부에 위치하며 에티오피아 커피의 다수를 생산한다. 최근 들어 다른 지역에 비해 생산량이 감소하는 추세지만 여전히 살펴볼 가치가 충분하다. 지역 명칭 표기는 'Jimmah' 'Jimma' 'Djimmah' 등 다양하다.
고도 1,400~2,000미터

한때는 추적하기 어려웠던 커피의 품질과 원산지가 지금은 한층 다가가기 쉬워졌다. 덕분에 소비자들은 어디서 어떤 방식으로 커피를 수확했는지 정보를 제공받은 상태에서 선택할 수 있게 되었다.

수확 11월~이듬해 1월
품종 토착 품종

김비(Ghimbi)/레켐티(Lekempti)
로스터들은 김비와 레켐티 시내를 에워싸는 이 지방을 하나로 통합해 부르며 둘 중 한 곳의 이름을 혹은 두 가지 다 쓰기도 한다. 레켐티는 주도(州都)이나 이 명칭이 붙은 커피는 실제로 100킬로미터 떨어진 김비에서 생산한 것이다.
고도 1,500~2,100미터
수확 2~4월
품종 토착 품종

하라(Harrar)
작은 마을 하라를 에워싸고 있는 가장 오래된 커피 생산 지역이다. 이곳의 커피는 꽤 두드러진 특색을 보이고 환경 때문에 추가 관계 시설이 필요하다. 하라의 자연 공정을 거친 커피는 불결하고 나무 냄새가 배거나, 아니면 블루베리 맛이 나는 근사한 품질로 양극화되는 문제가 있긴 하지만 수년간 명성을 유지해왔다. 이곳의 커피는 아주 특이해 업계에서 무척 좋은 이미지를 가지고 있다. 커피 한 잔에 담을 수 있는 맛의 다양성을 깨우쳐주기 때문이다.
고도 1,500~2,100미터
수확 10월~이듬해 2월
품종 토착 품종

예가체프(Yirgacheffe)
이 지역 커피는 여러 면에서 진정 독창적이다. 예가체프에서 나온 품질 좋은 세척 커피의 상당수가 향이 매우 좋아 감귤의 진함부터 꽃향기까지 느낄 수 있고 가볍고 우아한 바디감을 지녔다. 가장 훌륭하고 가장 흥미로운 커피 재배지라는 점을 부인할 수 없는 이유다. 이곳에서 나온 최상품 커피는 곧장 높은 웃돈이 붙고 커피 한 잔을 마시느니 얼그레이 한 잔이 더 낫다는 사람조차도 당장 마셔보게 만드는 매력이 있다. 이 지역에서는 자연 공정을 거친 커피도 생산하는데 그 역시 엄청나게 근사해서 마셔볼 만하다.
고도 1,750~2,200미터
수확 10월~이듬해 1월
품종 토착 품종

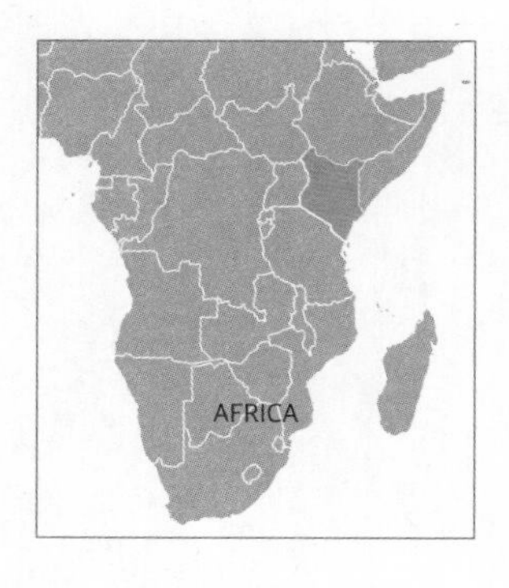

케냐

이웃한 에티오피아가 커피의 본고장으로 알려졌지만 케냐는 꽤 최근까지도 커피 생산에 뛰어들지 않았다. 1893년 프랑스 선교사들이 레위니옹에서 커피나무를 사들인 것이 커피를 수입한 최초의 문건 기록이다. 학계에선 그들이 고른 품종이 부르봉인 걸로 인정하는 분위기다. 1896년에 첫 수확을 했다.

케냐 커피는 가볍고 복합미가 느껴지는 베리와 과일 맛에 단맛과 강렬한 산미까지 갖추고 있다.

초창기 커피는 영국 식민 통치 아래 대규모 사유지에서 재배되었고, 그렇게 생산한 작물은 런던으로 팔렸다. 1933년 커피 조약이 통과되어 케냐커피위원회(Kenyan Coffee Board)가 설립되고 커피 판매의 주체가 다시 케냐로 돌아왔다. 1934년 경매 제도를 도입해 지금까지 이어오는 중이다. 1년 뒤인 1935년, 품질 향상을 위해 커피 등급 제도를 실시하자는 법령 초안이 나왔다.

1950년대 초 마우마우봉기가 일어난 지 얼마 되지 않아 농업 협약이 통과되어 돈이 되는 작물로 추가 소득을 얻으려는 소작농이 많아졌다. 이 협약은 농무부 공무원의 이름을 따 스윈어튼 플랜(Swynnerton Plan)으로 알려졌다. 덕분에 커피 생산의 주체가 영국인에서 케냐인으로 이관되는 시발점이 생겼다. 소규모 농지의 생산 효과는 엄청나서 총소득이 1955년 520만 파운드에서 1964년 1,400만 파운드로 높아졌다. 특히 커피 생산이 소득 증가의 55퍼센트를 차지했다.

케냐는 1963년 독립했고 지금도 다양한 품종의 고품질 커피를 생산하고 있다. 케냐의 커피 연구와 발전은 상당히 훌륭한 수준이고 커피 생산에 참여하는 농부들 역시 고등 교육을 받았다. 고품질의 커피를 생산하면 더 나은 가격으로 보상하는 경매 체계를 갖추었지만, 체계 내부의 부정부패로 인해 구매자들이 비싼 값을 치러도 그 보상이 농부들에게 돌아가지 못하는 실정이다.

커피 등급

수출하는 커피는 이력 추적 여부와 상관없이 모두 등급을 매긴다. 다른 나라의 경우 커피콩의 크기와 품질을 고려해 등급을 매긴다. 크기에 대한 명확한 정의와 함께 콩 크기와 관련한 품질도 살핀다. 이 부분이 사실인 경우가 많으나(AA 로트는 슈페리어급 커피로 여기는 일이 많다) 필자는 최근 AB 로트에서 상당수의 AA 로트보다 더 높은 품질과 복합미를 지닌 경우를 많이 보았다.

E 가장 큰 사이즈의 커피콩으로 이 로트는 상당히 적다.

AA 큰 스크린 사이즈 커피의 일반 등급으로 대략 18 혹은 7.22밀리미터 이상이다(49쪽 참고). 일반적으로 이 로트가 가장 좋은 가격을 받는다.

AB A(스크린 사이즈 16 혹은 6.80밀리미터)와 B(스크린 사이즈 15 혹은 6.20밀리미터)를 섞은 등급이다. 케냐 연간 생산량의 30퍼센트를 차지한다.

PB 커피 열매 안에 콩이 두 개가 아닌 하나만 들어 있는, 피베리에 매기는 등급이다.

C AB 카테고리 아래 등급이다. 이 등급에서 고품질의 커피를 찾아보긴 어렵다.

TT AA, AB, E 등급에서 탈락하고 남은 작은 콩으로 구성된 등급이다. 밀도로 분류하자면 이 등급이 가장 가볍다.

T 깨진 조각과 알갱이로 이루어진, 크기가 가장 작은 등급이다.

MH/ML Mbuni Heavy와 Mbuni Light의 줄임말이다. 엠부니(Mbuni)는 자연 공정을 거친 커피를 일컫는다. 품질이 떨어지고 설익거나 농익은 커피가 들어 있어 헐값에 팔린다. 연 생산량의 7퍼센트를 차지한다.

생산 이력제

케냐의 커피는 대규모 단지와 지역 워싱 스테이션에 커피를 제공하는 소규모 농장 모두에서 재배한다. 그래서 단일 산지부터 이력 추적이 가능하며 최근 들어 고품질의 커피는 소규모 농장에서 나오는 추세다. 일반적으로 워싱 스테이션의 특정 로트를 찾을 수 있고 여기에 크기 등급(AA 등)이 표기되어 있으나 그 로트가 수백 명의 농부 집단에서 나온 것일 수도 있다. 워싱 스테이션(혹은 공장으로 부르는)이 최종 생산품의 품질에 중요한 역할을 하기에 이곳 커피는 당연히 찾아볼 가치가 충분하다.

케냐 품종

두 가지 케냐 품종이 스페셜티 커피 업계의 이목을 집중시키고 있다. SL-28과 SL-34인데 스코틀랜드 연구소 가이 깁슨(Guy Gibson)의 연구를 통해 실험적으로 생산된 40개 품종을 말한다. 케냐에서 생산한 고품질 커피의 다수를 이들 품종이 차지하나 잎녹병에 취약한 단점이 있다.

케냐는 잎녹병에 강한 품종을 생산하고자 많은 노력을 해왔다. 루이루(Ruiru) 11은 케냐커피위원회가 성공했다고 인정한 첫 품종이나 스페셜티 커피 구매자들 사이에서는 그리 환영받지 못하는 실정이다. 최근에 바티안(Batian) 품종을 선보였다. 루이루에 실망한 뒤라 의구심이 남은 상태지만 품질이 개선된 듯하고 앞으로의 컵 퀄리티가 기대된다는 긍정적인 반응이다.

하늘에서 내려다본 케냐의 커피 농장. 케냐는 대규모 단지와 소규모 농가를 포함해 다양한 곳에서 품질이 매우 높은 커피콩을 생산한다.

재배 지역

인구
48,460,000
2016년 60킬로그램 자루 기준 생산량
783,000

케냐 중부 지역에서 이 나라 커피의 대부분과 이 지역 최고의 커피를 생산한다. 키시이, 트랜스조이아, 케이요, 마락웨트 등 케냐 서부에서 생산한 커피에 대해 세계인의 흥미가 높아지고 있다.

니에리(Nyeri)
니에리 중부 지방은 케냐산맥의 화산 분출 지역이다. 이곳의 붉은 토양이 케냐 최고의 커피를 키워준다. 농법을 중요시하며 커피가 주요 작물이다. 소규모 협동조합이 대단지 농장보다 보편적이다. 니에리의 커피나무는 1년에 두 번 수확하며, 주요 수확을 할 때 고품질의 로트를 생산한다.
고도 1,200~2,300미터
수확 10~12월(주요 수확), 6~8월(간이 수확)
품종 SL-28, SL-34, 루이루 11, 바티안

무랑가(Murang'a)
무랑가 중부 지방에서 10만 명의 농부가 커피를 생산한다. 이 내륙 지방은 포르투갈인 때문에 해안가 주변에 정착하지 못한 선교사들이 자리 잡은 터전이다. 화산토의 이득을 보는 또 다른 지역이며 대산지보다 소규모 농장이 많다.
고도 1,350~1,950미터
수확 10~12월(주요 수확), 6~8월(간이 수확)
품종 SL-28, SL-34, 루이루 11, 바티안

키린야가(Krinyaga)
니에리 동쪽에 자리한 이 지방 역시 화산토로 이루어져 있다. 소규모 농장에서 생산해 워싱 스테이션을 거친 이곳의 커피는 매우 고품질이라 맛볼 가치가 충분하다.
고도 1,300~1,900미터
수확 10~12월(주요 수확), 6~8월(간이 수확)
품종 SL-28, SL-34, 루이루 11, 바티안

엠부(Embu)
케냐산맥 근처이며 이곳 시내 명칭이 지역명으로 자리 잡았다. 인구의 70퍼센트가 소농이고 차와 커피가 가장 인기 있는 환금작물이다. 거의 모든 커피가 소규모 농장에서 나오며 상대적으로 생산량도 적다.
고도 1,300~1,900미터
수확 10~12월(주요 수확), 6~8월(간이 수확)
품종 SL-28, SL-34, 루이루 11, 바티안, K7

메루(Meru)
케냐산과 니암베네언덕에서 자라는 커피는 대부분 소농이 재배한다. 메루는 지역명이자 이곳에 거주하는 민족을 가리킨다. 1923년 아프리카인이 메루에 관심을 보이는 일이 얼마나 중요한지 주장한 '데븐셔 백서(Devonshire White Paper)'에 따라 1930년대 케냐 최초로 토착민들이 커피를 생산하기 시작했다.
고도 1,300~1,950미터
수확 10~12월(주요 수확), 6~8월(간이 수확)
품종 SL-28, SL-34, 루이루 11, 바티안, K7

키암부(Kiambu)
주로 대규모 산지에서 재배한다. 그러나 도시화의 물결을 타고 많은 산지가 사라졌다. 땅을 가진 사람들은 농사보다 토지 개발이 더 이윤이 크다는 걸 알고 팔기 시작했다. 키암부에서 나는 커피는 지역명을 붙이는데 티카(Thika), 루이루, 리무루(Limuru) 등이 대표적이다. 많은 산지가 다국적기업 소유라 기계식 농법이 대부분이고 품질보다는 생산량을 높이는 데 주력한다. 그러나 소규모 농가도 꽤 많다.
고도 1,500~2,200미터
수확 10~12월(주요 수확), 6~8월(간이 수확)
품종 SL-28, SL-34, 루이루 11, 바티안

마차코스(Machakos)
중부 지역에서도 상당히 작은 이 지역은 케냐 중심부에 있는 마차코스시의 이름을 따왔다. 대규모 산지와 소규모 농장이 혼재돼 있다.
고도 1,400~1,850미터
수확 10~12월(주요 수확), 6~8월(간이 수확)
품종 SL-28, SL-34

나쿠루(Nakuru)
국토의 중심부에 자리한, 케냐에서 커피를 가장 많이 재배하는 곳이기도 하다. 그러나 일부 나무는 높은 고도 때문에 '잎마름병'에 걸려 생산을 중단했다. 나쿠루에서 이름을 따왔다. 커피는 대단지와 소규모 농장에서 혼합하여 생산하는데 생산량이 아주 적은 편이다.
고도 1,850~2,200미터
수확 10~12월(주요 수확), 6~8월(간이수확)
품종 SL-28, SL-34, 루이루 11, 바티안

키시이(Kisii)
케냐 남서부 지방으로 빅토리아호수에서 그리 멀지 않다. 상당히 작은 지방이라 대부분의 커피가 소규모 생산자들의 조합에서 나온다.
고도 1,450~1,800미터
수확 10~12월(주요 수확), 6~8월(간이 수확)
품종 SL-28, SL-34, 블루 마운틴, K7

트랜스조이아(Trans-Nzoia), 케이요(Keiyo), 마락웨트(Marakwet)
최근 케냐 서부의 이들 작은 지역에서 커피를 재배하기 시작했다. 엘곤산이 적절한 고도를 제공하는 이 지역은 대규모 산지에서 커피가 나온다. 한때 옥수수를 키우거나 낙농업을 하던 농가들이 지금은 커피를 재배하고 있다.
고도 1,500~1,900미터
수확 10~12월(주요 수확), 6~8월(간이 수확)
품종 루이루 11, 바티안, SL-28, SL-34

케냐 여성들이 잘 익은 커피 열매를 한가득 담은 양동이를 이고 분류 작업을 하러 가는 길이다.

케냐 루이루의 코모타에 있는 커피 공장에서 여성들이 크기와 품질에 따라 커피콩을 분류하고 있다.

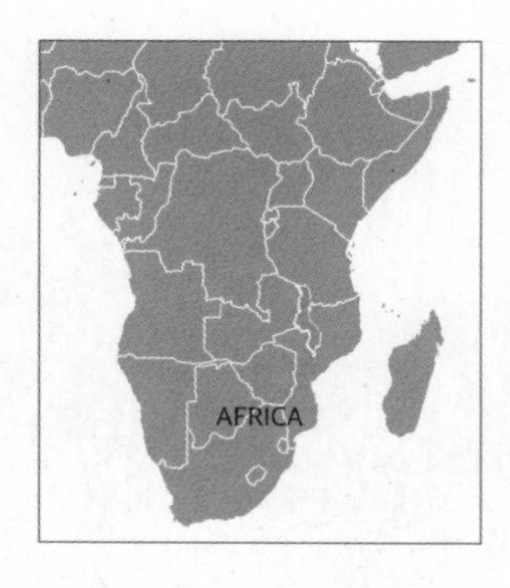

말라위

1800년대 후반 말라위에 커피가 도입된 것으로 추정된다. 혹자는 1878년 스코틀랜드 선교사 존 뷰캐넌(John Buchnan)이 에든버러식물원에서 가져온 커피나무 한 그루에서 시작되었다고 주장한다. 묘목은 말라위 남부 블랜타이어 지방에 처음 뿌리를 내렸고, 1900년대 이르러 연간 생산량 1,000톤이 되었다.

커피는 꽤 달고 깔끔하나 동아프리카 다른 국가의 커피에서 느껴지는 폭발적인 과일 맛과 복합미는 찾아보기 어렵다.

시작은 순조로웠지만 관리가 안 된 토양, 병충해, 브라질의 독점 생산 증가로 인한 경쟁 때문에 얼마 못 가 커피 생산이 중단되었다.

말라위는 영국의 식민 통치를 받아서 20세기 첫 시기엔 대규모 커피 농장의 소유권을 자국민이 갖지 못했다. 그러나 1946년 협동조합 운동이 시작되고 1950년대에 생산이 급격하게 증가했다. 협동조합 운동이 성공한 것처럼 보이지만 정치적인 개입으로 1971년 모든 조합이 해체되었다. 말라위의 커피 생산은 1990년대에 7,000톤으로 정점을 찍었고 이후 연간 1,650톤으로 줄어들었다.

내륙 지역이지만 강력한 농업 수출 경제를 구축했다. 커피의 경우 정부가 수출에 개입하지 않아 판매자와 구매자의 직거래가 가능한 걸 성공 요인으로 꼽는 시각도 있다. 그러나 오랫동안 품질을 중요시하지 않았다. 커피 등급도 아주 단순하게 1등급과 2등급으로 나눈다. 다만 최근 들어 아프리카 전역에서 사용하는 AA식 등급 체계를 도입하려는 움직임이 일어나고 있다.

말라위에서 재배하는 커피 품종은 확실히 폭넓다. 중앙아메리카에서 엄청난 관심을 보이는 게이샤 품종도 다수 보인다. 전체적으로 커피 품질은 한참 떨어지나 병충해에 강한 카티모르를 꽤 많이 재배한다.

생산 이력제

말라위 남부 지방은 대규모 상업 단지에서 생산하고 중부와 북부 지역은 소규모 농장에서 재배한다. 따라서 단일 농가 혹은 대규모 생산자 그룹까지 이력을 추적할 수 있다. 양쪽 모두 훌륭한 커피를 생산한다.

말라위의 커피 농장은 강력한 농업 수출 경제 정책을 바탕으로 대부분의 농가까지 이력 추적이 가능하다.

재배 지역

인구
18,090,000
2016년 60킬로그램 자루 기준 생산량
18,000

말라위의 커피는 생산지가 식별되지 않았다. 커피를 재배하는 곳일 뿐 특정 토양이나 미기후(微氣候)에 의해 선정되어 두드러진 특징을 보이지 않는다.

치티파디스트릭트(Chitipa District)
말라위 최고의 커피를 재배한다고 명성이 자자한 지역이다. 말라위와 북쪽으로 탄자니아를 가르는 자연 경계인 송웨강과 가깝다. 대규모 미수쿠힐스 협동조합의 본거지다.
고도 1,700~2,000미터
수확 4~9월
품종 아가로(Agaro), 게이샤, 카티모르, 문도 노보, 카투라

럼피디스트릭트(Rumphi District)
말라위 북쪽, 니이카국립공원 동쪽에 자리한 말라위호수와 인접한 지방이다. 차칵(Chakak), 음파치(Mphachi), 살라웨(Salawe), 준지(Junji), 붕구붕구(VunguVungu) 등의 생산 조합이 있다. 포카힐스(Phoka Hills)와 비프야노스(Viphya North) 협동조합도 이곳에 있다.
고도 1,200~2,500미터
수확 4~9월
품종 아가로, 게이샤, 카티모르, 문도 노보, 카투라

노스비프야(North Viphya)
노스비프야 고원을 감싸는 지방으로 리준쿠미강 골짜기가 은카타 베이 하이랜즈와 경계를 이룬다.
고도 1,200~1,500미터
수확 4월~9월
품종 아가로, 게이샤, 카티모르, 문도 노보, 카투라

사우스이스트 음짐바(Southeast Mzimba)
음짐바에서 지방명을 따왔고 여러 계곡과 강이 이곳을 지난다.
고도 1,200~1,700미터
수확 4~9월
품종 아가로, 게이샤, 카티모르, 문도 노보, 카투라

은카타베이하일랜즈(Nkhata Bay Highland)
주도인 음주주 바로 동쪽에 자리한다.
고도 1,000~2,000미터
수확 4~9월
품종 아가로, 게이샤, 카티모르, 문도 노보, 카투라

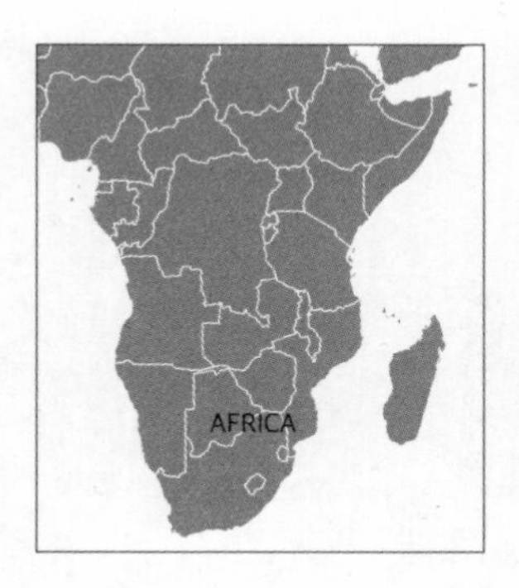

르완다

1904년 독일 선교사들이 처음 르완다에 커피를 들여왔으나 1917년이 될 때까지는 수출을 시작할 정도의 생산이 이루어지지 않았다. 제1차 세계대전 이후 위임통치령을 통해 독일이 식민지 자격을 박탈당하고 이를 벨기에에 넘겼다. 르완다 커피의 대부분이 벨기에로 수출되고 있다.

르완다에서 나오는 근사한 커피는 종종 과일 맛과 신선한 사과 혹은 붉은 포도 맛을 연상시킨다. 베리의 풍미와 꽃향기 역시 보편적이다.

치앙구구 지방의 미비리지선교원에 처음 커피나무를 심었다. 그곳의 이름을 따 최초의 르완다 커피 품종이자 부르봉의 자연 변종이 탄생했다(148쪽 박스 참고). 커피 재배가 서서히 키부 지역으로 퍼졌고 궁극적으로 르완다 다른 지역까지 뻗어나갔다. 이웃한 부룬디를 벤치마킹해 1930년대 커피를 의무 농작물로 선정하여 전국의 많은 농가에서 재배했다.

벨기에는 수출을 엄격하게 통제하고 재배자들에게 많은 세금을 징수했다. 그래서 르완다는 품질이 떨어지는 커피를 많이 생산하는 쪽으로 방향을 잡아 저렴하게 팔았다. 르완다의 수출량은 매우 적어 커피 업계에 큰 영향을 미치지 않았고 농부들도 그 중요성을 깨우치지 못했다. 품질이 좋은 커피를 생산할 수 있는 인프라가 전무한 데다 워싱 스테이션조차 찾아볼 수 없었다.

1990년대 이르러 커피는 르완다에서 가장 가치 있는 수출 품목으로 위상을 높였지만 10년간 벌어진 사건으로 커피 업계가 심하게 타격을 입었다. 1994년 국가 전역에서 벌어진 집단 학살이 100만 명의 목숨을 앗아갔고, 당연히 커피 산업에도 막대한 피해를 주었다. 전 세계 커피 가격이 폭락한 것도 복합적으로 작용했다.

커피가 르완다의 경제 회복에 미친 영향

커피는 집단 학살 사건 이후 르완다 사람들이 다시 일어서는 긍정적인 상징이 되었다. 전 세계의 이목이 쏠리면서 외국의 원조와 지원이 밀려들었다. 워싱 스테이션이 생기고 고품질의 커피를 생산하자는 목표가 자리 잡았다. 정부는 커피 무역에 한층 개방적인 태세를 취했고 전 세계 스페셜티 커피 구매자들이 이곳 커피에 큰 관심을 보였다. 르완다는 최고의 커피 로트를 찾아 온라인 경매를 통해 시장에 내놓는 컵 오브 엑설런스 대회를 주최하는 아프리카 유일의 국가다.

미국국제개발처(United States Agency for International Development, USAID)의 원조로 2004년 최초의 워싱 스테이션이 생겼다. 이후 수많은 스테이션이 들어왔고 최근 들어 수가 크게 늘어나 운영하는 곳만 300여 곳에 이른다. 펄 프로젝트(Partnership for Enhancing Agriculture in Rwanda through Linkages, PEARL)가 젊은 농학자들에게 지식과 훈련 기회를 제공했다. 이것이 스프레드 프로젝트(Sustaining Partnerships to enhance Rural Enterprise and Agribusiness Development, SPREAD)로 이어졌고, 두 프로젝트는 부타레 지역에 주력했다.

부타레의 커피 워싱 스테이션에서 작업자가 디펄퍼로 과육과 씨앗을 분리하고 있다.

'천 개의 언덕으로 이루어진 땅'인 르완다는 고도와 기후 모두 훌륭한 커피를 재배하기에 맞춤이다. 그러나 도시화로 인한 토지 고갈과 커피 수송 문제가 풀어야 할 과제로 남아서 생산 단가를 크게 높이고 있다.

2010년경 전 세계 커피 가격이 급등했을 때 르완다는 품질을 유지할 수 있는 적절한 장려책을 찾는 데 어려움을 겪었다. 시장에서 높은 가격을 쳐주니 품질을 높이려고 투자할 이유가 없었다. 저품질의 커피조차 이윤을 내니 말이다. 그러나 최근 르완다의 커피 품질이 매우 좋아졌다. 르완다는 소량의 로부스타를 재배하고 수출하나 대부분을 차지하는 품종은 완전 세척한 아라비카다.

생산 이력제

르완다의 커피는 워싱 스테이션과 수많은 농부 집단, 그들과 연계된 협동조합까지 추적할 수 있다. 한 생산자가 평균 183그루의 커피나무를 키우는 게 전부라 생산자까지 찾아내는 일이 불가능하진 않다.

감자 악취 (The Potato Defect)

부룬디와 르완다산 커피에서만 특이한 결점두가 발견된다. 알 수 없는 박테리아가 커피 열매의 외피를 뚫고 들어가 불쾌한 독소를 배출한다. 인체에는 영향을 미치지 않지만 그렇게 나온 커피콩을 로스팅해서 갈면 시큼한 냄새가 확 풍기는데 썩은 감자 껍질을 벗길 때 나는 악취와 비슷하다. 특정 커피콩에만 영향을 주기 때문에 원두에서 발견한다고 해도 다 갈아놓지 않은 한 전부 상했다고 볼 수 없다.

현재로서 박멸은 어렵다. 수확 후 공정이 끝나면 발견하기 어려워 로스팅 업체에서 손쓸 방법이 없다. 로스팅한 후에도 원두를 갈기 전까진 발견할 수가 없다. 다만 공정 과정에서 커피 열매 껍질이 부서지거나 흠이 있는 것을 식별하면 조금은 가능할 수도 있다. 작업 현장과 연구소에서도 이 특이한 질병을 없애려고 노력 중이다.

지역 품종

미비리지 과테말라에서 부르봉 커피 묘목을 가지고 르완다에 온 사절단의 이름을 땄다. 부르봉의 자연 변종으로 선교회에서 발견했다. 초기에 르완다에서 자라다 1930년대 부룬디로 퍼졌다.

잭슨 르완다에서 처음 자란 또 다른 부르봉 변종이며 이후 부룬디로 유입되었다.

작업자들이 건조대에 커피를 펼치고 있다. 커피는 이곳에서 5일간 건조한 다음 로스팅 혹은 수출 준비에 들어간다.

재배 지역

인구
11,920,000
2016년 60킬로그램 자루 기준 생산량
220,000

커피는 특별히 지역 제한 없이 르완다 전역에서 자란다. 로스터들은 지방명, 워싱 스테이션 혹은 노동조합명을 커피 이름으로 활용한다.

남부와 서부 지역
일부 훌륭한 커피가 이 지역에서 나온다. 특히 고산 지대인 후예, 냐마가베, 키부호수 부근인 냐마세케에서 생산에 주력하는 듯하다.
고도 1,700~2,200미터
수확 3~6월
품종 부르봉, 미비리지

동부 지역
동부 지역의 고도는 다른 지역만큼 높지 않으나 응고마와 극동 지역인 냐가타레에서 훌륭한 커피를 생산하고 있다.
고도 1,300~1,900미터
수확 3~6월
품종 부르봉, 미비리지

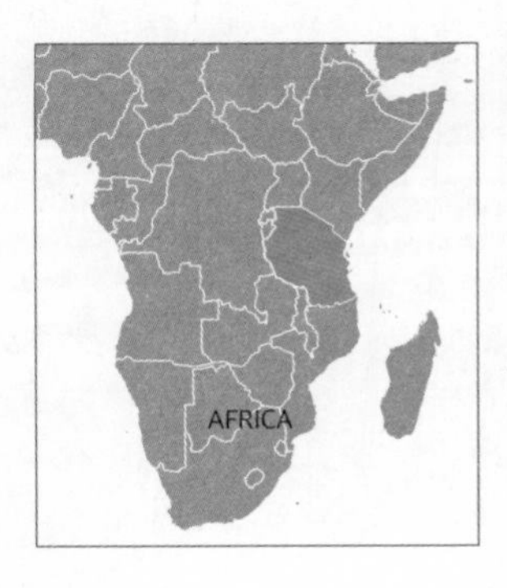

탄자니아

구전에 따르면 16세기 에티오피아에서 탄자니아로 커피가 들어왔다고 한다. 하야(Haya)부족이 가져와 '하야 커피' 혹은 암와니(amwani)로 알려진 이 커피는 로부스타로 추정되고 이후 탄자니아 문화에 강력히 융화되었다. 음료로 마시기보다는 잘 익은 커피 열매를 끓인 다음 수일 동안 훈제하여 씹어 먹었다.

복합미에 깔끔하고 생기 넘치는 산미와 베리가 주축인 과일 맛이 감돈다. 탄자니아 커피는 즙이 풍부한 데다 흥미롭고 맛있다.

커피가 탄자니아(옛 탕가니카Tanganyika)의 환금작물이 된 건 독일 식민 통치를 받으면서다. 1911년 식민 지배자들이 아라비카 커피나무를 부코바 지역 전역에 심으라고 지시했다. 그들의 농법은 하야 부족이 커피를 재배하던 전통 방식과 아주 달랐고, 하야인들은 자신의 곡식을 커피와 바꾸려 하지 않았다. 그러나 이 지역이 커피를 많이 생산할수록 다른 지역들은 커피에서 멀어졌기 때문에 주요 작물로 받아들일 수밖에 없었다. 킬리만자로산맥 근처에 사는 차가(Chagga) 부족은 독일이 노예 거래를 끝내자 커피 생산으로 완전히 전환했다.

제1차 세계대전 이후 탄자니아를 지배한 영국이 캠페인을 벌여 부코바에 1,000만 그루의 커피 묘목을 심자고 했으나 하야 부족과 충돌을 일으켜 나무가 뿌리째 뽑히는 일이 잦았다. 결과적으로 이 지역은 차가와 비교했을 때 생산이 제대로 이루어지지 않았다. 그러다 1925년 첫 협동조합인 킬리만자로원주민농장주연합(Kilimanjaro Native Planters' Association, KNPA)이 탄생했다. 여러 조합이 처음으로 뭉치자 생산자들은 런던과 직거래하는 방법을 찾아 더 높은 가격을 받는 기쁨을 누렸다. 1961년 영국에서 독립하자 탄자니아 정부는 커피에 눈을 돌려 1970년까지 생산량을 두 배로 늘리려 했으나 목표는 이루어지지 않았다. 그 후 업계의 낮은 성장과 높은 인플레이션, 경기 침체로 고전하다 정당제 민주주의로 전환했다.

1990년대 초중반, 커피 산업에 개혁의 바람이 불어 국가커피마케팅위원회(State Coffee Marketing Board)를 거치지 않고 생산자가 구매자에게 직접 커피를 판매하는 길이 열렸다. 1990년대 말 커피마름병이 전국을 휩쓸고 우간다 국경 근처인 북쪽 지방 커피나무의 상당수가 훼손되자 커피 업계는 심각한 타격을 입었다. 현재 탄자니아에서 생산되는 커피는 70퍼센트가 아라비카, 30퍼센트가 로부스타다.

생산 이력제

탄자니아 커피의 90퍼센트가 소규모 농장 45만 곳에서 생산된다. 나머지 10퍼센트는 대규모 산지에서 나온다. 생산자 협동조합과 그들의 워싱 스테이션, 대단지 커피일 경우 단독 농장까지 이력 추적이 가능하다. 최근 필자가 맛본 괜찮은 커피들은 대단지에서 나온 것인데 이들 먼저 맛보길 권한다.

등급 분류

탄자니아는 케냐와 비슷한(139쪽 참고) 영국식 명명법으로 불리는 등급을 사용한다. 등급은 AA, A, B, PB, C, E, F, AF, TT, UG, TEX가 있다.

킬리만자로산이 올려다보이는 탄자니아 음위카의 새 농장에서 자라는 커피나무들.

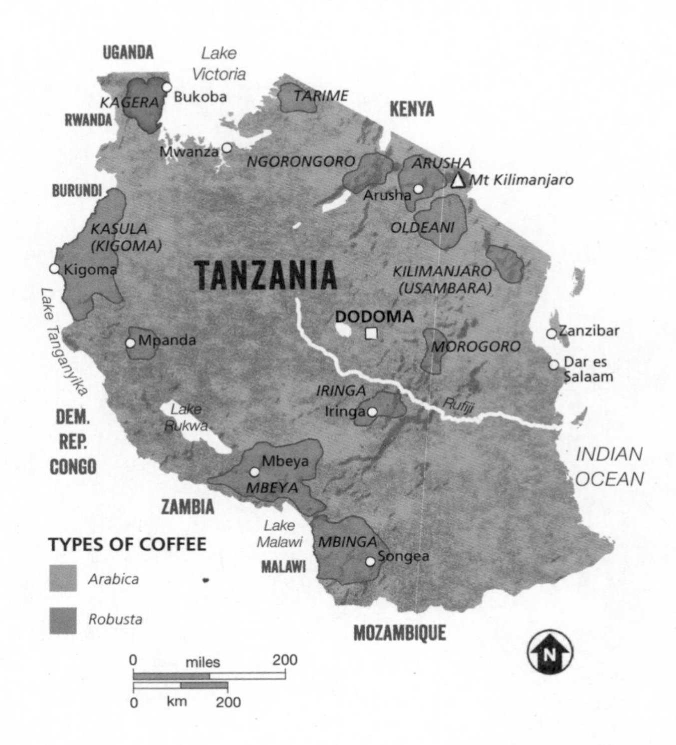

재배 지역

인구
55,570,000
2016년 60킬로그램 자루 기준 생산량
870,000

탄자니아는 적절한 양의 로부스타를 생산하나 북서쪽 빅토리아호수 근방에 치우쳐 있다. 다른 생산 지역은 고도가 높은 편이다.

킬리만자로(Kilimanjaro)
탄자니아에서 아라비카를 가장 오래 재배한 지역으로 국제적인 인지도가 높고 명성이 좋다. 오랜 커피 생산 전통 덕분에 인프라와 시설이 다른 곳보다 뛰어나지만, 많은 나무가 너무 나이 들어서 상대적으로 생산량이 낮다. 게다가 다른 농작물과 커피의 경쟁도 커지는 추세다.
고도 1,050~2,500미터
수확 7~12월
품종 켄트, 부르봉, 티피카, 티피카/니아라

아루샤(Arusha)
킬리만자로 주변 경계 지역으로 여러 면에서 유사하다. 1910년 이후 휴화산인 메루산에 둘러싸여 있다.
고도 1,100~1,800미터
수확 7~12월
품종 켄트, 부르봉, 티피카, 티피카/니아라

루부마(Ruvuma)
루부마강에서 지역명을 따왔고 최남단에 위치한다. 커피는 음빙고 지역에서 생산하며 고품질이 기대되는 곳이나 재정 지원이 부족해 생산이 중단된 전례가 있다.
고도 1,200~1,800미터
수확 6~10월
품종 켄트, 부르봉, 부르봉 변종인 N5와 N39

음베야(Mbeya)
탄자니아 남부 음베야시를 둘러싼 이 지역은 커피, 차, 카카오, 향신료 등 고부가가치 수출 작물을 생산한다. 과거와 달리 최근 들어 품질 인증기관과 비정부기구에서 커피 생산 품질 향상에 관심을 보이고 있다.
고도 1,200~2,000미터
수확 6월~10월
품종 켄트, 부르봉, 티피카

타림(Tarime)
국제적으로 인지도가 없는 탄자니아 최북단의 케냐와 인접한 작은 지역이다. 품질 좋은 커피를 생산하며 생산량을 증대할 가능성이 보인다. 생산량이 상당히 적고 커피 공정에 필요한 인프라가 한정적이나 나라 안팎의 주목을 받으면서 지난 10년 동안 커피 생산량이 세 배나 늘었다.
고도 1,500~1,800미터
수확 7월~12월
품종 켄트, 부르봉, 티피카, 로부스타

키고마(Kigoma)
주도인 키고마에서 이름을 따왔고 부룬디와 국경을 이루는 북동쪽 완만한 고원지대에 자리한다. 품질이 아주 좋은 커피를 생산하지만 다른 곳에 비해 여러모로 초창기 수준이다.
고도 1,100~1,700미터
수확 7~12월
품종 켄트, 부르봉, 티피카

탄자니아 응고롱고로 분화구 근처 공장에서 수확해 건조한 커피콩을 분류하고 있다. 탄자니아에서 생산한 커피는 소규모 농장에서 수확한 것이다.

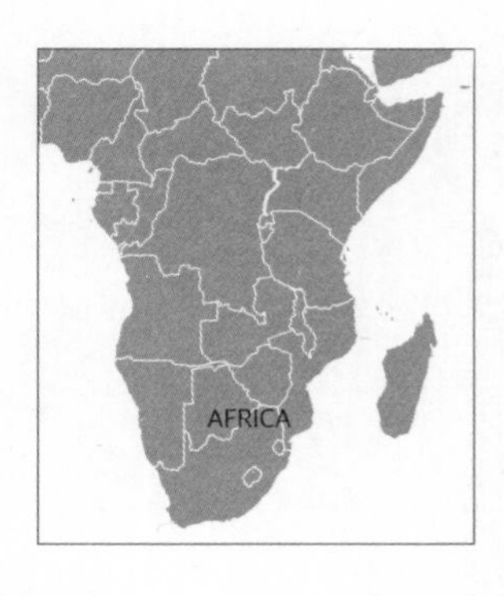

우간다

우간다는 토착 커피를 재배하는 몇 안 되는 국가로 로부스타가 빅토리아호수 주변에서 야생으로 자란다. 커피는 우간다의 수출 경제에 엄청난 부분을 차지한다. 사실 우간다는 전 세계에서 커피를 가장 많이 생산하는 국가이기도 하다. 그러나 커피 대부분이 로부스타라 품질에서 명성을 얻진 못한다.

우수한 커피는 드물지만, 최고의 커피는 단맛이 감돌고 진한 과일 향과 깔끔한 뒷맛이 인상적이다.

토착 로부스타 작물이 우간다 문화에 수백 년 동안 자리 잡았지만 커피가 농업의 고유 품종은 아니다. 추정하건대 1900년대 초 말라위와 에티오피아에서 아라비카가 흘러들어왔다. 그러나 잘 자라지 못하고 병충해에 시달렸다. 반면 같은 시기에 로부스타 농장이 늘어나고 병충해에 강한 품종이 번성하는 듯했다.

1925년 커피는 우간다 수출의 1퍼센트밖에 차지하지 못했지만 주요 작물로 인정받아 소규모 농장이 증가하는 데 일조했다. 1929년 커피산업위원회(Coffee Industry Board)가 발족했다. 협동조합이 업계 성장의 기폭제로 작용하고, 1940년대 커피는 국가의 주요 수출품으로 올라섰다. 1969년 정부에서 커피 조약을 통과시켜 커피위원회가 전적으로 가격을 통제했다.

커피는 아직도 이디 아민(Idi Amin) 체제 내 강력한 산업으로 남아 있고, 1975년 브라질의 서리 때문에 전 세계에서 커피 가격이 인상하자 한동안 들뜨기도 했다. 1980년대 커피는 여전히 환금작물 중 단연 1순위였고 생산도 늘었다. 그러나 생산량 증가는 국경을 넘나들며 정부가 지정한 것보다 더 높은 가격에 밀수출이 성행하는 원인이 되었다.

1988년 커피산업위원회는 농가에 지불하는 금액을 높였지만 그해 말 큰 빚을 지고 정부에 의해 해체 수순을 밟았다. 1989년 국제커피협정(International Coffee Agreement)이 붕괴된 것도 급격한 가격 하락의 요인이 되었다. 정부는 커피 생산을 늘리기 위해 우간다 실링 통화의 가치를 절하했다. 1990년 커피 생산이 20퍼센트 수준으로 떨어졌는데, 가격 문제가 아니라 가뭄이 들고 커피에서 다른 자급 식물로 전향했기 때문이었다.

1990년대 초 자유화 바람이 커지며 정부는 오로지 마케팅과 개발 지원 업무만 담당했다. 이때부터 지금의 커피 업계로 이어졌다. 커피발전위원회(Ugandan Coffee Development Authority)가 계속 규제를 완화하고 더 나은 생산 이력제를 추구하며 우간다 커피에 쉽게 접근하도록 해주었다. 생산자 그룹은 자체 브랜드로 명성을 쌓아나갔다.

로부스타는 여전히 주요 수출 품목이고, 우간다는 고품질의 로부스타로 이름을 널리 알리는 중이다. 아라비카 생산은 상대적으로 적지만 품질은 좋아지고 있다. 머지않아 우간다의 커피가 스페셜티 커피 업계에서 점점 더 큰 역할을 담당할 것이다.

생산 이력제

우간다 최고의 커피는 생산자 그룹이나 조합에서 나온다. 우간다 커피만의 독창적인 용어가 두 개 있다. 바로 우가(Wugar, 세척한 우간다 아라비카)와 드루가(Drugar, 건조한 우간다 아라비카)다. 우간다는 1년 내내 커피를 생산하며 대부분의 지역이 주요 수확과 좀 더 적은 양을 수확하는 '간이 수확'을 한다.

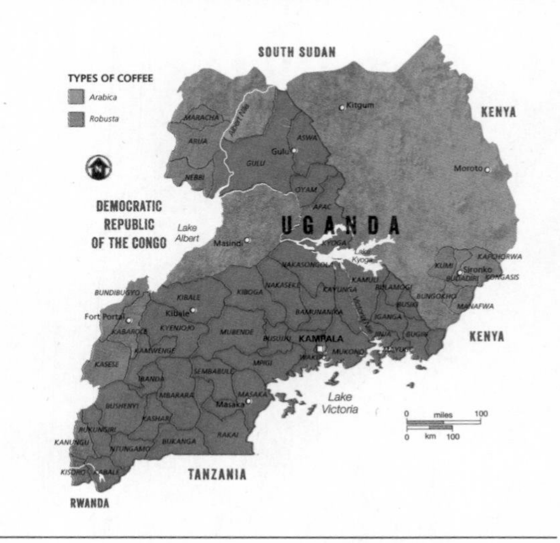

우간다의 일부 지역에선 토양, 고도, 기후가
적절히 조화를 이루어 훌륭한 커피를 생산한다.

캄팔라(Kampala)의 굿 아프리칸 커피(Good African Coffee) 공장에서 로스팅하는 광경이다. 지역 사업가가 2003년 이곳을 설립했다.

재배 지역

인구
41,490,000
2016년 60킬로그램 자루 기준 생산량
4,900,000

우간다의 커피 생산 지역이 모두 훌륭하고 잘 정돈된 것은 아니다.

부기수(Bugisu)
품질로 가장 유명한 지방이며 케냐 국경 지대인 엘곤산과 가까운 곳이 명성이 높다. 가파른 언덕에서 커피를 재배하며 부족한 인프라가 고질적인 문제로 남아 있다. 부기수는 토양, 고도, 날씨 모두 품질 좋은 커피를 재배하는 데 적합하다.
고도 1,500~2,300미터
수확 10월~이듬해 3월(주요 수확), 5~7월(간이 수확)
품종 켄트, 티피카, SL-14, SL-28

나일강 서부
더 많은 아라비카 커피가 우간다 북서쪽에서 자라는데 콩고민주공화국 경계와 가까운 앨버트 호수가 있는 북쪽까지 퍼져나갔다. 아라비카는 호수 근처에서 재배하고 로부스타는 더 북쪽으로 올라간다.
고도 1,450~1,800미터
수확 10월~이듬해 1월(주요 수확), 4~6월(간이 수확)
품종 켄트, 티피카, SL-14, SL-28, 토착 로부스타

우간다 서부
콩고민주공화국 국경과 맞닿은 르웬조리산맥에서 커피 생산량이 가장 높다. 이 지역에서 생산된 자연 공정 커피인 드루가가 보편적이다.
고도 1,200~2,200미터
수확 4~7월(주요 수확), 10월~이듬해 1월(간이 수확)
품종 켄트, 티피카, SL-14, SL-28, 토착 로부스타

중부 저지대
로부스타는 우간다 전역에서 자라는데 주로 빅토리아호수 유역 아래쪽에 몰려 있다. 고도가 한참 낮고 작물은 강수량의 영향을 받는다. 투자(Tuzza)는 낮은 지방에서 자라는 카티모르 품종이고 병충해에 강하다.
고도 1,200~1,500미터
수확 11월~이듬해 2월(주요 수확), 5~8월(간이 수확)
품종 토착 로부스타, 일부는 투자 품종

비정부기구가 운영하는 농업 훈련 프로그램이 카물리 지역 주민들의 생계를 돕고 있다. 이 지역 농부가 자전거에 커피 자루를 싣고 가는 지역 농부의 모습이다.

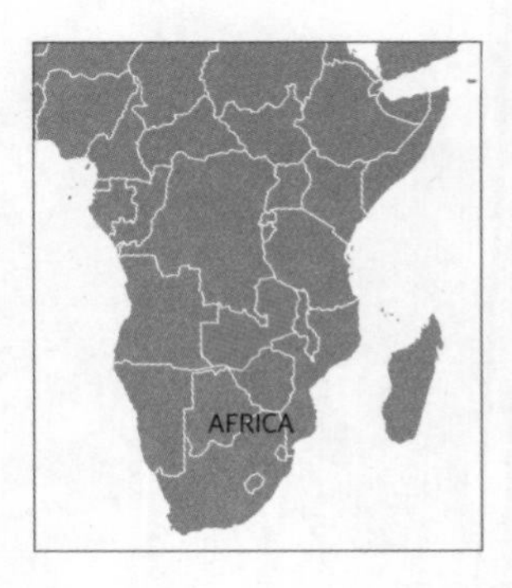

잠비아

잠비아는 한동안 스페셜티 커피 업계 상당수가 간과해온 곳이다. 닭이 먼저냐 달걀이 먼저냐라는 말도 나오는데, 역사적으로 스페셜티 구매자들의 흥미를 얻지 못해 품질 관련 투자를 받지 못했고, 품질이 열악하다 보니 스페셜티 구매자들의 흥미를 끌지 못했다.

드물지만 품질이 우수한 잠비아 커피는 강렬한 꽃향기에 깔끔한 과일의 복합미를 자랑한다.

1950년대 선교사들이 탄자니아와 케냐의 부르봉 종을 잠비아에 도입했다. 그러나 1970년대 후반과 1980년대 초 세계은행(World Bank)의 자금 투자 지원을 받기 전까지 생산할 수 없었다. 병충해 문제로 부르봉보다 맛이 떨어지는 카티모르 잡종을 채택했다. 어느 정도는 임시방편이었기에 정부는 다시 부르봉 품종으로 바꾸길 권했으나 전국에서 상당수의 카티모르를 재배하고 있다.

잠비아의 커피 수출은 2005/2006년 6,500톤으로 정점을 찍고 급격히 줄어들었다. 낮은 가격과 업계의 장기 재원 부족을 생산량 하락의 원인으로 보기도 한다. 2008년 국가 최대 규모의 생산자가 대출금을 갚지 못해 부도를 맞은 일도 컸다. 노던 커피 코퍼레이션(The Northern Coffee Corp)은 폐쇄 당시 국가 생산량 6,000톤 중 3분의 1을 생산하고 있었다. 총 생산량은 2012년 300톤으로 추락했지만 다시 회복 중이다.

잠비아 커피의 대부분은 대단지 농장에서 나오지만 소규모 농장 역시 장려하고 있다. 대단지는 잘 운영되고 현대적인 기기를 구비하고 있으며(커피 생산이 상대적으로 늦었기에) 다국적기업이 소유한 경우도 있다. 소규모 농장은 운영에 어려움을 겪는 데다 퇴비나 장비를 구하지 못해 품질이 별로 훌륭하지 않다. 용수 부족과 부실한 수확 후 공정이 깨끗하고 달콤한 커피 생산에 또 다른 장애가 되고 있다.

생산 이력제

잠비아 최고의 커피는 단일 산지까지 이력 추적이 가능하지만 사실 어렵다고 볼 수 있다. 전체 생산량이 적을 뿐 아니라 고품질 커피가 흔하지 않기 때문이다. 잠비아는 종자부터 지형까지 뛰어난 커피를 생산할 잠재력이 있어서 더욱 안타까운 일이다.

열매가 익으면 잠비아 농장의 작업자들이 손으로 수확한다. 대부분의 농장이 대형 민간 업체이며 현대적인 시설이 잘 구비돼 있다.

재배 지역

인구
16,590,000
2016년 60킬로그램 자루 기준 생산량
2,000

잠비아의 지방들은 널리 알려지지 않았고, 일반적으로 남부, 중부, 구리 산출 지대, 북부 지역으로 부른다. 커피는 무칭가산맥(이소카, 나콘데, 카사마로 이루어졌다) 북쪽 지방과 수도인 루사카에서 자란다.

고도 900~2,000미터
수확 4~9월
품종 부르봉, 카티모르

ASIA

아시아는 신화와 역사를 통해 커피 재배 유산을 키워나갔다. 예멘의 순례자가 인도로 몰래 들여온 로부스타 원두부터 16세기 네덜란드 동인도회사가 주목한 인도네시아 원두에 이르기까지 지금 아시아는 상당량의 일반 소비재 등급 커피를 시장에 공급하고 있다. 예멘은 특별히 예외인데, 독특한 특성을 지닌 예멘 커피는 상대적으로 수출량은 적지만 전 세계에서 수요가 많은 편이다.

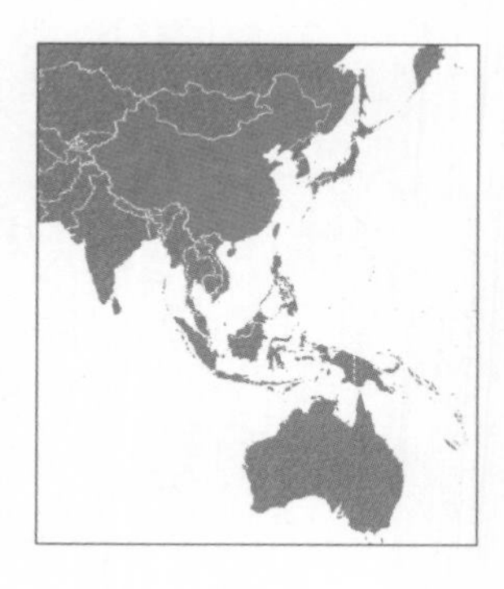

중국

여러 가지 방식에서 커피 세계의 이목이 중국으로 쏠리고 있다. 소비 국가로서 중국은 세계 업계를 불안정하게 만들 잠재력이 있지만, 또한 놀라울 정도로 많은 양의 커피를 생산하기 시작했다. 생산자들은 품질로 눈을 돌렸고 토양, 기후, 품종의 한계를 넘어서려 하는 중이다.

최고의 중국산 커피는 기분 좋은 단맛과 과일 맛이 감돌지만, 아직도 나무 냄새나 흙내를 살짝 풍기는 커피들이 있다. 산미가 낮으나 그만큼 바디감이 충만하다.

1892년 한 프랑스 선교사가 베트남 국경을 넘으며 커피 씨앗을 가져와 윈난성 주쿨라마을의 자기 교회 근처에 심었다. 그리고 100년 가까이 커피를 생산하지 않았는데 이 지역은 차의 품질과 생산량으로 유명했기 때문에 그럴 만도 했다. 1988년 유엔개발계획(United Nations Development Program)과 세계은행의 합작 투자로 커피 생산이 활성화되었다. 이 지역의 성장을 장려한 네슬레의 관심과 지원이 있었기에 가능했을 것이다.

커피 생산은 2009년까지 지지부진하다가 이후부터 크게 도약했다. 낮은 차 가격과 세계 커피 가격의 급등이 복합적으로 작용했을 것이다. 중국 전역의 커피 시장이 성장하면서 윈난성의 커피 산업이 계속 발전할 수 있었다. 중국의 1인당 커피 소비는 여전히 낮은 수준이지만, 엄청난 인구수가 중국 시장이 전 세계 커피 생산의 수요와 공급에 어마어마한 영향을 미칠 가능성이 있음을 알려준다.

지금 중국은 자체적으로 커피 맛을 찾기 시작했다. 필자가 맛본 최고의 중국 커피는 중국에서만 마실 수 있었다. 품질을 기반으로 한 경매도 인기가 높고 지역에서 자란 커피에 지불하는 가격도 만만치 않다. 이 점이 중국을 특이한 시장이자 확실히 주목해야 할 곳으로 만든다.

중국은 이제 훌륭한 커피를 수출하기 시작했고 찾아볼 가치가 충분하다. 많은 로트가 여전히 맛보다는 병충해에 강한 품종을 선택하는데 더 섬세한 품종으로 극복하는 일이 과제다. 그러나 매년 더 나아지는 모습을 보일 것이다.

생산 이력제

중국에서 나온 최고의 로트는 단일 농가나 생산자 그룹까지 추적할 수 있다. 이는 당연히 찾아볼 가치가 있으나 중국은 아직 다른 국가들만큼 혈통과 품질에 대한 기대가 떨어진다는 단점이 있다.

마오족 농부들이 중국 남서쪽 윈난성 신자이마을의 농장에서 커피콩을 수확하고 있다.

장쑤성 남동쪽 쑤저우의 전통 가옥에 입점한 현대식 커피숍의 모습이다.

재배 지역

인구
1,370,000,000
2016년 60킬로그램 자루 기준 생산량
2,200,000

중국의 커피 생산지는 국토에 비해 적으나 내륙의 엄청난 수요를 충당한다. 생산과 소비 모든 측면에서 아직 성장할 부분이 많다.

윈난성
중국에서 처음 커피를 재배한 곳이며, 고품질 커피를 생산하는 주요 지역으로 남아 있다. 보이차가 유명한데 커피 생산 핵심 지역이기도 하다.
고도 900~1,700미터
수확 10월~이듬해 1월
품종 카티모르, 일부 카투라와 부르봉

푸젠성
차 생산으로 유명한 지역이며 우롱차가 대표적이다. 커피는 이 지역에서 작은 산업이고 고품질 커피 생산은 극히 드물다.
수확 11월~이듬해 4월
품종 로부스타

하이난성
1908년 말레이시아에서 전해진 것으로 추정된다. 중국 최남단인 이곳은 로부스타가 자라지만 품질에서 실질적인 명성은 얻지 못했다.
수확 11월~이듬해 4월
품종 로부스타

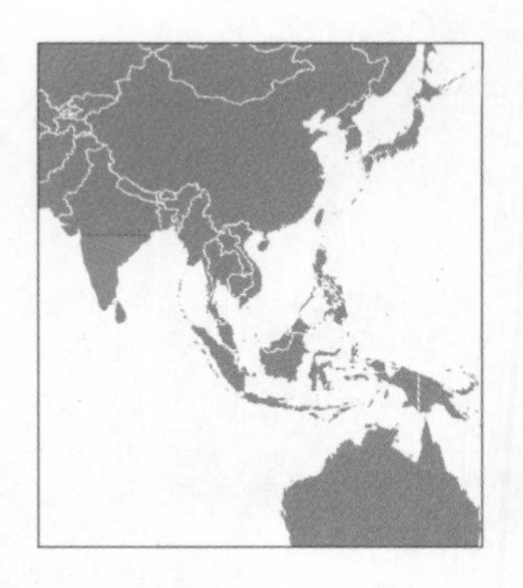

인도

인도 남부의 커피 기원은 신화와 관련이 있다. 바바 부단(Baba Budan)이라는 순례자가 1670년 수출이 엄격히 통제되던 당시 메카에서 돌아오는 길에 예멘을 지나면서 커피 씨앗 일곱 개를 몰래 가져왔다. 그가 이슬람의 신성한 숫자인 7에 따라 일곱 개를 가져왔기에 종교 행위로 여겨졌다.

인도 최고의 커피는 아주 진하고 부드러우면서 산미가 낮고 복합미를 찾기 어렵다.

바바 부단은 카르나타카 지방의 치크마갈루 지구로 알려진 곳에 첫 씨앗을 뿌렸고 씨앗은 잘 자랐다. 지금 그 언덕은 그의 이름을 따서 바바부단기리라 부르고 여전히 주요 커피 재배 지역으로 남아 있다.

19세기 중반 영국 식민 통치를 받으며 인도 남부 지역의 커피 농장이 융성하기 시작했다. 그러나 호황기는 짧았고 커피의 인기도 다시 시들해졌다. 1870년대 차 수요가 늘어나는 데다 잎녹병이 창궐하면서 커피나무를 공격해 업계가 고통을 겪었다. 많은 농장이 차 생산으로 전환했다. 커피를 성공적으로 수출하던 바로 그 농장들이었다. 그러나 잎녹병은 인도에서 커피를 완전히 내몰지 못했다. 오히려 잎녹병에 강한 품종을 찾는 연구가 활발해졌다. 연구는 성과를 거둬서 새로운 품종이 배양되었으나 아쉽게도 커피 맛을 중요하게 여기기 전의 일이었다.

1942년 정부에서 인도커피위원회(The Coffee Board of India)를 창설해 업계의 규정을 세웠다. 다수의 생산자가 재배한 커피를 통합하는 정책이었다. 정부가 생산자들에게 주는 인센티브를 줄여서 커피의 품질을 높이려 했다고 반발하는 여론도 나왔다. 그러나 실제로 생산이 증가하여 1990년대 인도의 커피 생산량은 30퍼센트로 높아졌다.

1990년대에는 정부 규제가 완화되어 생산자가 커피를 어디서, 어떤 식으로 팔지 개입하지 않았다. 덕분에 지역 커피 시장도 급속도로 성장했다. 인도는 1인당 커피 소비가 적고 아주 저렴한 대안으로 차를 선호하지만 인구가 너무 많아서 총소비량은 꽤 많은 편이다. 1인당 연간 소비량은 단 100그램에 불과하나 총소비량은 200만 자루에 이른다. 인도의 커피 총생산량은 500만 자루를 넘으며 대부분이 로부스타다.

로부스타는 여러 방면에서 아라비카보다 인도에 적합한 품종이다. 낮은 고도와 기후가 로부스타 생산량을 높였다. 다른 어느 고가의 커피보다 인도 로부스타 생산에 기울이는 노력과 수고비가 더 크기에 최고급 시장을 점유하고 있다. 최고의 로부스타도 여전히 나무 맛을 내지만 인도의 로부스타는 불쾌한 맛이 적어 에스프레소 블렌드로 로부스타를 선호하는 로스터들에게 인기가 높다.

인도에서 가장 인기 있는 음료는 차지만, 매년 커피 500만 자루를 생산해 200만 자루를 소비한다. 주요 생산 품종은 로부스타다.

몬수닝(Monsooning)

인도에서 잘 알려진 커피는 몬순 말라바르(Monsoon Malabar)인데 '몬수닝'으로 알려진 특이한 공정을 통해 탄생한다. 지금은 몬수닝이 제어 공정이지만, 그 시작은 우연이었다. 영국령 인도제국 시기 인도에서 유럽으로 수출하는 커피를 나무 상자에 넣어 수송했다. 그런데 몬순이 있는 달은 습한 날씨 때문에 생두가 엄청난 습기를 흡수하여 커피 맛에 큰 영향을 미친 것이다.

수출 방식이 나아졌으나 이 특이한 커피에 대한 수요가 여전히 남아서 서쪽 해안가를 따라 늘어선 공장들이 그 과정을 재창조했다. 몬수닝은 자연 공정 커피에만 가능하다. 이 과정을 거치면 생두는 색이 바래고 잘 으스러진다. 몬수닝을 한 커피콩은 골고루 볶기 어렵고 잘 부스러지는 습성 때문에 포장 과정에서 훼손된 원두들이 자루에 많이 들어 있다. 그러나 피해야 하는 등급이 낮은 커피의 부스러진 조각과는 다르므로 걱정할 필요 없다.

몬수닝 과정에서 커피콩은 대개 산미를 잃지만 톡 쏘는 야생의 풍미를 얻는 경우가 많아 업계에서 호불호가 갈린다. 진하고 강렬한 맛을 사랑하는 사람도 있고, 결함 있는 공정에서 생긴 맛이라 아주 불쾌하다고 느끼는 사람도 있다.

생산 이력제

인도는 25만 커피 생산자의 98퍼센트가 소규모 재배자라 커피의 이력을 단일 산지까지 추적하기란 매우 어렵다. 그러나 찾아볼 가치는 충분하다. 공정 과정이나 특정 지역까지는 생산 이력 추적이 가능할 것이다.

등급 분류

인도 커피는 두 가지 방식으로 등급을 매긴다. 첫 번째는 인도만의 독창적인 방식인데, 모든 세척 커피를 '농장 커피'로, 모든 자연 공정 커피를 '체리'로 나누고, 세척한 로부스타 커피를 '파치먼트 커피'로 나누는 것이다. 두 번째는 크기를 토대로 한 체계를 활용해 AAA(가장 큰), AA, A, PB(피베리)로 나눈다. 다른 나라들처럼 원두의 크기를 활용하므로 콩이 클수록 고품질이지만 늘 그런 것은 아니다.

재배 지역

인구
1,326,572,000
2016년 60킬로그램 자루 기준 생산량
5,333,000

인도의 커피는 4대 재배지에서 자라는데, 각각 여러 개의 작은 지역으로 나뉜다.

타밀나두(Tamil Nadu)
'타밀의 땅'이라는 뜻을 지닌 타밀 나두는 인도 28개 주 가운데 최남단에 위치한다. 주도는 첸나이(전 마드라스)이며 유명한 힌두교 사원이 있다.

풀니(Pulney)
인도에서 커피를 가장 많이 생산하는 지역이다. 커피 생산 농가는 잎녹병(재배할 품종을 선택하는 요인), 노동력 부족, 소유권 부재, 후가공에 필요한 용수 부족 등의 문제를 겪고 있다.
고도 600~2,000미터
수확 10월~이듬해 2월
품종 S795, 셀렉션 5B, 셀렉션 9, 셀렉션 10, 카우베리(Cauvery)

닐기리(Nilgiri)
이 산악 지대의 많은 재배자가 부족민이고 재정적 제약 때문에 소규모 농장이 발달했다. 아라비카보다 로부스타를 두 배 더 생산하며 높은 강수량과 커피천공충을 비롯한 많은 병충해로 애를 먹고 있다. 카르나타카, 케랄라와 맞닿은 최서단 지역이다.
고도 900~1,400미터
수확 10월~이듬해 2월
품종 S795, 켄트, 카우베리, 로부스타

쉐바로이(Shevaroy)
독점적으로 아라비카를 생산한다. 이 지역 농부 대다수가 소농인데 땅은 대규모 농장에 편중돼 있다. 농가의 5퍼센트가 커피 재배지 75퍼센트를 점유한 실정이다. 대규모 농장의 문제는 커피나무에 그늘을 드리우는 셰이드 트리가 이 지역에서 가장 흔한 실버 오크뿐이라는 것이다. 많은 사람이 여러 종류의 셰이드 트리가 있어야 생물다양성과 지속 가능한 커피 생산에 중요한 역할을 한다고 믿는다.
고도 900~1,500미터
수확 10월~이듬해 2월
품종 S795, 카우베리, 셀렉션 9

카르나타카(Karnataka)
인도 커피의 대부분을 생산하는 지역이다. 과거 마이소르로 알려졌으나 1973년 카르나타카로 이름을 바꿨다. 그 정의를 확실하게 통일하지 않아 '정교한 땅'과 '검은 지역' 사이에서 갈리는 중이다. 이 지역에서 발견되는 흑면토 때문에 후자가 더 인지도가 높다.

바바부단기리(Bababudangiri)
바바 부단이 처음 예멘에서 들여온 커피 씨앗을 심은 곳이며 인도 커피의 고향이다.
고도 1,000~1,500미터
수확 10월~이듬해 2월
품종 S795, 셀렉션 9, 카우베리

치크마갈루르(Chikmagalur)
바바부단기리를 통합하는 가장 큰 지역이다. 중심부에 자리 잡은 치크마갈루르시 이름을 지방명으로 땄다. 아라비카보다 로부스타를 조금 더 생산한다.
고도 700~1,200미터
수확 10월~이듬해 2월
품종 S795, 셀렉션 5B, 셀렉션 9, 로부스타

쿠르그(Coorg)
19세기 영국 식민 통치 시기에 많은 농장이 생겨났고, 1947년 독립하면서 민간이 사들였다. 로부스타 경작지가 아라비카의 두 배에 이르고 생산량은 세 배 정도 된다.
고도 750~1,100미터
수확 10월~이듬해 2월
품종 S795, 셀렉션 6, 셀렉션 9, 로부스타

만자라바드(Manjarabad)
아라비카에 더 집중하나 여러 농장이 인도커피위원회가 주최하는 대회를 통해 로부스타의 품질을 인정받았다.
고도 900~1,100미터
수확 10월~이듬해 2월
품종 S795, 셀렉션 6, 셀렉션 9, 카우베리

케랄라(Kerala)
남서부에 자리하며 인도 전체 커피 생산의 3분의 1을 차지한다. 말라바르 해안의 고향으로 몬순 말라바르 커피와 유기농 커피 생산이 다른 곳보다 크게 성공을 거뒀다. 1500년대부터 향신료 수출이 시작되자 포르투갈인들이 들어와 교역로를 세우고 유럽인도 식민지의 발판을 닦았다.

트라방코르(Travancore)
로부스타를 재배하나 높은 고도에서는 아라비카를 키우기도 한다.
고도 400~1,600미터
수확 10월~이듬해 2월
품종 S274, 로부스타

와야나드(Wayanad)
고도가 낮아서 로부스타만 생산할 수 있다.
고도 600~900미터
수확 10월~이듬해 2월
품종 로부스타, S274

안드라프라데시(Andhra Pradesh)
가츠산맥이 인도 동부 해안가를 따라 이어져 커피에 필요한 고도를 제공해준다. 아주 소량의 커피만 생산하며 대부분이 아라비카다.
고도 900~1,100미터
수확 10월~이듬해 2월
품종 S795, 셀렉션 4, 셀렉션 5, 카우베리

인도 4대 커피 재배지에 드는 타밀나두의 쿠르그 지역에서
햇볕에 커피 열매를 말리는 중이다.

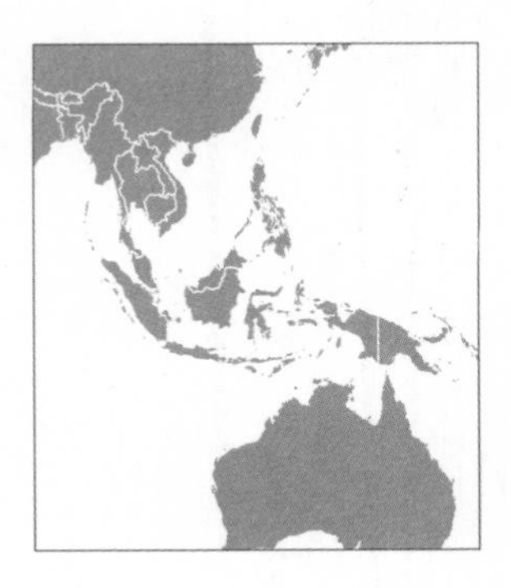

인도네시아

인도네시아에서 처음 커피를 재배하려는 시도는 실패로 돌아갔다. 1696년 자카르타(이후 바타비아Batavia) 총독이 인도 말라바르의 네덜란드 총독에게 받은 커피 묘목 일부를 선물로 보냈다. 이 묘목은 자카르타에 홍수가 나서 유실되었고 두 번째 선적은 1699년에 이루어졌다. 이때 들어온 묘목들이 잘 자랐다.

반 세척 커피는 바디감이 묵직하고 구수하며 나무와 향신료 맛에 산미는 매우 적다.

커피 수출은 1711년에 시작되었고, 네덜란드 동인도회사가 관리했기에 회사 이니셜을 따서 VOC(Vereenigde Oostindische Compagniey)라고 부른다. 암스테르담에 도착한 커피는 높은 가격에 팔려 1킬로그램당 가격이 인도네시아 연평균 소득의 1퍼센트를 차지했다. 18세기에 들어 가격은 차츰 낮아졌으나 커피는 VOC에서 수익이 높은 품목임이 분명했다. 그러나 당시 자바가 식민 통치를 받았고, 그곳 농부들은 수익을 얻지 못했다. 1860년 한 네덜란드 관리가 소설《막스 하벨라르, 네덜란드 커피 무역상(Max Havelaar: Or the Coffee Auctions of the Dutch Trading Company)》에서 식민지 체제의 잔인성을 묘사했다. 이 책은 네덜란드 사회에 큰 파장을 일으켜 커피 무역과 식민지 체계에 대한 대중의 인식을 바꿔놓았다. 현재 '막스 하벨라르'는 커피 업계의 윤리적 인증서로 통한다.

초기에는 오로지 아라비카만 생산했으나 1876년 커피녹병이 모든 작물을 휩쓸어갔다. 이번에는 리베리카(Liberica) 종을 심으려 했으나 마찬가지로 녹병에 고통을 겪었고, 결국 병충해에 강한 로부스타로 품목을 바꿨다. 현재 로부스타는 커피 작물의 상당 부분을 차지한다.

길링 바사(Giling Basah)

인도네시아 커피 생산의 독창적인 측면이자 인도네시아 커피의 세분화된 맛의 비결은 전통적인 수확 후 공정인 길링 바사 덕분이다. 이 혼합 프로세스는 세척 공정과 자연 처리 공정을 결합한 것으로 37쪽에 설명해두었다. 반 세척 공정이 컵 퀄리티에 극적인 영향을 미쳐 산미를 상당 부분 줄이고 바디감을 높여서 한층 부드럽고 균형미가 뛰어난 진한 커피를 마실 수 있다. 그러나 추가로 풍미를 더하기도 하여 가끔은 채소나 허브 냄새가, 가끔은 나무나 퀴퀴한 냄새가, 가끔은 흙비린내가 나기도 한다. 길링 바사로 생산한 모든 커피가 품질이 동일하고 맛의 표준을 통과한 것이 아니라는 말이다. 이 커피 역시 품질이 천차만별이다. 반 세척 커피의 맛은 커피 업계 안에서도 갈린다. 아프리카나 중앙아메리카의 커피가 같은 맛을 보인다면, 반 세척 커피는 어떤 프로세스를 거쳤든 상관없이 결함이 있다고 여겨져 잠재 고객에게 즉시 거절당한다. 그러나 많은 사람이 인도네시아의 반 세척

코피 루왁(Kopi Luwak)

인도네시아에서 코피 루왁은 커피 열매를 먹은 사향고양이의 배설물을 수집해 생산한 커피를 말한다. 반 소화된 커피는 배설물과 분리한 다음 공정을 거쳐 말린다. 지난 10년간 엄청난 참신함으로 인기를 끌며 훌륭한 맛이라는 평가 출처가 모호한데도 불구하고 매우 고가에 팔렸다. 그로 인해 두 가지 문제가 생겼다.

우선 코피 루왁이라고 위조하는 일이 빈번해졌다. 생산한 것보다 몇 곱절이 팔리고 종종 질 낮은 로부스타가 고가의 코피 루왁으로 탈바꿈하기도 했다.

둘째, 비양심적인 운영자가 섬에 덫을 놓고 사향고양이를 잡아 끔찍한 환경에서 사육하며 억지로 커피 열매를 먹이는 짓을 벌였다.

필자는 모든 부분에서 코피 루왁이 혐오스럽다고 생각한다. 맛있는 커피에 흥미가 있다면 이건 돈 낭비에 지나지 않는다. 코피 루왁 값 4분의 1만 써도 세계 최고의 생산자가 만든 훌륭한 커피를 얻을 수 있다. 코피 루왁의 폭력적이고 비윤리적인 생산 방식뿐 아니라 동물을 통한 커피 공정은 피해야 한다. 무엇보다 이런 잔인한 행위를 돈으로 보상해줘서는 안 된다고 생각한다.

로트로 내린 커피의 진한 바디감과 강렬함을 좋아해서 업계는 계속 사들이고 있다.

최근 스페셜티 구매자들이 인도네시아 전역의 생산자들에게 세척 공정을 더 늘려 맛의 다양성을 이해하고 공정으로 얻은 인공적인 풍미에서 벗어나기를 권장하고 있다(32쪽 참고). 이런 커피에 대한 수요가 깨끗한 커피를 널리 생산하도록 장려할 만큼 충분한지, 혹은 업계가 지속적으로 반 세척 로트를 요구하고 그저 거기에 맞출 건지는 지켜볼 일이다.

생산 이력제

섬의 개별 농장까지 생산 이력 추적이 가능하지만 매우 드물다. 그러나 이력 추적이 가능한 완전 세척 커피는 확실히 맛볼 만한 가치가 충분하다.

커피는 1~2헥타르의 땅을 가진 소작농이 생산하고, 특정 워싱 스테이션이나 생산 지역까지 추적할 수 있다. 지역 커피의 품질은 천차만별이라 모험일 수도 있다.

품종의 명칭

수마트라의 품종 명칭은 살짝 헷갈릴 수 있다. 처음 들어온 아라비카 묘목의 대부분이 예멘산 티피카로 한정돼 있다. 수마트라에서 이를 드젬버 티피카(Djember Typica)라고 부르지만 술라웨시에서 발견되는 완전히 다른 품종(살짝 질이 떨어지는)을 드젬버라고 부르기도 한다.

어느 정도는 로부스타와 혼종으로 보는 쪽이 보편적이다. 가장 잘 알려진 히브리도 데 티모르(Hybrido de Timor)는 한층 보편적인 카티모르 품종의 부모 격이다. 수마트라에서는 이를 팀팀이라고 부른다.

올드 브라운 자바(Old Brown Java)

자바의 일부 산지에서는 수출하기 전 커피를 숙성하는데 품종과 상관없이 최대 5년까지 가능하다. 푸르스름한 생두가 반 세척 커피와 결합해 갈색빛을 띤다. 로스팅하면 어떤 산미도 남지 않고 강렬한 시큼함과 나무 맛만 감도는데 이를 즐기는 사람도 있다. 달고 깔끔하고 생동감이 넘치는 커피 애호가라면 싫어할 것이다.

인도네시아 최대 커피 생산지인 람풍 지방 탕가무스의 햇살 아래서 커다란 바구니에 든 로부스타 열매를 갈고리로 펼쳐 말리고 있다.

인도네시아 여성이 커피나무에서 열매를 따고 있다. 커피는 16세기 이후 네덜란드 동인도회사가 수익성이 좋은 무역을 구축하면서 수출 품목이 되었다.

재배 지역

인구
263,510,000
2016년 60킬로그램 자루 기준 생산량
11,491,000

자바가 원산지인 커피는 천천히 다른 섬으로 퍼졌고, 1750년 술라웨시로 갔다. 1888년에 이르러서야 북부 수마트라로 전파되어 토바호수 근처에서 재배하다 1924년 가요의 타와르호수 지역에 등장했다.

수마트라(Sumatra)
수마트라섬의 커피 생산지는 세 곳이다. 북쪽의 아체, 남쪽으로 약간 치우친 토바호수 지역 그리고 최근 들어 망쿨라자 주변 남부 섬에서 생산된다. 이들 안에서는 더 좁은 지역, 이를테면 아체특별구의 타켕옹 혹은 베너마리아, 토바호수 근방 린통, 시디카랑, 돌록상굴 혹은 세리부 돌록까지 이력을 추적할 수 있다. 최근에 이 정도의 생산 이력 추적이 가능해졌다.

과거에는 커피를 '수마트라 만델링(Sumatra Mandheling)'이란 이름으로 팔았다. 만델링은 지역명이 아닌 섬의 부족 집단을 가리킨다. 만델링 커피는 1등급 혹은 2등급을 받는다. 생두가 아닌 컵 퀄리티를 기준으로 하는 한층 보편적인 등급 방식이나 모든 1등급을 다 추천하는 건 아니다. 가끔은 등급이 무작위로 정해진 듯한 느낌을 지울 수가 없다.

품종에 따라 로트를 나누는 건 일반적이지 않으므로 수마트라 커피의 대부분은 알지 못하는 품종까지 혼합한 것으로 추정된다. 이곳 커피는 메단 항구에서 출고되는데 기후가 뜨겁고 습해서 오르기 전 부두에 너무 오래 머물 경우 원두에 안 좋은 영향을 미친다.
고도 아체 1,100~1,300미터, 토바호수 1,100~1,600미터, 망쿠라자 1,100~1,300미터
수확 9~12월
품종 티피카(버간달Bergandal, 시디칼랑Sidikalang, 드젬버Djember 포함), 팀팀(Tim Tim), 아텡(Ateng), 오난 간장(Onan Ganjang)

자바(Java)
인도네시아의 다른 지역보다 자바에서 대규모 커피 산지를 찾기 쉬운 건 네덜란드 식민 통치의 역사 때문이다. 정부 소유였던 4,000헥타르의 대형 농장 네 개가 이곳에 있다. 오랫동안 자바섬은 커피 원산지로 명성이 높았지만, 필자는 그 명성이 얼마 못 가 진정한 '모카 자바' 블렌딩을 하는 훌륭한 로스터들로 대체되었다고 본다. 자바 커피는 오랫동안 엄청난 프리미엄을 누렸으나 20세기 말에 이르러 가격이 떨어졌다.

상당수가 자바섬 동쪽 이젠화산 주변에서 재배하나 서쪽에도 생산지가 있다.
고도 900~1,800미터
수확 7~9월
품종 티피카, 아텡, USDA

발리의 농장에서 생두를 말리는 모습이다. 커피 생산은 이 지역에 많은 일자리를 만들었으며 수확한 커피의 상당수가 일본에 팔린다.

술라웨시(Sulawesi)

술라웨시산 커피는 소규모 농장에서 재배한 것이나 총생산량의 5퍼센트 정도는 일곱 곳의 대규모 농지에서 나왔다. 이 섬의 아라비카는 타나토라자 주위 고지대에서 자란다. 남쪽에는 이 지역의 커피 브랜드가 된 칼로시가 있다. 그 밖에 좀 덜 알려진 지역으로 서쪽의 마르나사와 칼로시 남쪽의 고와가 있다. 술라웨시에서 가장 뛰어난 커피는 완전 세척을 거쳐 맛이 아주 좋다. 기회가 있으면 찾아보길 권한다. 아직도 반 세척 공정이 보편적이나 훌륭한 로부스타를 생산한다. 이 지역 커피는 생산 체계가 허술한 편인데 소농들이 추가 소득을 위해 커피를 생산하다 보니 다른 농작물에 비해 관심을 덜 기울였기 때문이다.

고도 타나토라자 1,100~1,800미터, 마르마사 1,300~1,700미터, 고와 평균 850미터

수확 5~11월

품종 S795, 티피카, 아텡

플로레스(Flores)

발리 동쪽으로 320킬로미터쯤 떨어진 작은 섬 플로레스는 활화산과 휴화산이 혼재되어 커피 생산에 적합한 토양이다. 하지만 비교적 늦게 커피를 생산하기 시작했고 큰 명성을 얻은 지도 얼마 되지 않았다. 과거에는 플로레스산 커피가 많았지만 국내에서 소비하거나 다른 커피와 혼합해서 수출했지 '플로레스 커피'로만 나간 적이 없었다. 주요 재배 지역은 바자와를 꼽을 수 있다. 커피 공정 측면에서 보자면 반 세척 과정이 보편적이나 완전 세척을 하는 곳도 있다.

고도 1,200~1,800미터

수확 5~9월

품종 아텡, 티피카, 로부스타

발리(Bali)

발리에서 커피를 생산한 건 최근의 일이고, 처음에는 킨타마니 평원의 고지대에서 재배했다. 그런데 1963년 아궁화산이 폭발해 2,000명이 사망하고 섬의 동부 지역이 초토화되면서 커피 생산량이 엄청나게 감소했다. 1970년대 후반과 1980년대 초 정부는 아라비카 묘목을 건네며 커피 생산을 장려했다. 이것을 절반의 성공이라고 부르기도 하는데 현재 발리에서 생산되는 커피의 80퍼센트가 로부스타이기 때문이다.

관광업이 이 섬의 주된 수익이나 농업 분야 일자리가 가장 많다. 과거 일본이 지속적으로 커피를 사들였는데 전부는 아니지만 거의 다 쓸어 갔다.

고도 1,250~1,700미터

수확 5~10월

품종 티피카, 티피카 변종, 로부스타

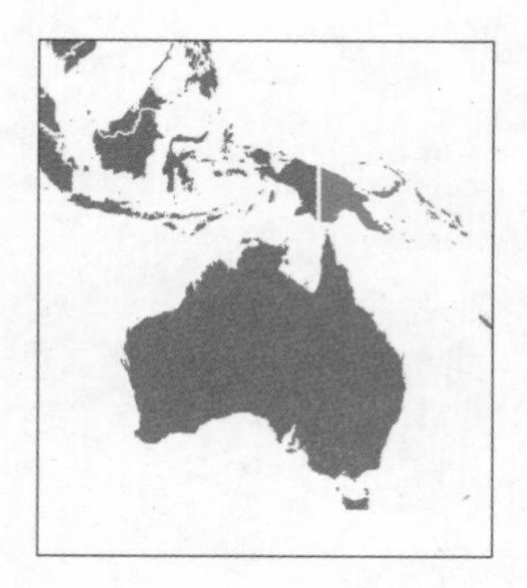

파푸아뉴기니

파푸아뉴기니의 커피를 인도네시아 커피와 혼동하는 경우가 많은데 정말 억울한 일이다. 파푸아뉴기니는 확실히 따로 떨어져 있고, 뉴기니의 동부 절반이 커피에 관한 한 이웃한 파푸아와 공유하는 것이 없다.

근사한 파푸아뉴기니산 커피는 버터 같은 부드러움에 아주 달고 복합미가 뛰어나다.

이 섬의 커피 역사는 그리 오래되지 않았다. 1890년대 커피 묘목을 심었지만 처음에는 판매용 작물로 취급하지 않았다. 1926년에 이르러 18개 주가 자메이카의 블루 마운틴 씨앗을 받았고, 1928년 커피 생산이 시작되었다.

1970년대 들어 더욱 성장했는데 브라질의 생산 급감이 원인이 된 듯하다. 정부에서는 프로그램을 마련해 소규모 농장들이 합심하여 운영할 수 있도록 지원했다. 당시 업계는 사유지 관리에 중점을 두었으나 1980년대부터 변화가 찾아와 분산되었다. 커피 가격의 하락으로 많은 산지에서 재정적 어려움을 겪었기 때문이다. 소규모 생산자들은 시장의 역동성에 위협받지 않았기에 계속 커피를 생산할 수 있었다. 현재 커피 생산의 95퍼센트가 소규모 농장에서 나오는데 최저 생활을 하는 농가들이다. 그들이 이 나라 커피의 90퍼센트를 생산하며 대부분이 아라비카다. 인구의 대다수가 커피 생산에 관여하고 있다는 의미인데 고산 지대로 갈수록 더 그렇다. 다만 품질 좋은 커피를 많이 생산하려는 지금, 제대로 된 수확 후 공정 시설이 없는 데다 생산 이력제도 시행하지 못해서 문제가 되고 있다.

생산 이력제

대규모 산지들이 성공적으로 운영 중이라 단일 산지까지 추적할 수 있다. 생산 이력제는 도입한 지 얼마 되지 않았고, 과거에는 일부 농가에서 다른 농가의 커피를 가져다 자기들 로트로 쓰기도 했다. 커피를 지역별로 파는 것도 최근에 생긴 변화다. 이 나라의 고도와 토양이 품질에 엄청난 가능성을 열어주었기 때문에 스페셜티 시장에서 지난 몇 년 동안 새롭게 부상할 수 있었다. 기회가 된다면 특정 대규모 산지나 생산자 그룹까지 이력을 추적할 수 있는 커피를 찾아보자.

등급 분류

수출용은 품질에 따라 등급을 매기는데 아래 등급으로 내려갈수록 좋지 않다. AA, A, X, PSC, Y로 나뉜다. 첫 세 등급은 대규모 산지 커피에 붙이는 등급이고 마지막 둘은 소규모 농가 커피에 붙이는 등급이다. PSC는 프리미엄 소규모 농가 커피(Premium Smallholder Coffee)의 약자다.

파푸아뉴기니의 동부와 서부 고원 지대는 커피로 가장 유명하고, 대부분 소규모 농가에서 생산한다.

재배 지역

인구
7,060,000
2016년 60킬로그램 자루 기준 생산량
1,171,000

파푸아뉴기니의 커피는 고산 지대에서 생산하는데, 이 지역은 앞으로 근사한 커피를 생산할 무궁무진한 잠재력이 있다. 일부 커피는 이 핵심 지역 밖에서 자라며 생산량이 적다.

동부 고산 지대
파푸아뉴기니는 산맥이 하나뿐이며 동부 고산 지대가 그 일부다.
고도 400~1,900미터
수확 4~9월
품종 부르봉, 티피카, 아루샤(Arusha)

서부 고산 지대
또 다른 핵심 생산 지역이다. 이 지역 커피 대부분은 오래된 휴화산인 하겐 산의 주도 주변에서 자란다. 이곳에서 자란 커피 일부는 고로카에서 공정을 거치므로 생산 이력 추적이 힘들 수 있다. 고도가 높고 매우 비옥한 토질 덕분에 커피 품질이 높아질 잠재력이 엄청나다.
고도 1,000~1,800미터
수확 4~9월
품종 부르봉, 티피카, 아루샤

심부(Simbu)
심부(공식 철자는 Chimbu)는 파푸아뉴기니에서 생산량이 세 번째로 많지만 고산 지대에서 생산한 것보다 품질이 떨어진다. 지역 방언 'Sipuuuu'에서 유래한 지명으로 '고맙다'는 뜻이다. 대부분의 커피가 소규모 농가의 커피 정원에서 나온다. 거주자의 90퍼센트가 커피 생산에 관여할 만큼 커피는 그들이 재배하는 유일한 환금작물이다.
고도 1,300~1,900미터
수확 4~9월
품종 부르봉, 티피카, 아루샤

파푸아뉴기니는 20세기 들어 커피를 생산하기 시작했으나 지금은 완전히 자리 잡았다. 고산 지대에서 재배한 아라비카가 주요 수출품이다.

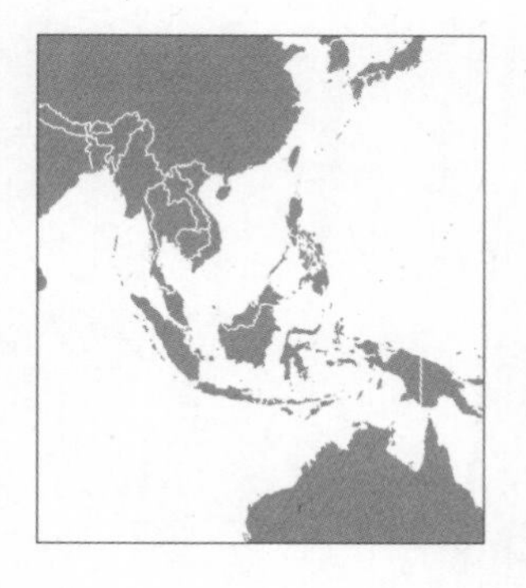

필리핀

필리핀의 커피는 경제 기반이었다가 거의 사라져버린 수준이 되기까지 파란만장한 역사를 담고 있다. 가장 보편적으로 풀자면 1740년 스페인 수도사가 바탕가스주에 커피를 처음 심었다. 스페인 통치 아래 번성하여 필리핀 전역으로 확산되었다.

필리핀산 고품질 커피는 드물지만 괜찮은 로트는 꽤 근사한 풀바디감에 낮은 산미, 가벼운 꽃향기와 과일 풍미를 느낄 수 있다.

1828년 스페인 정부는 커피 재배를 장려하기 위해 커피나무 6,000그루를 심고 열매를 맺으면 상금을 주겠다고 했다. 한 농부가 리살주 잘라잘라의 토지를 비옥한 농토로 바꾸고 상금 1,000페소를 탔다. 그의 성공에 다들 고무되어 앞다퉈 나섰고, 그렇게 커피 재배 농가가 증가했다.

1860년에 이르러 필리핀은 커피 수출이 가능해져 샌프란시스코를 통해 미국의 대형 시장으로 뻗어나갔다. 1869년 수에즈운하가 완공되어 잠재 시장인 유럽으로 향하는 길이 열렸다. 1880년대 세계 4위의 커피 생산국으로 올라섰으나 1889년 잎녹병이 다른 나라들을 초토화한 것처럼 필리핀도 예외는 아니었다.

잎녹병과 해충이 주요 생산지인 바탕가스주를 황폐하게 만들었는데, 2년 뒤에는 생산량이 20퍼센트 감소했다. 커피가 잘 자라는 북쪽 카비테로 일부 묘목을 옮겼으나 농가 대부분이 커피에서 다른 작물로 갈아탔고 적어도 50년간 커피 산업은 휴면기에 접어들었다.

1950년대 정부가 커피 산업을 부활시키려고 노력했다. 미국의 원조를 받아 병충해에 강한 품종과 로부스타를 들여와 5년 계획으로 심었다. 결과는 성공적이었고 1962년과 1963년 생산량이 자급자족 수준으로 올라 더 이상 내수를 위해 커피를 수입하지 않아도 되었다. 지역 수요의 일부는 필리핀 주변 공장의 인스턴트 커피 생산으로 충당했다.

커피 생산은 여러 방식에서 세계 가격을 반영하고 수요에 따라 반응해나갔다. 1975년 브라질에 서리가 내려 필리핀은 다시 수출 기회를 얻었다.

과거와 비교했을 때 지금은 생산량이 다시 높아졌다. 생산 권장 프로그램이 여전히 남아 있고 지역 소비도 있어서 수출량은 매우 적다. 생산 품종도 대부분 로부스타라 곧이어 우수한 커피가 등장할 확률은 낮다.

그러나 필리핀은 다른 곳에서는 볼 수 없는 두 가지 품종을 재배하고 있다. 코페아 리베리카(Coffea liberica)와 코페아 엑셀사(Coffea excelsa)다. 둘 다 맛은 그리 뛰어나지 않지만 기회가 있다면 시도해볼 만하다.

생산 이력제

협동조합, 대규모 산지와 소규모 농장의 수확물을 혼합한다. 필리핀산 고품질 커피는 이보다 더 이력 추적이 가능하나 매우 드문 경우다.

필리핀의 한 마을에 자리한 커피숍의 모습이다. 1960년대 초까지만 해도 필리핀에선 내수를 충당할 만큼 커피를 생산하지 못했고, 지금도 필리핀의 수출량은 극히 적다.

재배 지역

인구
100,982,000
2016년 60킬로그램 자루 기준 생산량
200,000

필리핀은 7,641개의 섬으로 이루어진 나라다. 산이 있는 특별한 열대우림 지역이 아닌 군도나 일반 지역 단지가 차츰 성장하고 있다.

코르디예라 행정 구역
(Cordillera Administrative Region)
루손 북부의 산악 지대로 프로방스산, 벵게트, 칼링가, 이푸가오, 아브라를 포함한 코르디예라 행정 구역이 유일한 내륙이다. 필리핀에서 생산량이 가장 많으며 루존 북부 지역의 낮은 고도에서 로부스타가 자란다.
고도 1,000~1,800미터
수확 10월~이듬해 3월
품종 레드 부르봉, 옐로 부르봉, 티피카, 몬도 노보, 카투라

칼라바르손(Calabarzon)
주로 저지대이며 남부와 동부 마닐라 지역에서 아라비카를 재배한다.
고도 300~500미터
수확 10월~이듬해 3월
품종 로부스타, 엑셀사, 리베리카

미마로파(Mimaropa)
남서쪽 군도이며 민도로, 마린두케, 림블론, 팔라완 네 지역으로 이루어졌다. 고도는 산악 지대가 높지만 커피는 주로 저지대에서 자란다.
고도 300~500미터
수확 10월~이듬해 3월
품종 로부스타, 엑셀사

비사야(Visayas)
초콜릿 힐이라 부르는 작은 구릉지로 유명한 보홀이 이 군도에 속한다. 네그로스섬의 화산토가 재배에 아주 적합하나 맛 좋은 커피를 생산할 고도가 부족하다.
고도 500~1,000미터
수확 10월~이듬해 3월
품종 카티모르, 로부스타

민다나오(Mindanao)
필리핀 최남단의 커피 재배지로 생산성이 가장 높다. 필리핀 커피나무의 70퍼센트가 이곳에서 자란다.
고도 700~1,200미터
수확 10월~이듬해 3월
품종 마이소르, 티피카, SV-2006, 카티모르, 로부스타, 엑셀사

칼라바르손 지역의 아마데오 시내에서 농부가 커피 열매를 말리고 있다.
필리핀은 과거 세계 커피 무역에서 활약한 모습을 다시 보여주지 못하는 실정이다.

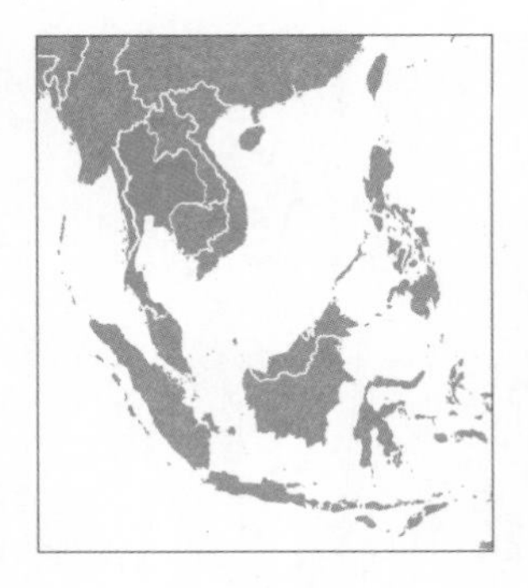

타이

타이에 커피가 도입된 과정을 둘러싼 가장 신빙성 높은 이야기는 1904년으로 거슬러 올라간다. 한 이슬람 순례자가 메카에서 집으로 돌아가는 길에 인도네시아를 거쳐 타이에 들렀는데, 그때 가지고 있던 로부스타 묘목을 타이 남부에 심었다는 것이다. 1950년대 한 이탈리아 이민자가 아라비카를 타이 북부로 가져왔다는 설도 있다. 어느 쪽이 사실이든 1970년대 이전에는 경제를 키울 주요 작물로 커피를 바라보는 시각이 없었다.

타이의 품질 좋은 커피는 달콤하고 깔끔하나 산미가 떨어진다. 일부는 향신료와 초콜릿 향을 동반해 아주 만족스러운 마우스필을 느낄 수 있다.

1972~1979년 타이 정부가 시범 프로그램을 운영하여 북부 지역 농부들에게 아편이 나오는 양귀비 대신 커피를 심으라고 장려했다. 커피는 아편 생산을 교체할 만큼 가치가 높은 작물로 여겨졌고, 그러려면 화전을 일궈야 했다. 이 프로젝트가 타이 커피 산업의 시작을 알렸지만 커피는 한참 뒤까지 주요 작물로 부상하지 못했다.

1990년대 초 생산이 정점을 찍었지만 세계 가격이 요동치면서 생산자들을 단념시켰고 지난 20년 사이 생산량이 계속 요동쳤다. 북쪽에서는 아라비카를, 남쪽에서는 로부스타를 키웠기에 북부 고산 지대에서 생산의 변동이 생기면 가격에 큰 영향을 미쳤다. 라오스와 미얀마 국경을 가로질러 밀수가 성행하기 때문에 타이는 정확한 생산 이력 추적이 어렵다.

지금 타이는 알려지지 않은 훌륭한 커피 생산지로 조금씩 명성을 쌓아가는 중이다. 생산된 커피가 특별히 품질이 우수한 것은 아니지만 일부 농가와 협동조합이 합심해서 훌륭한 제품을 생산하려고 노력한다. 타이 안에서 품질 좋은 커피를 찾는 추세도 업계 성장에 도움을 주고 있다.

생산 이력제

단일 산지에서 나온 커피는 아주 드물다. 품질에 중점을 둔 생산자들 가운데 생산자 그룹이나 협동조합까지 이력 추적이 가능하다.

아라비카를 생산하는 타이 북부 지역에서 햇살 아래 생두를 펴놓고 말리는 중이다. 남부 지역은 로부스타만 생산한다.

11월 치앙라이의 농장에서 한 여성이 붉게 익은 커피 열매를 따고 있다.
이때가 타이 북부에서 커피 수확을 시작하는 시기다.
나머지 커피 작물은 이듬해 3월에 수확한다.

공동체 작업자가 치앙라이 고산 지대의 도이창 커피에서 원두를 선별하고 있다.

재배 지역

인구
68,864,000
2016년 60킬로그램 자루 기준 생산량
664,000

북부 지역
북부 산악 지대는 치앙마이, 치앙라이, 람팡, 매홍손과 탁으로 이루어져 있다. 타이에서 나오는 모든 스페셜티 커피는 이 지역에서 생산되어 도이창 컬렉션(Doi Chaang collective)이 된다.
고도 1,000~1,600미터
수확 11월~ 이듬해 3월
품종 카투라, 카티모르, 카투아이

남부 지역
남부 지역은 로부스타만 재배하는데, 수랏타니, 춤폰, 나콘시탐마랏, 팡응아, 크라비, 라농에서 생산한다.
고도 800~1,200미터
수확 12월~ 이듬해 1월
품종 로부스타

베트남

베트남은 고품질의 스페셜티 커피에 중점을 두고 로부스타를 생산한다. 전 세계 커피 생산국에 미치는 영향력이 커서 베트남이 가진 장점을 이해할 필요가 있다.

베트남은 고품질의 커피를 찾아보기 어렵다. 대부분이 특징 없는 나무 맛일 뿐 단맛이나 독창성이 부족하다.

1857년 프랑스가 베트남에 커피를 가져왔고, 처음에는 농장 모델을 따라 재배했다. 그러나 1910년까진 상업적 이득을 얻지 못했다. 중부 고산 지대인 부온마투옷 지역에서 재배하다 베트남 전쟁으로 중단되었다. 전쟁이 끝난 뒤 커피 산업의 집산화가 가속화되어 수익과 생산이 감소했다. 이 시점에서 2만 헥타르의 땅에 5,000~7,000톤의 커피를 생산했다. 이후 25년간 이곳의 커피 생산량은 25펙터까지 증가하고 국가 생산은 100펙터로 늘었다.

커피 업계가 성장한 배경에는 1986년 도이모이 개혁이 있었다. 개인이 기업을 인수해 상업 농작물을 생산할 수 있도록 허가하는 정책이었다. 1990년 엄청난 수의 새 기업이 베트남에 생겨났고 다수가 커피를 대규모로 생산하는 데 중점을 두었다. 이 시기, 특히 1994~1998년 커피 가격이 치솟아서 커피 생산을 늘리는 강력한 자극제가 되었다. 1996~2000년 베트남의 커피 생산은 두 배로 뛰었고 이로써 커피의 세계 가격이 파괴되는 결과를 낳았다.

생산량이 비약적으로 증가하면서 세계 2위의 커피 생산국으로 부상하여 전 세계를 커피 과잉 공급으로 몰아갔고, 뒤이어 가격 충돌이 일어났다. 베트남이 아라비카가 아닌 로부스타를 생산하지만 여전히 아라비카 가격에 영향을 미치는 까닭은 대규모 구매자들이 품질 좋은 제품보다 상업적인 상품을 원하기 때문이다. 품질이 떨어지는 커피의 과잉 공급이 수요자들의 입맛에 맞았다. 2000년에 90만 톤의 높은 수치로 생산을 시작했으나 급감해버렸다. 그러나 커피 가격이 회복되자 베트남의 생산도 회복되었다. 2012/2013년 생산은 140만 톤으로 여전히 세계 시장에서 큰 영향력을 행사하는 중이다. 최근 들어 아라비카로 변환하는 추세지만 고도가 부족해서 품질을 높이는 데 어려움을 겪고 있다.

생산 이력제

베트남은 대규모 산지가 여러 곳이고 다국적기업의 통제를 받아서 훌륭한 수준의 생산 이력제를 확인할 수 있다. 그러나 고품질의 로트는 찾기 어렵다.

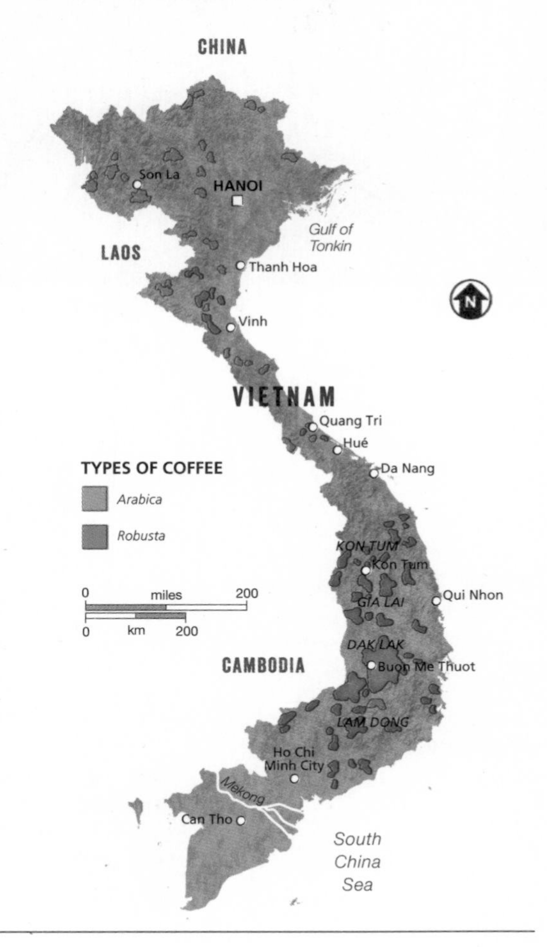

베트남은 세계에서 두 번째로 커피를 많이 생산하는 국가이며 대부분의 커피를 손으로 수확한다. 부온마투옷의 농장에서 작업자들이 신선한 열매와 가지, 잎사귀를 분리하고 있다.

재배 지역

인구
92,700,000
2016년 60킬로그램 자루 기준 생산량
26,700,000

생산 이력제가 가능한 커피를 원하는 일이 거의 없어서 로스터의 이름이 적힌 생산 지역을 찾기 힘들다.

중부 고산 지대
고산 평원으로 이루어진 닥락, 람동, 기아라이, 콘툼에서 로부스타를 생산한다. 커피 업계는 이 지방 주도인 부온마투옷 주위에 집중돼 있다. 닥락과 람동이 주요 생산지이며 국내 로부스타 생산량의 70퍼센트를 차지한다. 아라비카는 100년 동안 람동 지역 달랏시 주변 중부 고원 지대에서 재배했으나 국가 생산량에서 차지하는 비율이 매우 적다.
고도 600~1,000미터
수확 11월~ 이듬해 3월
품종 로부스타, 일부는 아라비카(부르봉 추정)

베트남 남부
동나이 지방의 호치민시 북동쪽에서 생산하고 있다. 로부스타를 재배하는데 네슬레 같은 대기업의 지원을 받는다. 네슬레는 자체 공급망을 키우려고 노력하는 중이다.
고도 200~800미터
수확 11월~ 이듬해 3월
품종 로부스타

베트남 북부
베트남 북부 하노이 근처의 선라, 타인호아, 꽝트리에서 아라비카를 재배한다. 고도는 아라비카가 잘 자라기에 충분하지만 고품질의 커피를 찾기 어렵다. 아라비카가 베트남 총생산의 3~5퍼센트밖에 안 되지만, 전 세계에서 열다섯 번째로 아라비카를 많이 생산하는 곳이다.
고도 800~1,600미터
수확 11월~ 이듬해 3월
품종 부르봉, 스패로우(Sparrow 혹은 세Se), 카티모르, 로부스타

빈동 남부 지방의 공산당 수출업자가 운영하는 창고에서 한 작업자가 원두 자루를 옮기고 있다. 베트남 남부 지역에서 자라는 커피콩의 다수가 로부스타 품종이다.

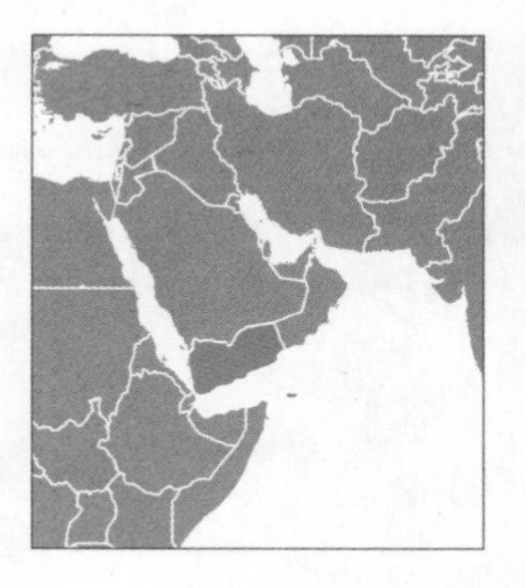

예멘

예멘은 일찍이 상업용으로 커피를 생산해왔는데, 이곳 커피는 독창적이고 섬세하면서도 특이하다. 예멘 커피에 대한 강렬한 수요가 수백 년간 있었지만 거래는 한 번도 상업화되지 않았다. 예멘은 커피 품종과 계단식 밭, 커피 공정과 무역에 이르기까지 전부 개성이 뚜렷하다.

거칠고 복합미가 있고 톡 쏘는 완전히 특이한 커피로 전 세계 다른 커피와 상당히 다르다. 거칠고 살짝 발효한 과일 맛이 싫은 사람도 있겠지만 이를 높이 사는 사람도 있다.

커피는 에티오피아와의 무역이나 에티오피아에서 메카로 가는 순례자들을 통해 예멘으로 들어왔고 15세기와 16세기에 잘 정착했다. 커피 수출이 세상에 모카 항구를 알렸고, '모카'는 커피 사전에서 가장 혼란스러운 단어라고 해도 과언이 아니다(191쪽 참고).

예멘은 3퍼센트의 땅만 농업에 적합한데 그나마 물이 아주 적다. 커피는 높은 고도의 계단식 밭에서 자라고 커피나무를 건강하게 키우려면 추가 관개 시설이 필요하다. 많은 농부가 다시 사용할 수 없는 재생 불가능한 지하수에 의존하고 있어서 비축해둔 작물이 고갈될 우려도 있다. 비옥한 토양도 흔치 않아 영양분이 줄어드는 것도 문제다. 이 모든 요인이 커피 생산지의 외딴 위치와 더불어 예멘에서 엄청나게 많은 아라비카 품종의 가보가 나오고 대다수가 지역적 특수성을 보이는 걸 설명해준다.

예멘은 커피 열매를 손으로 수확하고 작업자들은 한 시즌에 여러 차례 나무를 찾아간다. 그런데도 선별해서 따는 작업이 능숙하지 않고 덜 익거나 농익은 과육도 종종 수확한다. 수확 후 열매를 통째로 햇볕에 말리는 게 일반적인데 농가의 지붕에서 말리기도 한다. 지붕만으로 충분하지 않아 열매가 쌓여서 균일하게 마르지 못하고 발효되거나 곰팡이가 피는 등 결점두를 낳는다.

모든 생산자가 극소량의 커피를 재배한다. 2000년 통계를 보면 9만 9,000 농가가 커피를 재배하고, 한 농가가 1년 평균 113킬로그램의 생두를 생산해냈다.

예멘 커피는 강렬한 세계적 수요가 남아 있고 수출량의 절반이 사우디아라비아로 간다. 한정된 생산과 상당히 높은 생산 비용 때문에 커피 가격은 높다. 수요가 커서 커피 생산 이력제를 신경 쓰지 않으며 농부의 손에서 수출업자에게 가기까지 중간 상인 네트워크를 거친다. 수출 시점에서 한동안(종종 몇 년) 묵히기도 하는데 수출업자가 오래된 재고부터 처리하기 위해 새로 들어온 작물을 지하 동굴에 저장한다.

2015년 내전이 일어나 커피 생산에 큰 영향을 미쳤다. 실질적인 생산량은 조금 줄었지만 수출량은 전쟁 전보다 절반 이상 떨어졌다. 에티오피아 커피에 가짜 라벨을 붙여 파는 경우가 늘고 있으니 주의해야 하고, 시중에 나온 예멘 커피 상당수가 기존 수요를 맞추려고 노력하다 보니 가격이 높다.

생산 이력제

예멘에서 커피가 정확히 어디서 나오는지 이해하기란 매우 어렵다. 종종 커피 이름에 수출하는 항구 이름인 '모카'가 들어가기 때문이다. 일반적으로 커피는 예멘의 특정 지역까지 생산 이력을 추적할 수 있으나 생산한 농장까지는 불가능하다. 또한 지역 이름이 다른 커피 품종에 사용되어 마타리(Mattari) 같은 커피를 설명하는 경우도 종종 있다.

생산 이력 추적이 잘된다고 품질까지 좋다는 보장은 없다. 커피를 수출 전에 혼합하고 가장 가치 있는 이름을 붙여 수출하는 것이다. 예멘 커피를 찾는 높은 수요는 야생의 톡 쏘는 맛에 매료된 것인데, 이는 공정 과정의 결함으로 생겨난다. 예멘 커피를 맛보고 싶다면 믿을 만한 업자에게 구하는 편이 좋다. 로스터들은 훌륭한 로트를 찾기 위해 수많은 끔찍한 샘플을 살핀다. 아무거나 구입했다가는 불결하고 썩은 맛이 나는 제품을 만날지도 모른다.

사나 북서쪽 고대 도시인 알마스나에서 한 상인이 고객을 위해 커피를 만들고 있다. 예멘의 커피 무역은 수백 년의 역사를 지녔고 수확량도 계속 늘고 있다.

'모카'라는 용어

원래 모카(mocha)는 예멘에서 커피를 수출하는 항구를 지칭하는 용어였다. 이 철자가 이내 'moka'로 바뀌었고 예멘에서 생산하는 진하고 톡 쏘는 커피를 지칭하는 의미로 사용되었다. 자연 공정을 거친 다른 나라의 커피 일부가 여전히 이런 식으로 불리는데 에티오피아의 모카 하라 등이 대표적이다.
예멘산 커피를 자바산과 혼합해 모카 자바 블렌드가 탄생했다. 그러나 그 이름은 보호되지 못했고, 따라서 많은 로스터가 혼합한 커피의 원산지가 아닌 자신이 만든 특정 블렌드의 맛을 설명할 때 쓰는 양식적인 용어로 변질되었다. 지금 '모카'는 핫초콜릿과 에스프레소를 혼합한 음료를 지칭해 소비자를 더 혼란스럽게 만드는 중이다.

키쉬르

키쉬르(Qesher, Q'shr 또는 Qishr로 표기)는 커피를 생산하면서 나오는 부산물이다. 건조된 상태이나 로스팅을 거치지 않은, 커피 열매에서 떨어져나온 겉껍질이다. 예멘 사람들은 이 껍질을 차처럼 우려 커피의 한 형태로 즐기는 경우가 많다. 최근 중앙아메리카에서도 카스카라(cascara)라고 부르는 같은 제품을 시범적으로 생산하고 있다. 다만 카스카라는 키쉬르처럼 과육과 건조한 파치먼트가 함께 들어 있기보단 말린 커피 열매 과육만 있는 경우가 대부분이다.

예멘은 3퍼센트의 땅만 희박하나마 물이 있어 농업이 가능하다. 이 계단식 농장은 전통적인 요새 마을에 자리하며, 이것이 예맨 특유의 커피 농법이다.

재배 지역

인구
25,408,000
2016년 60킬로그램 자루 기준 생산량
125,000

예멘의 서구화된 지역명은 매우 다양하다. 설명한 각 지방은 행정 단위다. 예멘에는 21곳의 행정 단위가 있지만 12곳만 커피를 생산하고 주요 생산지는 이보다 더 적다.

사나(Sana'a)
예멘에서 수출하는 많은 프리미엄 커피가 이 지역에서 자란 품종의 이름을 달고 있다. 마타리는 지역(바니마타 주변)을 말하고 품종의 이름도 이런 식으로 생겨난 것으로 보인다. 지상에서 가장 오랫동안 지속적으로 인구가 늘어나는 사나시를 보유한 이 지역은 해발 2,200미터의 최고지대이기도 하다. 예멘에서 커피를 가장 많이 생산한다.
고도 1,500~2,200미터
수확 10~12월
품종 마타리, 이스마일리(Ismaili), 하라지(Harazi), 드와이리(Dawairi), 다와이리(Dawarani), 사나니(Sanani), 하이미(Haimi) 같은 토착 품종

라이마(Raymah)
이 작은 행정 단위는 2004년에 생겨났다. 적당량의 커피를 생산하고 비정부기구에서 이 지역의 커피 생산을 돕기 위해 용수 관리 프로젝트에 돌입했다.
고도 평균 1,850미터
수확 10~12월
품종 라이미(Raymi), 드와이리(Dawairi), 부라애(Bura'ae), 쿠바리(Kubari), 투파히(Tufahi), 우다이니(Udaini) 같은 토착 품종

마흐위트(Mahweet)
사나 남부에 위치한 앳타윌라시는 15~18세기 커피 생산의 허브 역할을 하며 중요한 입지로 자리 잡았다. 이곳으로 커피가 모이면 항구로 가서 수출길에 올랐다.
고도 1,500~2,100미터
수확 10~12월
품종 마와이티(Mahwaiti), 투파히, 우다이니, 콜라니(Kholani) 같은 토착 품종

사다(Sa'Dah)
불행히도 이 행정 단위는 2004년 이후 내전에 의해 황폐해졌다. 'sada'는 아랍어로 블랙커피를 의미해서 혼동을 준다. 이곳 커피는 중동 지역에서 인기가 많으며 종종 향신료와 함께 즐긴다.
고도 평균 1,800미터
수확 10~12월
품종 다와이리, 투파히, 우다이니, 콜라니 같은 토착 품종

하자(Hajjah)
수도인 하자를 중심으로 다른 소규모 생산 지역이 형성되어 있다.
고도 1,600~1,800미터
수확 10~12월
품종 샤니(Shani), 사피(Safi), 마스라히(Masrahi), 샤미(Shami), 바지(Bazi), 마타니(Mathani), 주아리(Jua'ari) 같은 토착 품종

AMERICAS

아메리카는 전 세계의 커피콩을 대량으로 공급하지만, 수출의 범위와 품질은 매우 다양하다. 브라질의 수확량이 국제 커피 시장의 3분의 1을 차지하고, 파나마에서 생산하는 게이샤 품종처럼 소규모 생산자가 출시한 특이한 품종에 흥미를 보이고 있다.
생태 관광과 지속 가능한 협동조합 방식의 농업에 대한 자각 역시 아메리카 전역의 농장에서 수확과 재배 방식에 변화를 가져오고 있다.

볼리비아

진정 근사한 커피를 생산할 가능성이 있고, 이미 작게나마 그렇게 하고 있다. 국가 전체 생산량은 브라질의 대형 커피 농장 하나에 못 미친다. 생산량이 매년 줄어들고 커피 농가는 놀라운 속도로 사라지는 추세다. 곧 볼리비아산 커피(특히 훌륭한 커피)가 실종되는 걸 볼지도 모른다.

최고의 볼리비아 커피는 아주 달고 깔끔하며 과일 맛이 특징이나 상당히 찾기 어렵다.

안타깝지만 볼리비아에 언제 커피가 도입되고 재배했는가에 관한 정보가 거의 없다. 1880년대에 지속적으로 커피를 생산했다는 보고서가 있을 뿐 그 이상은 알 수 없다. 볼리비아는 에티오피아나 콜롬비아처럼 땅덩어리가 크다. 내륙 지방이며 전통적으로 커피 수출에 어려움을 겪는 데다 시간과 비용도 많이 들어갔다.

인구가 적어서 1,050만 명이 살고 있다. 이 중 25퍼센트가 극빈층에 속하는 가난한 나라다. 경제는 미네랄과 천연가스, 농업에 의존하며 커피는 주요 생산물이 된 적이 없다. 마약 거래용 코카 재배가 경제와 농업에 미치는 영향을 무시할 수 없는 실정이다. 커피에서 코카로 품종을 바꾸고 있는데, 코카는 생산자에게 엄청난 이윤을 가져다주기 때문이다. 게다가 가격 변동이 덜하다는 장점이 작용했다. 2010~2011년 커피 가격이 높았고 볼리비아와 미국의 원조를 받은 마약 퇴치 프로그램을 통해 커피로 전환하도록 농부들을 독려했다. 그러나 커피 가격이 다시 떨어지자 많은 농부가 코카로 돌아섰다.

볼리비아의 커피 재배 환경은 여러 면에서 이상적이다. 필요한 고도를 확보했고 기후도 적당히 습하며 건기가 있다. 이곳에서 생산되는 커피 대부분은 티피카와 카투라 등 오랜 토착 품종이다. 최근 훌륭하고 깔끔하고 복합미 넘치는 커피가 볼리비아에서 나오는데 늘 그런 것은 아니다. 과거에는 생산자들이 커피를 직접 수확하고 과육을 벗긴 다음 중앙 처리 스테이션으로 보냈다. 이 방식은 두 가지 큰 문제가 존재한다. 운송 중에 온도 변화로 커피가 얼거나 과육에 수분이 남아 발효가 계속되는 것이다. 그렇게 품질이 떨어지거나 불쾌한 맛이 생기기도 한다. 그래서 품질에 집중하는 생산자들은 수확 후 공정을 농장에서 자체적으로 실시한다. 미국은 마약 퇴치 프로그램의 하나로 볼리비아 전역에 소규모 커피 워싱 스테이션을 세울 수 있는 자금을 지원했다. 그러나 품질 향상을 위한 도움의 손길에도 불구하고 볼리비아 커피는 이웃한 콜롬비아나 브라질만큼 명성을 얻지 못하는 상황이다.

컵 오브 엑설런스 같은 대회 덕분에 볼리비아 최고의 커피가 조명받기 시작했다. 지금 구할 수 있을 때 이들을 찾아 즐겨보길 권한다. 스페셜티 커피가 엄청난 수익을 가져다주지도 못하고 품질에 집중한 농부들조차 커피 생산을 포기하는 추세니 말이다.

생산 이력제

볼리비아 커피는 전형적으로 단일 산지나 협동조합까지 추적할 수 있다. 1991년 이후 토지 개혁으로 대규모 토지 소유권이 줄어들었고 커피를 생산하는 2만 3,000여 작은 농가가 1.2~8헥타르의 토지를 보유하고 있다. 수출량이 적으며 30개의 개인 수출 업체가 있다.

볼리비아는 커피 재배에 이상적이나 지형 때문에 생산과 수출이 어렵다. 라파스에서 코로이코로 가는 이 오랜 루트는 세상에서 가장 위험한 길로 알려져 있다.

재배 지역

인구
11,411,000
2016년 60킬로그램 자루 기준 생산량
81,000

볼리비아의 커피 재배 지역은 한 번도 제대로 정의된 적이 없어서 로스터들마다 다른 명칭을 사용해 어디서 커피를 생산하는지 설명한다.

융가스(Yungas)
볼리비아 커피의 95퍼센트를 생산한다. 과거에는 유럽에서 품질로 명성이 높았지만 최근 시들해졌다. 안데스산맥 동쪽까지 산림 지대이며 실제로 페루에서 볼리비아를 거쳐 아르헨티나로 이어진다. 세상에서 고도가 가장 높은 커피 재배지이자 볼리비아에서 가장 오랫동안 커피를 재배해온 곳이기도 하다. 유커스(Ukers)는 1935년에 출간한 《커피의 모든 것(All About Coffee)》에서 융가스의 커피를 '융가(Yunga)'라고 불렀다.

융가스는 라파스 서쪽에 자리해 커피 구매자들이 '죽음의 길'이라고 부르는 융가스 로드를 타고 와서 커피 생산자를 만난다. 구불구불한 비포장도로에다 600미터 아래 계곡으로 차가 추락하지 않도록 막아주는 레일조차 없다.

융가스가 너무 넓다 보니 커피 로스터들이 이곳의 커피를 지역명인 카라나비(Caranavi), 인키시비(inquisivi) 혹은 코로이코(Coroico) 등으로 세분화해서 부르고 있다.
고도 800~2,300미터
수확 7~11월

산타크루즈(Santa Cruz)
볼리비아에서 가장 동쪽에 자리한 지역으로 고품질의 커피를 생산하기에는 고도가 낮다. 이칠로 지방에서 커피를 생산하나 쌀이나 목재만큼 중요한 작물은 아니다. 국가 경제의 상당 부분을 차지하는 천연가스 주요 생산지다.
고도 410미터
수확 7~11월

베니(Beni)
볼리비아 북동쪽, 땅이 넓고 인구가 적은 지역이다. 엄밀히 말해 베니의 일부 지역은 융가스에 속하나 소량의 커피가 융가스 외곽의 베니에서 생산된다. 주로 소를 키우며 사는데 쌀, 카카오, 열대과일 등의 농작물도 재배한다.
고도 155미터
수확 7~11월

브라질

브라질은 150년 이상 세계에서 커피를 가장 많이 생산하는 국가로 자리매김해왔다. 현재 전 세계 커피의 3분의 1을 재배하나 과거에는 시장 점유율이 80퍼센트에 달했다. 커피는 포르투갈의 식민 통치를 받던 1727년 프랑스령 기아나를 통해 들어왔다.

괜찮은 브라질 커피는 산미가 낮고 바디감이 높으며 달고 초콜릿과 견과류 맛이 나는 경우가 많다.

프란치스코 데 멜로 팔헤타(Francisco de Melo Palheta)가 브라질 북부 파라 지역에 처음으로 커피를 심었다. 전해지는 이야기에 따르면 팔헤타는 외교 임무를 띠고 프랑스령 기아나로 출장 갔다가 그곳 총독 아내의 눈에 들었고, 그가 떠날 때 그녀가 꽃바구니에 씨앗을 숨겨 주었다고 한다. 팔헤타가 고향으로 돌아와서 심은 커피는 내수용으로 소비되었을 것이다. 그 후 별 존재감이 없다가 남쪽으로 전해져 정원에서 정원으로, 농장에서 농장으로 퍼지며 중요한 작물이 되었다.

상업 생산의 시작

상업 생산은 파라이바강 인근에서 시작되었는데 이곳은 리우데자네이루와 매우 가깝다. 토양이 이상적일 뿐 아니라 리우로 수출하기도 용이해서 커피 재배지로 적합하다. 중앙아메리카에서 소규모 커피 농장이 번영한 것과 대조적으로 브라질의 첫 상업 농장은 노예를 쓰는 대규모 농장이었다. 산업화된 접근 방식은 다른 나라에서는 보기 어려운 일이었고 브라질만의 특별함으로 남아 있다. 생산도 꽤 공격적이었다. 열악한 땅보다 강하고 힘이 좋은 땅을 선호하고 한 노예가 4,000~7,000그루를 맡아 키웠다. 강렬한 농법으로 토양이 황폐해지면 새로운 땅을 찾아 농장을 옮겼다.

커피 생산은 1820~1830년 붐을 이뤘다. 국내 수요가 크게 늘어나고 세계 시장에서 입지를 높이면서부터다. 커피 생산을 주도하는 사람은 엄청난 부자이자 아주 큰 권력을 가져서 '커피 부호'로 통했다. 그들은 필요에 따라 정부 정책과 커피 산업 지원에 깊이 개입했다.

1830년 브라질은 전 세계 커피의 30퍼센트를 생산했다. 1840년에 40퍼센트로 늘어났지만 엄청난 공급 증가는 세계 커피 가격의 하락으로 이어졌다. 19세기 중반까지 브라질의 커피 업계는 노예의 노동력에 의존했다. 150만 명 이상의 노예가 브라질의 커피 농장에서 일했다. 1850년 영국이 브라질의 아프리카 노예 거래를 중단하자 이민 노동자나 내부 노예 거래로 전환했다. 1888년 브라질의 노예제 폐지로 커피 산업이 위기에 처할까 봐 엄청난 두려움이 있었지만, 수확은 그해에도 그 이후로도 성공적으로 이어졌다.

두 번째 붐

1880~1930년대 두 번째 커피 붐이 일어났고, 당대 가장 중요한 생산물의 이름을 붙여 이 시대를 지칭했다. 상파울루의 커피 부호와 미나스제라이스 낙농 생산자들의 엄청난 영향력이 카페 콩 레이(Café com leite)로 알려진 정치적 기후를 이끌었기 때문이다. 또한 브라질 정부가 물가 안정 정책으로 커피 가격을 안정시킨 시기였다. 정부는 시장 가격이 낮을 때 생산자에게 높은 가격으로 커피를 사들여 가격이 높아질 때까지 기다렸다. 커피 부호를 위해 가격 안정을 추구하고 커피 가격을 낮춰 과잉 공급을 예방한 것이다.

1920년대 이르러 브라질은 세계 커피의 80퍼센트를 생산하고 커피는 국가의 엄청난 인프라에 들어가는 비용을 충당했다. 조금도 사그라들지 않는 생산이 엄청난 커피 과잉으로 이어져 1930년대 대공황 시기엔 손해가 막심했다. 결국 브라질 정부는 커피 가격을 활성화하기 위해 7,800만 자루의 커피를 불태웠으나 가격에는 큰 영향을 미치지 못했다.

제2차 세계대전 기간 미국은 유럽 시장이 문을 닫으면 커피 가격이 떨어지면서 중앙아메리카와 남아메리카 국가들이 나치나 공산주의자들에게 동조할까 봐 걱정했다. 커피 가격을 안정시키기 위해 할당제를 토대로 한 국제 조약이 체결되었다. 이 조약은 1950년대 중반까지 커피 가격을 안정시켰고, 1962년 42개 생산국이 모여 한층 폭넓은 국제커피협정에 서명하는 초석이 되었다. 할당제는 커피 가격 지표에 따르며 국제커피협정에 의해 결정된다. 가격이 떨어지면 할당이 줄어들고 가격이 올라가면 할당이 커진다.

이 조약은 1989년까지 이어지다 브라질이 할당이 줄어드는 걸 거부하면서 깨졌다. 브라질은 아주 효율적인 생산국이라 협정 없이도 번영할 거라고 믿었다. 그러나 협정을 위반한 결과는 시장 불안을 가져왔고, 이후 5년간 커피 가격이 급락하는 위기를 맞자 커피 생산자 내부에서 공정 무역 운동을 일으키기 시작했다.

불안정한 시기

브라질이 세계 커피의 상당수를 공급하기에 브라질의 생산량에 영향을 미치는 것은 무엇이든 전 세계 커피 가격에 큰 영향을 주었다. 그런 요인 중 하나가 브라질의 연간 생산 교대 주기다. 브라질은 매년 크고 작은 수확을 오갔다. 최근 몇 년간 일부에서 이 효과를 완화해 변수를 줄임으로써 안정성을 확보하려고 했다. 생산에서 변수가 생기는 이유는 커피나무가 자연적으로 해거리를 하기도 하지만 약전정(light pruning) 때문이기도 하다. 브라질에서는 약전정이 보편화된 방식은 아니나 일부 생산자들은 가지치기를 많이 해서 이듬해 수확을 줄였다.

1975년의 경우 까막서리 같은 엄청난 사건이 있어 이듬해에 생산량의 75퍼센트가 줄어들었다. 서리로 인해 커피의 세계 가격은 곧장 두 배로 올랐다. 2000년과 2001년 연이어 휴식기를 가졌고, 그로 인해 2002년에는 생산량이 크게 늘었다. 이는 커피가 세계 시장에 과도하게 풀려 낮은 가격을 받은 다른 긴 시기와 우연히 일치한다.

로부스타 생산

이 책에서 중점으로 다루는 부분은 아니지만 브라질은 아라비카와 더불어 세계에서 가장 우수한 로부스타를 생산하는 국가다. 브라질의 로부스타는 코닐론(Conillon)이라고 부르며 론도니아(Rondonia) 같은 지역에서 생산한다.

현대 커피 생산

브라질이 세계에서 가장 선구적이고 현대화가 잘된 커피 생산국임은 부인할 수 없는 사실이다. 수익과 생산에 집중하느라 최고의 품질에 대한 명성은 얻지 못했다. 대규모 농장에서는 상당히 투박한 수확 방식을 활용한다. 스트립 피킹처럼 한 번에 가지 전체를 다 벗기는 것이다. 농장이 넓고 평지에 있다면(브라질의 대규모 커피 농장에서는 흔한 모습이다) 수확 기계로 나무를 흔들어 열매를 떨어뜨린다. 두 가지 방식 다 열매가 익은 정도는 고려하지 않아서 설익은 열매가 상당히 많다.

또한 브라질은 오랫동안 파티오(31쪽 참고)에서 햇빛에 원두를 말리는 방식을 고수해왔다. 1990년대 초 도입된 펄프드 내추럴 프로세스가 품질 향상에 도움을 주었으나, 스페셜티 커피 생산자들(수작업으로 열매를 따서 커피를 세척하고 높은 고도에서 괜찮은 품종을 키우는 사람들)은 수년간 산도가 낮고 바디감이 높아 에스프레소 블렌드에 적합한 커피를 생산하는 국가의 명성에 반대하고 있다.

상당수의 브라질 커피가 고품질에 적합한 고도 이하에서 자라지만 아주 흥미롭고 맛있는 커피를 찾을 가능성은 열려 있다. 지금도 브라질은 아주 깔끔하고 달면서도 산미가 그리 높지 않아 상당히 맛있고 대중적인 커피를 생산한다.

국내 소비

브라질은 내수용 커피 소비를 높이려고 적극적으로 노력해서 성공을 거두고 있다. 초등학교 저학년 아이들에게 학교에서 커피를 주는 건 놀라운 일이지만 브라질의 커피 소비는 현재 미국과 맞먹는다. 생두가 브라질로 수입되는 경우는 없으니 브라질에서 자란 커피의 상당수가 자국에서 소비된다는 말이다. 다만 내수용 커피는 수출용보다 품질이 떨어진다.

주요 도시마다 커피숍이 있으며 커피 가격은 미국과 유럽의 근사한 커피숍과 비슷한 수준이라 브라질의 빈부 격차를 보여주는 상징이 되었다.

생산 이력제

브라질의 고품질 커피는 특정 농장까지 추적 가능한 반면 저품질 커피는 대량 로트여서 생산 이력 추적이 불가능하다. '산토스(Santos)'라고 찍힌 커피는 산토스 항구에서 선적했다는 뜻일 뿐 커피가 자란 곳과는 관계가 없다. 브라질은 생산 이력제와 연관되는 경험의 법칙을 무시하는 듯 보이며, 볼리비아 전체 생산량보다 더 많은 커피를 생산하는 농장도 있다. 또한 원두의 크기로 이력을 추적할 수 있지만, 꼭 품질이 좋다고 말할 수는 없다.

브라질 커피 농장의 작업자가 세척 탱크의 수문을 열고 깨끗한 커피 열매를 트레일러로 내보내고 있다.

브라질의 농부가 체를 사용해 겉껍질과 열매를 분리하고 있다. 껍질은 바람에 날아간다.

재배 지역

인구
207,350,000
2016년 60킬로그램 자루 기준 생산량
55,000,000

브라질 전역에 다양한 품종이 자라고 상당수가 이곳에서 더 발전하거나 진화했다. 대표적으로 문도 노보, 옐로 부르봉, 카투라, 카투아이를 들 수 있다.

바이아(Bahia)
브라질 동부의 거대한 지역으로 최북단 커피 생산지다. 최근 이 지역에서 점점 더 흥미로운 커피가 다양하게 나오는 추세인데, 특히 2009년 컵 오브 엑설런스의 톱 10 중 다섯 곳이 바이아 산이라 많은 이목을 끌었다.

차파다디아만티나(Chapada Diamantina)
국립공원이 유명한 이곳의 명칭은 지형에서 유래했다. 차파다는 가파른 절벽을 지칭하고 디아만티나는 19세기 이곳에서 발견된 다이아몬드를 말한다. 많은 농가가 루돌프 슈타이너(Rudolph Steiner)가 개발한 생물역학적 유기농법으로 커피를 생산한다.
고도 1,000~1,200미터
수확 6~9월

세하도데바이아(Cerrado de Bahia)/ 웨스트 바이아(West Bahia)
대규모 산업화와 관개 시설을 완비하고 커피를 생산한다. 1970년대 말과 1980년대 초 정부 프로젝트로 농업을 장려해 저렴한 채권과 장려금을 주고 600여 명의 농부를 이곳에 이주시켰다. 2006년 150만 헥타르를 경작했으나 커피 생산은 소규모다. 안정되고 따스하고 햇살이 좋은 기후 덕분에 생산량이 많지만 아주 근사한 커피 품종은 찾기 어렵다.
고도 700~1,000미터
수확 5~9월

플라날토데바이아(Planalto de bahia)
소규모 생산에 중점을 두고 서늘한 기온과 높은 고도를 활용해 품질이 우수한 커피를 생산한다.
고도 700~1,300미터
수확 5~9월

미나스제라이스(Minas Gerais)
브라질 남동쪽에 위치한 지역이다. 브라질에서 가장 높은 산맥이 자리해 커피를 재배하기 좋은 고도다.

세하도(Cerrado)
세하도는 '열대 대초원'이라는 의미다. 그러나 브라질의 여러 주에 걸쳐 있는 대초원을 가리키는 말이기도 하다. 커피의 경우 미나스제라이스 서쪽의 세하도 지역을 지칭한다. 최근에 생산이 이루어져 기계화된 대규모 농장이 많다. 실제로 이 지역 농장의 90퍼센트 이상이 10헥타르 이상의 농지를 보유하고 있다.
고도 850~1,250미터
수확 5~9월

솔데미나스(Sul De Minas)
역사적으로 엄청난 커피 생산의 본거지다. 소규모 농가들이 다년간 대를 이어오며 커피를 생산하고 있다. 다른 지역보다 단결이 잘되는 이유일 것이다. 소규모 농가가 많지만 산업화하여 기계 수확을 한다. 최근 들어 더욱 주목받는 곳이 카르모데미나스다. 카르모마을 주변으로 지방자치제를 실시하는데 생산자들이 더 나은 커피를 재배하기 위해 토질과 기후를 적극적으로 활용한다.
고도 700~1,350미터
수확 5~9월

차파다데미나스(Chapada de Minas)
남쪽에 모여 있는 다른 생산 지역보다 한층 북쪽에 자리한다. 1970년대 후반부터 커피 생산을 시작했다. 이는 상대적으로 작은 생산 지역이며, 일부 생산자들은 농장을 기계화하기 위해 평지를 이용한다.
고도 800~1,100미터
수확 5~9월

마타스데미나스(Matas de Minas)
일찍이 커피가 뿌리내린 지역이며 1850~1930년대 커피와 낙농업으로 부유해졌다. 최근 들어 품목을 다양화하는 추세지만 농가 소득의 80퍼센트가 아직도 커피에서 나온다.
땅이 고르지 않고 가파른 언덕이 많아 수작업으로 커피를 수확한다. 소규모 농가가 많지만(50퍼센트의 농가가 10헥타르 이하의 땅을 보유하고 있다) 품질로 명성을 세운 곳은 없다. 그러나 차츰 나아지는 중이며, 실제로 많은 농가가 좋은 커피를 내놓고 있다.
고도 550~1,200미터
수확 5~9월

상파울루(Sao Paolo)
브라질에서 잘 알려진 커피 생산지 모지아나가 속한 주다. 모지아나 철도회사의 명칭이 지명이 되었다. 이 업체는 1883년 '커피 철도'를 세워 수송 수단의 발전과 생산 확산에 일조했다.
고도 800~1,200미터
수확 5~9월

마투그로수(Mato Grosso)와 마투그로수두술(Mato Grosso Do Sul)
브라질의 연간 수확량에서 차지하는 비중이 적다. 널따란 평지가 펼쳐진 고산 지대로 소 떼를 키우기에 적합하고 엄청난 양의 콩을 재배한다.
고도 평균 600미터
수확 5~9월

이스피리투산투(Espirito Santo)
브라질의 다른 커피 재배지와 비교하면 규모가 작지만, 이곳과 주도이자 수출 중심 항구인 비토리아에서 생산한 양이 연간 브라질 커피 생산량 2위에 이른다. 다만 커피의 80퍼센트가 로부스타다. 이 지역 남쪽에선 농부들이 아라비카를 생산하는데, 여기서 흥미로운 커피를 찾을 수 있다.
고도 900~1,200미터
수확 5~9월

파라나(Paranà)
세계 최남단의 커피 생산지로 불리기도 하는, 브라질 농업에서 중요한 지역이다. 국토의 2.5퍼센트에 불과하나 농업 생산량의 25퍼센트를 차지한다. 커피는 한때 최대 작물이었으나 1975년 서리로 타격을 입자 많은 생산자가 품목을 다각화했다. 한때 2,200만 자루의 커피를 생산했는데 지금은 200만 정도다. 첫 번째 식민지 주민들이 해안가에 정착했으나 커피가 많은 이를 내륙으로 올려보냈다. 고도가 낮아서 고품질의 커피는 나오지 않지만 서늘한 기후가 열매의 숙성을 늦추는 데 도움이 된다.
고도 최대 950미터
수확 5~9월

콜롬비아

1723년 예수회 수사들이 처음 커피를 들여왔다. 그 후 상업 작물로 국토 전역에 서서히 퍼졌으나 19세기 말까지 대량 생산이 이루어지지 않았다. 1912년에서야 커피가 콜롬비아 총수출의 50퍼센트를 차지했다.

콜롬비아 커피는 맛의 범주가 굉장히 넓어서 초콜릿 맛이 나는 진한 커피부터 잼같이 달고 과일 맛이 나는 커피까지 다양하다. 엄청난 맛의 스펙트럼은 전 지역에 존재한다.

콜롬비아는 마케팅의 중요성을 인식하고 일찍이 브랜드를 구축했다. 1958년 콜롬비아 커피를 대표하는 후안 발데즈(Juan Valdez)가 엄청난 성공을 거뒀다. 그와 그의 노새는 콜롬비아 커피의 상징이 되었고, 커피 자루와 다양한 광고에 등장하는데, 지난 수년간 세 명의 배우가 그 역할을 맡았다. 후안 발데즈는 특히 미국에서 인지도가 높아져 콜롬비아 커피의 가치를 더했다. 이 캐릭터는 '산지에서 재배한 커피'라는 초창기 마케팅 문구를 성공리에 전파하고, 지속적인 프로모션을 통해 '100퍼센트 콜롬비아산 커피'가 전 세계 소비자들의 마음에 자리 잡게 해주었다.

이 마케팅은 예전에도 그랬듯 앞으로도 1927년에 출범한 커피생산자연합(Federaciòn Nacional de Cafeteros, FNC)이 주관한다. FNC는 커피 생산국에서는 보기 드문 기관이다. 많은 국가에서 자국 커피의 수출과 홍보를 위해 여러 기관과 협력하지만 FNC처럼 규모가 크고 복합적인 곳은 드물다. 민자 비영리단체로 출범해 커피 생산자들의 수익을 보호하고 수출하는 모든 커피의 특별세를 통해 자금을 확충했다. 콜롬비아가 지구상 가장 큰 커피 생산국이라 FNC는 제대로 자금을 지원받고 거대한 관료제 기관이 되었다. 이는 피할 수 없는 숙명이며 지금 FNC는 50만 커피 생산자의 소유로 운영되고 있다. 실제로 FNC는 마케팅, 생산, 일부 재정 문제에서 확실한 역할을 해낼 뿐 아니라 커피 재배 공동체에 더 깊이 관여하고 시골길, 학교, 보건소 등 사회적 물리적 인프라를 구축하는 데도 힘쓴다. 또한 커피 이외의 산업에도 투자해 지역 발전과 복지를 창출하는 데 도움을 주고 있다.

FNC와 품질

최근 FNC와 고품질 커피 업계 사이에 마찰이 생기고 있다. FNC가 생각하는 농가의 이익이 늘 최고 품질의 커피로 이어지는 것은 아니기 때문이다. FNC에는 센니카페(Cenicafè)라는 연구 부서가 있어 특정 품종을 키우는데, 카스티요 같은 품종을 홍보할 때 컵 퀄리티보다 생산량에 집중한다. 양쪽의 논리를 이해하지만, 지구 기후 변화가 콜롬비아의 안정된 커피 생산을 위협하는 만큼 고품질 커피를 잃는다 해도 생산자의 생계를 보장해주는 품종을 홍보해야 한다는 의견에 반대할 수도 없다.

콜롬비아 서부 중심부인 리사랄다 산악 지대에 자리한 이 농장은 콜롬비아에서 가장 유명한 커피를 생산한다.

생산 이력제

FNC는 콜롬비아 커피를 홍보하기 위해 '수프리모'와 '엑셀소'라는 용어를 만들었다. 이는 커피콩의 크기와 관련될 뿐 품질과는 전혀 상관 없다는 점을 분명히 알아두자. 불행히도 이 분류가 이런 식으로 마케팅한 커피의 이력 추적을 힘들게 한다. 상당수의 농가가 원하는 등급을 얻기 위해 기계적으로 체에 내리기 전에 혼합하기 때문이다. 따라서 이 등급은 평범한 커피를 지칭하는 것이니 품질을 따져서 구매할 때 전혀 도움이 되지 않는다. 스페셜티 분야에서는 생산 이력제를 유지하려고 노력해왔으며, 아주 괜찮은 제품을 찾으면 커피콩의 크기보다는 어느 지역에서 왔는가를 확실히 알아보려고 한다.

콜롬비아 중서부 지역 리사랄다 산악 지대의 농장에서는
콜롬비아에서 가장 유명한 커피를 생산한다.

재배 지역

인구
49,829,000
2016년 60킬로그램 자루 기준 생산량
14,232,000

콜롬비아는 유명한 재배지가 많고 놀라울 정도로 다양한 품종의 커피를 생산한다. 무난하고 무게감이 있는 커피를 좋아하든지, 생기 넘치는 과일 맛(혹은 그 중간)을 선호하든지 콜롬비아의 커피는 모든 기호를 맞출 수 있다. 각 지역에서 생산된 커피마다 고유의 특징을 가진 게 전혀 이상하지 않다. 어떤 지역의 어떤 커피가 입맛에 맞는다면 다른 곳의 커피도 좋아할 것이다.

콜롬비아의 커피는 1년에 두 번 수확하고, 주요 수확 외에 이루어지는 간이 수확을 미타카(mitaca) 수확이라고 부른다.

카우카(Cauca)
인사와 포파얀 주변의 생산지가 가장 유명하다. 메세타데포파얀은 높은 평원으로 고도 덕분에 생산 조건이 매력적이다. 적도와 근접하고 주변이 산으로 둘러싸여 커피가 태평양의 습기에 젖지 않게 막아주고 남쪽에서 불어오는 바람을 바꿔준다. 매년 기후가 매우 안정적이고 유명한 화산토가 있다. 역사적으로 기후 예측이 가능하며 매년 10월부터 12월이 우기다.
고도 1,700~2,100미터
수확 시기: 3~6월(주요 수확), 11~12월(미타카 수확)
품종 티피카 21퍼센트, 카투라 64퍼센트, 카스티요 15퍼센트

바예델카우카(Valle Del Cauca)
카우카계곡은 콜롬비아에서 가장 비옥한 지역으로 카우카강이 거대한 두 안데스산맥 사이로 흐른다. 이곳은 콜롬비아 무장 충돌의 진앙지다. 콜롬비아의 전형적인 농장은 꽤 작다. 7만 5,800헥타르에서 커피 생산을 하고 2만 3,000 농가가 소유한 2만 6,000개의 농장이 있다.
고도 1,450~2,000미터
수확 시기: 9~12월(주요 수확), 3~6월(미타카 수확)
품종 티피카 16퍼센트, 카투라 62퍼센트, 카스티요 22퍼센트

톨리마(Tolima)
콜롬비아의 악명 높은 반란군 집단 FARC의 마지막 요새로 꽤 최근까지 통제 구역이었다. 내전으로 접근이 어려운 곳이다. 품질 좋은 커피는 극소량의 마이크로 로트 농가에서 조합을 통해 나온다.
고도 1,200~1,900미터
수확 시기: 3~6월(주요 수확), 10~12월(미타카 수확)
품종 티피카 9퍼센트, 카투라 74퍼센트, 카스티요 17퍼센트

우일라(Huila)
훌륭한 토양에 지리적 이점이 있어 커피를 재배하기 좋다. 필자가 맛본 가장 복합미 넘치고 과일 맛이 뛰어난 콜롬비아산 커피가 이곳에서 나왔다. 7만 명이 넘는 커피 재배자가 1만 6,000 헥타르의 땅을 경작한다.
고도 1,250~2,000미터
수확 시기: 9~12월(주요 수확), 4~5월(미타카 수확)
품종 티피카 11퍼센트, 카투라 75퍼센트, 카스티요 14퍼센트

킨디오(Quindio)
콜롬비아 중앙에 자리한 작은 지역으로 보고타 서쪽에 위치한다. 실업률이 매우 높아 커피가 지역 경제에서 상당히 중요하다. 그러나 기후 변화와 병충해의 증가로 커피 재배가 위험해지자 많은 농가가 감귤류와 마카다미아로 바꿨다. 커피와 커피 생산 관련 테마파크인 국립커피공원(National Coffee Park)이 이곳에 있다. 1960년 이후 매년 6월 말이면 칼라카의 지방자치단체가 내셔널 커피 파티(National Coffee Party)를 연다. 커피 축제를 즐기노라면 전국 커피 미인 대회도 구경할 수 있다.
고도 1,400~2,000미터
수확 시기: 9~12월(주요 수확), 4~5월(미타카 수확)
품종 티피카 14퍼센트, 카투라 54퍼센트, 카스티요 32퍼센트

리사랄다(Risaralda)
유명한 커피 생산 지역으로 다수의 농부가 조합에 가입했다. 윤리적 라벨링 기관에서 관심을 보이는 이유다. 커피는 사회적 경제적으로 중요한 역할을 하며 일자리를 창출한다. 1920년대 많은 사람이 커피를 재배하려고 왔으나 2000년대 들어 대규모 이주자들이 다른 지역과 국가로 빠져나가며 쇠퇴했다. 주도 역시 칼다스와 킨디오를 잇는 수송 허브로 여러 부처가 합작해 오토피스타 델 카페(Autopista del Cafe, 커피 고속도로)를 구축했다.
고도 1,300~1,650미터
수확 시기: 9~12월(주요 수확), 4~5월(미타카 수확)
품종 티피카 6퍼센트, 카투라 59퍼센트, 카스티요 35퍼센트

나리뇨(Nariño)

콜롬비아의 최고급 커피 일부가 이곳에서 재배되는데, 가장 훌륭하고 복합미 넘치는 커피다. 원래 이처럼 높은 고도에서는 커피를 키우기 힘든데 나무가 종종 '죽기' 때문이다. 하지만 나리뇨는 적도와 가까워 커피 재배에 적합한 기후다. 이곳 4만 생산자의 상당수가 소농으로 2헥타르 이하의 땅을 경작한다. 이들은 협회를 조직해 서로 지원하고 FNC와 소통한다. 실제로 평균 농장 크기는 1헥타르 이하이며 이 지역의 37명만 5헥타르 이상의 농지를 보유하고 있다.

고도 1,500~2,300미터

수확 시기: 4~6월

품종 티피카 54퍼센트, 카투라 29퍼센트, 카스티요 17퍼센트

칼다스(Caldas)

킨디오, 리사랄다와 더불어 콜롬비아 커피 재배 축 혹은 커피 삼각지의 일부를 형성한다. 이 세 곳에서 콜롬비아 커피의 대부분을 생산한다. 과거에는 콜롬비아 최고의 커피로 명성을 누렸으나 지금은 다른 지역에 경쟁력을 빼앗겼다.

FNC가 운영하는 국립 커피 연구센터인 세니카페도 이곳에 있다. 커피 생산과 관련된 모든 것을 연구하는 세계 최고의 기관으로 손꼽히며 콜롬비아에서만 볼 수 있는 독창적인 품종들(병충해에 강한 콜롬비아와 카스티요 품종)을 선보였다.

고도 1,300~1,800미터

수확 시기: 9~12월(주요 수확), 4~5월(미타카 수확)

품종 티피카 8퍼센트, 카투라 57퍼센트, 카스티요 35퍼센트

안티오키아(Antioquia)

콜롬비아 커피와 FNC가 생겨난 곳이다. 전국에서 가장 많은 12만 8,000헥타르의 커피 농장이 있는 핵심 재배 지역이다. 커피는 대규모 농장과 소규모 생산자 협동조합이 협력해서 생산한다.

고도 1,300~2,200미터

수확 시기: 9~12월(주요 수확), 4~5월(미타카 수확)

품종 티피카 6퍼센트, 카투라 59퍼센트, 카스티요 35퍼센트

쿤디나마르카(Cundinamarca)

커피가 자라는 지역보다 더 높은 해발 2,625미터에 자리한 보고타 주변 지역이다. 콜롬비아에서 두 번째로 커피를 많이 수출하고 제2차 세계대전 직전까지 수출이 절정을 이뤘다. 당시 콜롬비아 커피의 10퍼센트를 이곳에서 생산했으나 이후 생산량이 감소했다. 과거에는 상당히 큰 규모의 사유지가 있었다. 100만 그루 이상의 커피나무를 재배하는 농장들도 있었다.

고도 1,400~1,800미터

수확 시기: 3~6월(주요 수확), 10~12월(미타카 수확)

품종 티피카 35퍼센트, 카투라 34퍼센트, 카스티요 31퍼센트

산탄데르(Santander)

콜롬비아에서 처음으로 커피를 수출한 지역이다. 다른 곳보다 고도가 살짝 낮아서 과즙과 복합미보다는 평범한 단맛을 선호하는 쪽이다. 이 지역에서 생산한 많은 커피가 열대우림동맹의 인증을 받았고 생물역학을 아주 중요하게 여긴다.

고도 1,200~1,700미터

수확 시기: 9~12월

품종 티피카 15퍼센트, 카투라 32퍼센트, 카스티요 53퍼센트

산탄데르 북부

베네수엘라 국경에 접한 콜롬비아 북부다. 일찍이 커피 생산에 들어갔고 콜롬비아에서 커피를 처음 재배한 곳으로 추정된다.

고도 1,300~1,800미터

수확 시기: 9~12월

품종 티피카 33퍼센트, 카투라 34퍼센트, 카스티요 33퍼센트

시에라 네바다

고도가 낮은 지역으로 이곳의 커피는 우아하고 생동감 넘치기보다는 무겁고 평범하다. 안데스산맥의 매우 가파른 언덕(50~80도 경사)에서 재배하느라 농부들의 고생이 이만저만이 아니다. 시에라 네바다는 스페인어권 국가에서 흔히 볼 수 있는 이름으로 '눈봉우리 산'이라는 뜻이다.

고도 900~1,600미터

수확 시기: 9~12월

품종 티피카 6퍼센트, 카투라 58퍼센트, 카스티요 36퍼센트

코스타리카

코스타리카는 19세기 초부터 커피를 재배해왔다. 1821년 스페인 통치를 벗어나 독립하자 지방자치정부에서 무료로 커피 씨앗을 나눠주며 생산을 장려했는데, 당시 기록에 따르면 1만 7,000그루의 커피나무를 심었다고 한다.

코스타리카 커피는 아주 깔끔하고 단맛이 감도나 종종 바디감이 매우 가볍다. 최근 들어 마이크로 밀이 다양한 풍미와 다양한 형태의 커피를 만들고 있다.

1825년 정부는 세금을 걷기 위해 지속적으로 커피를 홍보했고, 1831년 5년간 노는 땅에 커피를 재배하면 그 땅의 소유권을 준다고 선언했다.

1820년 소량의 커피가 파나마로 수출되었으나 진정한 수출은 1832년에 이루어졌다. 이 커피는 영국으로 가기 전에 먼저 칠레를 통과해야 했는데, 그곳에서 커피를 담는 자루가 바뀌면서 '카페 칠레노 데 발파라이소(Cafè Chileno de Balparaíso)'라는 명칭이 붙었다.

영국이 코스타리카에 투자액을 늘리기 시작한 지 얼마 되지 않은 1843년, 영국으로 직접 커피를 수출했다. 궁극적으로 1863년 앵글로코스타리카은행을 설립했고, 이로써 산업이 성장해나갈 재원이 마련되었다. 1846~1890년 커피는 코스타리카의 유일한 수출품이었다. 커피 덕분에 대서양과 연결되는 최초의 철도와 산후안데디오스병원, 최초의 우체국, 최초의 정부 인쇄소 같은 인프라를 구축할 수 있었다. 문화에도 영향을 미쳐 국립극장, 도서관, 산토토마스대학 등이 초창기 커피 경제의 산물로 남아 있다.

코스타리카의 커피 인프라는 국제 시장에서 더 나은 가격을 받을 수 있다는 이점을 오랫동안 제공해왔다. 1830년 습식 공정이 도입되고 1905년에 이르러 전국의 습식 도정기만 200대가 넘었다. 세척 커피는 더 높은 가격을 받았는데, 이번에는 품질도 개선했다.

커피 업계는 지속적으로 성장하다 지리적 한계에 이르렀다. 인구가 산호세에서 다른 지역으로 퍼져나가면서 농부들은 작물을 재배할 새로운 땅을 찾았다. 그러나 모든 땅이 커피 생산에 적합한 게 아니어서 지금까지도 성장을 위해 살펴야 할 부분이 남아 있다.

코스타리카 커피가 흥미롭거나 특이하진 않지만 깔끔하고 맛이 좋으면서 가격도 저렴했다는 건 부인할 수 없는 사실이다. 20세기 말에 토착 품종에서 벗어나 생산량이 높은 품종으로 바꾸려는 움직임이 일었다. 높은 생산량이 경제에 도움이 되는 건 사실이지만, 스페셜티 커피 업계의 많은 사람이 컵 퀄리티가 떨어지고 맛도 떨어진다는 느낌을 받았다. 그러나 최근에 변화가 찾아와 고품질 커피를 생산하려는 목표를 되찾았다.

정부의 역할

코스타리카는 처음부터 커피 생산을 크게 장려하여 커피를 키우고 싶어 하는 사람에게 땅을 내주었다. 1933년 정부는 커피 재배 공동체의 요구를 받아들여 꽤 과장된 명칭인 커피보호협회(Institute for the Defence of Coffee)를 조직했다. 처음에 이 협회는 소규모 농가의 커피콩을 싸게 사들여 가공해서 큰 규모의 가공자들이 더 많은 이윤을 위해 그들을 착취하지 않도록 보호하는 역할을 했다. 큰 규모의 가공자들이 내는 이윤의 한계를 정하는 식이었다.

1948년 정부의 커피 관련 부처가 오피시나 델 카페(Oficina del Café)가 되었으나 일부 커피에 대한 책임은 농림부로 이관되었다. 이 조직은 인스튜토 델 카페 데 코스타리카(Instuto del Café de Costa Rica, ICAFE)로 변해 지금도 남아 있다. ICAFE는 커피 업계에 다양하게 관여해 실험적인 연구 농가를 운영하고 코스타리카 커피의 품질을 전 세계에 알리는 중이다. 코스타리카에서 수출하는 모든 커피에 붙는 1.5퍼센트의 세금으로 운영된다.

마이크로 밀(micro mill) 혁명

코스타리카 커피는 훌륭한 품질로 오랜 명성을 유지해왔고 소비재 시장에서도 높은 가격을 받았다. 스페셜티 커피 시장이 커지면서 코스타리카 커피에 부족한 점이 바로 생산 이력제다. 밀레니엄 이후 코스타리카에서 수출한 커피에는 라지 밀(large mill) 혹은 베네피시오스(beneficios)라는 브랜드가 달려 있다. 이 브랜드는 정확히 어디서 커피가 자라고 어떤 토양이나 지역 특성이 있는지 알려주지 않는다. 개별 로트를 구별할 수 있는 공정 체인도 부족하다.

그러나 2000년대 후반 마이크로 밀이 극적으로 증가했다. 농부들이 사비를 들여 수확 후 공정 기기를 구입해 더 많은 공정을 직접 하기 시작했다. 그렇게 자신의 커피에 대한 권한과 다양성을 확대했고, 코스타리카 전 지역에서 커피 생산량이 급격하게 늘어났다. 과거에는 독특하고 특별한 커피가 있어도 이웃 농가의 커피와 섞이기 일쑤였는데, 더는 그렇지 않다.

덕분에 코스타리카 커피는 살펴보기도 즐겁고, 지금은 한 지역에서 나온 여러 가지 커피를 나란히 두고 쉽게 맛볼 수 있으며, 그 과정에서 지리적 이점까지 파악할 수 있어 좋다.

코스타리카의 빠르게 성장하는 관광 산업이 국가 전역의 커피 농가 투어를 장려했다. 일부는 유기농법으로 운영한다.

커피와 관광업

코스타리카는 가장 발전하고 안전한 중앙아메리카 국가로 손꼽힌다. 덕분에 여행지로 인기가 높은데 특히 북아메리카인들이 선호한다. 관광업은 외화 수입의 원천이던 커피를 대신할 뿐 아니라 커피 산업과 충돌하기도 하고 서로 화합하기도 한다. 생태 관광은 특히 인기가 높아 많은 여행자가 커피 농가 투어를 하고 있다. 농가 투어는 대규모 농가에서 진행하는데, 완벽한 품질을 고집하는 농장은 아니지만 커피 농장이 어떻게 운영되는지 가까이서 살펴보는 흥미로운 기회를 제공한다.

생산 이력제

현재 코스타리카에서 개인의 땅 소유는 보편적인 일이라 커피 생산자의 90퍼센트가 소규모 혹은 중급 농장을 소유하고 있다. 커피를 개별 농가 혹은 특정 조합까지 추적할 수 있는 이유다.

카리잘데알라후엘라에서 인부들이 갓 수확한 커피의 무게를 측정하려고 기다리는 중이다.
이 농장은 수출용 고품질 커피를 재배하고 판매하는 데 특화돼 있다.

산이시드로데알라후엘라의 도카(Doka) 커피 농장은 코스타리카의 조직적인 커피 생산 방식을 보여준다. 19세기에 습식 도정이 널리 퍼져 수출에 큰 이점이 되었다.

재배 지역

인구

4,586,000

2016년 60킬로그램 자루 기준 생산량

1,486,000

코스타리카는 과거 커피 생산지 이름을 이용한 마케팅으로 성공을 거뒀다. 지금은 한 지역 안에서도 맛이 차이가 커서 다양한 지역의 개별 커피를 살피며 어떤 제품이 있는지 알아보는 게 좋다.

중앙 계곡

수도 산호세가 자리하고 코스타리카에서 인구 밀도가 가장 높으며 가장 오랫동안 커피를 재배한 곳이다. 산호세는 에레디아와 알라후엘라 두 지역으로 나뉜다. 이라수, 바르바, 포아스에 있는 화산이 지형과 토양에 영향을 준다.

고도 900~1,600미터

수확 11월~이듬해 3월

서쪽 계곡

19세기 서쪽 계곡 지역에 농부들이 처음 정착했고, 이때 커피가 함께 들어왔다. 산라몬, 팔마레스, 호, 그레시아, 사르치, 아테나스 이렇게 여섯 개 지역으로 나뉜다. 사르치시는 비야 사르치라고 부르는 특정 커피에 이름이 들어간다(24쪽 참고). 이 지역에서 고도가 가장 높은 나랑호 전역에서 훌륭한 커피를 찾을 수 있다.

고도 700~1,600미터

수확 10월~이듬해 2월

타라주(Tarrazú)

품질로 오랜 명성을 가진 지역이고 수년 동안 이곳 커피는 고품질로 인정받았다. 재배 농가에서 커피를 모은 다음 서로 혼합해 큰 로트를 만든 것으로 보인다. 타라주 브랜드는 이 지역 밖에서 난 커피인데도 몸값을 높이려고 타라주라는 이름으로 마케팅하는 걸 보면 수년간 충분한 강점을 얻었다. 코스타리카에서 가장 높은 곳에 자리한 농장이 있고 다른 지역들처럼 수확 기간에 건기의 장점을 누린다.

고도 1,200~1,900미터

수확 11월~이듬해 3월

도카 커피 농장에서 갓 수확한 열매를 담은 바구니들. 작업자들은 익은 열매의 비율과 크기에 따라 높은 보수를 받는다.

트레리오스(Tres Rios)
산호세 동쪽에 자리한 트레리오스 역시 이라수 화산의 효과를 톡톡히 누리고 있다. 최근까지 아주 외딴곳으로 알려졌지만, 현재 커피 업계의 가장 큰 어려움은 전력이나 인프라가 아니라 도시화다. 집을 지으려면 많은 땅이 필요하다 보니 트레리오스는 매년 커피 생산량이 줄어들었다. 땅이 부동산 개발로 팔려나가는 추세다.
고도 1,200~1,650미터
수확 11월~이듬해 3월

오로시(Orosi)
산호세에서 더 동쪽으로 떨어진 작은 지방이며 100년 넘게 커피를 생산해온 역사를 자랑한다. 긴 계곡을 따라 오로시, 카치, 파라이소 지역이 합쳐진다.
고도 1,000~1,400미터
수확 8월~이듬해 2월

브룬카(Brunca)
브룬카는 두 개 주로 나뉜다. 파나마 경계에 위치한 코토브루스와 페레즈젤레돈이다. 둘 중 코토브루스가 통합 경제 측면에서 커피에 더 의존하고 있다. 이탈리아 이주자들이 제2차 세계대전 후 이곳으로 왔고 코스타리카인들과 더불어 커피 농장을 시작했다.
페레즈젤레돈의 커피는 19세기 말 중앙 계곡 지역 정착자들이 처음으로 심고 생산했다. 대부분이 카투라나 카투아이이다.
고도 600~1,700미터
수확 8월~이듬해 2월

투리알바(Turrialba)
날씨, 특히 강우량 때문에 다른 곳보다 수확 시기가 빠르다. 우기와 건기가 명확하지 않아 이곳에서 다채로운 개화기를 보는 건 이상하지 않다. 커피를 생산하기 어려운 기후라 아주 고품질의 커피는 찾아보기 어렵다.
고도 500~1,400미터
수확 7월~이듬해 3월

과나카스테(Guanacaste)
서부에 자리한 넓은 땅이지만 커피를 재배하는 지역은 적다. 소 키우기와 쌀농사에 더 의존한다. 커피는 규모 있게 생산하나 고도가 낮아서 뛰어난 원두를 찾기 힘들다.
고도 600~1,300미터
수확 7월~이듬해 2월

쿠바

1748년 히스파니올라섬에 처음 커피가 들어왔고, 1791년 프랑스인들이 아이티 혁명을 피해 이곳으로 밀려와 정착하면서 커피 산업이 조금씩 싹트기 시작했다. 1827년 2,000개의 커피 농장이 쿠바섬에 생겼고, 커피는 설탕보다 수입을 올리는 주요 수출품으로 자리 잡았다.

쿠바 커피는 전형적인 섬 커피의 맛을 지녔다. 산미가 낮고 바디감이 높다.

1953~1961년 카스트로의 혁명으로 커피 농장이 국유화되면서 생산도 급감했다. 커피를 재배하겠다고 나선 사람들은 경험이 전무했고, 그동안 농장에서 일하던 사람들은 쿠바를 떠났다. 커피 생산은 난관에 봉착했다. 정부가 커피 생산을 장려하려고 노력했으나 1970년대 최대 생산은 3만 톤에 그쳤다. 쿠바의 커피 산업이 비틀거리자 중앙아메리카 국가들이 수출량을 늘리며 국제 시장에서 재미를 보았다.

쿠바는 소비에트연방과 결별하며 고립되었고 미국의 쿠바 통상 금지로 강력한 미래 고객을 잃었다. 일본은 쿠바 커피의 주요 수입국이었으며 유럽은 강한 시장으로 남았다. 총 생산량의 5분의 1쯤 되는 최고급 커피는 수출하고 나머지는 내수용으로 소비했다. 쿠바 자체 생산으론 국내 수요를 감당하지 못해 2013년 4,000만 달러를 들여 커피를 수입했다. 쿠바에 들어온 커피는 최고급이 아니어서 아주 저렴했으나 높은 시장 가격 때문에 볶은 완두콩을 커피에 섞기 시작했다.

지금 쿠바 커피의 연간 생산은 6,000~7,000톤 정도다. 설비가 낡은 데다 많은 생산자가 여전히 당나귀에 의존한다. 도로는 홍수로 넘쳤다 가뭄이 들었다를 반복해 다 무너지고 관리되지 않아서 열악한 상태다. 커피는 주로 햇빛에 말리지만 일부 기계 건조도 한다. 수출용 커피는 대부분 세척한다.

쿠바의 기후와 지형은 커피 생산에 적합하며 희소성이 상당한 가치를 더해주지만, 고품질의 커피를 내놓고 싶은 생산자들이 풀어야 할 과제가 많이 남아 있다.

생산 이력제

쿠바 커피는 단일 농장까지 추적할 수 없고 특정 지역이나 작은 지방은 생산 이력 추적이 가능하다.

쿠바 커피

쿠바를 대표한다고 전 세계에 알려진 커피는 코르타디토(Cortadito), 카페 콘 레체(Café con Leche), 카페 쿠바노(Café Cubano)가 있다. 카페 쿠바노는 브루잉 과정에서 원두에 설탕을 넣어 단맛이 나는 에스프레소를 일컫는다.

미국을 비롯한 다른 지역에서 '쿠바 커피'라고 광고하는 걸 쉽게 볼 수 있다. 통상 금지 정책으로 미국에서 진짜 쿠바 커피는 불법이고, 보통 카페 쿠바노를 설명하는 의미로 쓰인다. 쿠바 커피인 줄 알고 브라질 커피를 고르는 경우가 많은데, 혼동이 생길 수밖에 없는 건 제품에 라벨이 잘못 붙은 탓이다.

기후와 지형이 커피 재배에 적합하나 쿠바의 커피 산업은 열악한 인프라와 장비 문제를 겪고 있다.

재배 지역

인구
11,239,000
2016년 60킬로그램 자루 기준 생산량
100,000

쿠바는 카리브해에서 가장 큰 섬이다. 국토 대부분이 저지대지만 커피 재배에 적합한 땅도 있다.

시에라마에스트라(Sierra Maestra)
남부 해안에 걸친 산악 지대다. 1500년대부터 1950년대 혁명이 일어나기까지 게릴라전이 펼쳐진 역사가 깊은 곳이다. 쿠바의 커피는 대부분 이곳에서 생산한다.
고도 1,000~1,200미터
수확 시기: 7~12월
품종 주로 티피카, 일부는 부르봉, 카투라, 카투아이, 카티모르

시에라델에스캄브레이(Sierra Del Escambray)
쿠바 중부 산악 지대이며 소량의 커피를 생산한다.
고도 350~900미터
수확 시기: 7~12월
품종 주로 티피카, 일부는 부르봉, 카투라, 카투아이, 카티모르

시에라델로사리오(Sierra Del Rosario)
1790년부터 커피 농장이 있었으나 지금은 아주 소량만 재배한다. 대신 산악 지대를 쿠바의 첫 생물권 보존 지역으로 지정했다.
고도 350~550미터
수확 시기: 7~12월
품종 주로 티피카, 일부는 부르봉, 카투라, 카투아이, 카티모르

도미니카공화국

1735년 스페인이 지배하던 히스파니올라이자 현 도미니카공화국으로 커피가 들어왔다. 네이바 근교 바호루코판조의 언덕에 처음 심은 것으로 추정된다. 18세기 말 커피는 설탕의 뒤를 이어 두 번째로 중요한 작물이 되었고, 둘 다 1791년 개혁 이전까지 노예 노동에 의존했다.

섬에서 자란 전형적인 커피다. 괜찮은 로트는 꽤 부드럽고 산미가 중간에서 낮은 정도이며 상당히 깔끔하다.

커피 생산은 1822~1844년에 뿌리내렸다. 주로 남부 산악지대인 발데시아에서 생산했다. 이 지역은 커피 재배지가 여러 곳으로 나뉘어 있으며, 1880년 도미니카공화국의 주요 생산지로 부상했다.

1956년 국가는 특정 지역, 주로 바니, 오코아, 발데시아에서 커피를 수출하기 시작했다. 1960년대 이들 지역 농부들이 조직화하여 1967년 155명이 제분소를 열었다.

많은 커피 생산국이 20세기 말 예상할 수 없는 가격 변동의 혼란을 겪고 커피 의존도를 줄였다. 생산자들 역시 콩이나 아보카도 등으로 품목을 변경했지만, 상당수는 가격이 회복될 경우를 대비하여 소량이나마 커피 재배를 이어갔다.

비록 정부가 지정한 주요 생산지는 아니지만 발데시아는 원산지명을 쭉 지켜왔고 2010년 카페 데 발데시아(Café de Valdesia) 브랜드를 출범했다.

수출 vs 국내 소비

1970년대 이후 도미니카공화국은 커피 생산 품목이 다양해졌으나 수출량은 크게 줄었다. 지금은 수확한 커피의 20퍼센트만 수출용으로 팔린다. 국내 소비가 1인당 연간 3킬로그램 정도로 상당히 높기 때문인데 이는 영국을 능가하는 수치다. 2007년 수출량의 절반이 푸에르토리코를 통해 미국으로 들어갔다. 나머지 커피는 유럽과 일본으로 갔다.

2001년 더 많은 수출용 커피가 유기농 방식으로 생산되어 인증을 받고 가치를 더해 업계에 수익을 가져왔다. 유기농법은 전반적으로 좋은 일이나 더 나은 커피 품질로 이어지는 건 아니다.

도미니카공화국의 높은 국내 소비가 전반적으로 낮은 품질을 가져온 것이 아니냐고 반문하는 사람도 있다. 이 특정 시장을 위해 다른 수출국과 경쟁하지 않기 때문이다. 그럼에도 불구하고 도미니카공화국에서 여전히 괜찮은 커피를 발견할 수 있다.

생산 이력제

특정 농장까지 구체적으로 이력 추적이 잘되는 커피도 있지만 수출용 커피 상당수가 재배 지역 이상은 추적이 불가능하다. 커피콩의 크기에 따라 등급을 매기기 때문에 '수프리모'로 분류되어 프리미엄을 누리지만 등급이 품질을 보장하는 건 아니다.

도미니카공화국의 산악 지대인 바라오나에서 재배한 커피는 특히 품질이 뛰어나다.

재배 지역

인구
10,075,000
2016년 60킬로그램 자루 기준 생산량
400,000

도미니카공화국의 기후는 다른 커피 생산국과 사뭇 다르다. 계절의 구분이 뚜렷하지 않은데 기온도 강우량도 마찬가지다. 덕분에 아무 때고 잘 자라서 1년 내내 커피를 재배하는 곳도 있지만, 주요 수확 시기는 11월부터 이듬해 5월까지다.

바라오나(Barahona)
남서쪽에 자리한 지역으로 바오루코산에서 커피를 재배한다. 다른 지역과 비교해 품질이 좋기로 명성이 자자하다. 농업이 주된 산업이고 주요 생산물은 커피다.
고도 600~1,300미터
수확 10월~이듬해 2월
품종 티피카 80퍼센트, 카투라 20퍼센트

시바오(Cibao)
북쪽에 자리하며 '바위가 풍부한 지역'이라는 뜻이다. 특히 중부와 셉텐트리오날 산지 사이의 계곡을 가리킨다. 커피는 쌀, 카카오와 더불어 이 지역 중요 생산물이다.
고도 400~800미터
수확 9~12월
품종 티피카 90퍼센트, 카투라 10퍼센트

시바오알투라(Cibao Altura)
시바오 지방에서 고도가 높은 지역이다.
고도 600~1,500미터
수확 10월~이듬해 5월
품종 티피카 30퍼센트, 카투라 70퍼센트

중앙 산악 지대(Cordillera Central)
도미니카공화국에서 가장 높은 지역이며 '도미니카의 알프스'로도 알려져 있다. 지질이 주변 지역과 상당히 달라서 이곳 커피는 유일하게 칼슘 토양이 아닌 화강암 바닥에서 자란다.
고도 600~1,500미터
수확 11월~이듬해 5월
품종 티피카 30퍼센트, 카투라 65퍼센트, 카투아이 5퍼센트

네이바(Neyba)
도미니카공화국 남서쪽에 자리한 이 지역은 'Neiba'라고도 표기하는데, 주도의 명칭을 따라 이름 붙였다. 꽤 평지인 데다 고도가 낮아 포도, 플렌테인(바나나의 일종-옮긴이), 설탕을 재배한다. 커피는 고도가 높은 시에라델네이바에서 키운다.
고도 700~1,400미터
수확 11월~이듬해 2월
품종 티피카 50퍼센트, 카투라 50퍼센트

발데시아(Valdesia)
도미니카공화국에서 커피 재배로 가장 잘 알려진 지역이며 수출 가치를 보호하는 원산지 표시(Denomination of Origin)를 획득했다. 제대로 키우고 보호받아서 명성이 높으며 거기에 따른 프리미엄도 조금 붙었다
고도 500~1,100미터
수확 10월~이듬해 2월
품종 티피카 40퍼센트, 카투라 60퍼센트

에콰도르

커피는 상당히 늦은 시기인 1860년경 에콰도르의 마나비 지방으로 들어왔다. 이내 전국으로 번져 1905년 만타항에서 유럽으로 수출하기 시작했다. 에콰도르는 아라비카와 로부스타를 모두 재배하는 드문 국가다.

에콰도르 커피는 품질로 잠재력을 인정받기 시작했다. 한층 달콤하고 복합미 넘치는 커피를 찾을 수 있고, 뛰어난 산미가 참 인상적이다.

1920년대 병충해가 코코아를 쑥대밭으로 만들자 많은 농가에서 커피에 주목하기 시작했다. 1935년부터 수출이 증가했고 22만 자루에 불과하던 수출량이 1985년에는 180만 자루로 늘어났다. 1990년대 세계 커피 위기로 어쩔 수 없이 생산이 줄어들었으나 2011년부터 회복하여 1년에 100만 자루를 생산한다. 1970년대까지 커피는 에콰도르의 주요 수출품이었으나 이후 기름, 새우, 바나나에 자리를 내주었다.

에콰도르 사람들은 신선한 커피보다 인스턴트 커피를 많이 마시는데, 생산 단가가 높다 보니 인스턴트 커피 제조사가 자국이 아닌 베트남에서 원두를 수입한다.

에콰도르는 품질 좋은 커피로 큰 명성을 얻지 못했다. 생산량의 40퍼센트가 로부스타인 것도 그 이유지만, 수출 커피의 품질이 낮기 때문이다. 생산 단가를 낮추려고 열매를 따기 전에 나무나 파티오에서 말리는 경우가 많은데, 이 자연 공정을 지역에서는 카페 엔 볼라(café en bola)라고 부른다. 이런 수확물은 인스턴트 커피로 생을 마감하고, 수출량의 83퍼센트가 자연 공정을 거친 커피다. 콜롬비아가 주요 수입국인데, 콜롬비아의 인스턴트 커피 제조사가 에콰도르의 다른 제조사들보다 높은 가격에 구매하기 때문이다. 콜롬비아 커피는 막강한 국가 브랜드에 힘입어 해외 시장에서 비싸게 팔리기 때문에 가능한 일이기도 하다.

커피는 오랜 세월 에콰도르에서 생산되었으나 지금에서야 국가가 커피의 잠재력을 인식한다고 보는 관점도 있다. 특별한 커피를 생산하기에 적합한 지형과 기후, 스페셜티 커피 산업의 투자가 에콰도르를 새로운 커피 종주국으로 만들어낼지 지켜보는 것도 흥미진진할 것이다.

생산 이력제

단일 산지까지 추적하기는 불가능에 가깝다. 어떤 생산자 그룹에서 나온 로트인지 판별하는 수준까진 보편적인데 가끔 수출업자가 통째로 섞어버리는 경우도 있다. 이런 경우 수많은 농가에서 나왔으나 여전히 맛은 좋다.

에콰도르 커피는 품질로 인정받지 못했는데, 수확한 열매를 자연 공정으로 건조하기 때문이다. 이걸 지역에서는 카페 엔 볼라라고 부른다.

재배 지역

인구
16,144,000
2016년 60킬로그램 자루 기준 생산량
600,000

에콰도르 커피는 스페셜티 커피 업계에서 인지도를 높이고 있다. 저지대는 좋은 커피가 나오기 힘들지만 고지대는 엄청난 잠재력이 있다.

마나비(Manabi)
에콰도르산 아라비카의 50퍼센트가 이곳에서 재배된다. 그러나 이 지역 커피는 대부분 해발 700미터 이하에서 자란다. 훌륭한 커피를 생산하기에 충분한 고도를 얻지 못한 셈이다.
고도 500~700미터
수확 시기: 4~10월
품종 티피카, 카투라, 로부스타

로하(Loja)
국내 아라비카 생산량의 20퍼센트가 이 남부 산악 지역에서 나오고, 지리적 관점에서 품질 향상이 매우 기대되는 곳이다. 스페셜티 커피 분야에서는 다들 이곳을 주목하고 있다. 그러나 날씨가 매우 가변적이라 2010년에 벌어진 사태처럼 커피천공충의 피해가 커지고 있다.
고도 최대 2,100미터
수확 시기: 6~9월
품종 카투라, 부르봉, 티피카

엘오로(El Oro)
국토 남서쪽에 자리한 해안가로 안데스산맥에 속한다. 국내 연간 커피 생산량의 10퍼센트 미만을 생산한다. 커피 재배지는 사루마 시내를 중심으로 펼쳐져 있다(사모라Zamora와 혼동하지 말자).
고도 1,200미터
수확 시기: 5~8월
품종 티피카, 카투라, 부르봉

사모라친치페(Zamora Chinchipe)
로하 동쪽에 자리한 지역이다. 고도는 품질 좋은 커피를 생산하기에 충분하나 이 지역에서 생산되는 아라비카의 4퍼센트만 이곳에서 나온다. 유기농법을 널리 활용하는 곳이다.
고도 최대 1,900미터
수확 시기: 5~8월
품종 티피카, 카투라, 부르봉

갈라파고스(Galapagos)
갈라파고스군도에서 생산되는 커피는 소량이지만, 기후가 높은 고도와 비슷해서 품질 좋은 커피가 나온다고 널리 알려져 있다. 이곳의 커피는 매우 비싼데 컵 퀄리티가 가격과 비례하지 않는다.
고도 350미터
수확 시기: 6~9월, 12월~이듬해 2월
품종 부르봉

엘살바도르

엘살바도르에서 커피를 상업적으로 생산하기 시작한 건 1850년대다. 커피는 세금이 없어서 생산자들에게 인기 있는 작물이었다. 실제로 커피는 국가 경제의 중요한 부분을 차지하는 수출품이었다. 1880년에는 지금보다 두 배 이상을 생산해 전 세계 4위 커피 생산국으로 자리매김했다.

부르봉 품종 커피는 달고 균형미가 뛰어나며 근사하게 부드러운 산미가 입 안을 감싼다.

엘살바도르는 19세기 중반 화학 염료가 발명되자 주요 작물인 인디고(indigo)에서 벗어난 덕에 커피 산업이 성장할 수 있었다. 인디고를 재배하던 땅은 소수의 지주 엘리트들이 차지했다. 그들은 커피를 생산하려면 다른 형태의 땅이 필요하자 정부에 영향력을 행사하여 가난한 사람들을 몰아내고 그 땅이 새로운 커피 농장으로 흡수되도록 만들었다. 땅을 빼앗긴 토착민들에게 주는 보상은 전혀 없었다. 절기별로 새로 지은 커피 농장에서 일할 기회가 생길 뿐이었다.

20세기 초 엘살바도르는 중앙아메리카에서 가장 발전하는 모습을 보였다. 가장 먼저 고속도로를 개통하고 항구와 철도에 투자하고 공공 건물을 지었다. 커피가 인프라를 구축하고 토착민 공동체를 국가 경제에 통합하는 자금을 모으는 데 도움을 주는 한편 엘리트층이 정치적 경제적으로 국가를 통제하는 메커니즘을 뒷받침하기도 했다.

귀족들이 1930년대를 통치하던 군부의 지지를 받아 권력을 마음껏 휘둘렀고, 이로써 매우 안정된 시기를 보냈다. 커피 산업이 수십 년간 성장하며 면직물 산업과 전기 제조업의 발전을 도왔다. 1980년대 내전이 벌어지기 전까지 엘살바도르는 커피 생산에서 품질과 효율성으로 명성이 높았고 수출국과도 원만한 관계를 구축했다. 그러나 내전으로 생산량이 폭락하고 외국 시장은 다른 곳으로 눈을 돌렸다.

고도 분류

엘살바도르는 생산지의 고도를 기준으로 하는 고전적인 방식을 통해 등급을 나누기도 한다. 품질이나 생산 이력제와는 아무 상관이 없는 분류다.

아주 높은 산지: 1,200미터 이상에서 재배
높은 산지: 900미터 이상에서 재배
일반 평균: 600미터 이상에서 재배

토착 품종

생산과 수출은 줄었지만 내전은 커피 업계에 예상치 못한 이익을 가져왔다. 당시 중앙아메리카는 커피 생산자 상당수가 토착 품종을 새로 개발된 생산성 높은 품종으로 교체하는 추세였다. 새 품종의 컵 퀄리티는 토착 품종에 비할 바가 못 되었지만 생산량이 품질을 압도했다. 그러나 엘살바도르는 그런 과정을 거치지 못했다. 국가는 여전히 비정상적으로 높은 비율로 토착 부르봉나무를 키웠고 총생산량은 68퍼센트에 이르렀다. 배수가 잘되고 미네랄이 풍부한 화산토 덕분에 굉장히 달콤한 커피를 생산할 잠재력이 있었던 것이다.

최근 엘살바도르 커피 마케팅의 상당수가 이 부분에 주력하고 있으며 커피 생산국 사이에서 다시금 우뚝 서기 위해 노력하고 소비 국가와 오랜 관계를 재구축하려는 시도라 봐도 무방할 것이다. 엘살바도르에는 여전히 대규모 산지가 존재하지만 소규모 농장도 많다. 살펴보기 좋은 훌륭한 땅이어서 단맛과 복합미가 풍부한 괜찮은 커피를 찾을 수 있다.

생산 이력제

지역의 인프라 덕분에 고품질 커피를 농장까지 쉽게 추적할 수 있다. 많은 농가가 공정과 품종에서 마이크로 로트 기준으로 생산할 수 있다.

파카스 품종

1949년 부르봉 품종의 변이가 돈 알베르토 파카스(Don Alberto Pacas)의 농장에서 발견되었다. 그의 이름이 붙고 나중에 마라고이페와 교잡한 이 커피 품종은 열매가 아주 커서 파카마라 품종을 창출해냈다. 둘 다 괜찮은 품종으로 이 지역과 이웃 국가에서 생산한다(품종에 대한 자세한 설명은 22~25쪽을 참고).

산타아나 근처 엘파스테의 작업자가 잘 익은 커피 열매의 홍수 속에서 수확물을 가공하기 위해 삽으로 퍼내고 있다. 아파네카일라마테펙 지역은 엘살바도르 최대 규모의 커피 생산지다.

엘살바도르의 특이하게 높은 토착 커피 품종 비율과 풍부한 농지는 달콤한 커피 수출의 엄청난 가능성을 의미한다.

재배 지역

인구
6,377,000
2016년 60킬로그램 자루 기준 생산량
623,000

커피 로스터들은 커피를 설명할 때 지역명을 쓰지 않는다. 일각에서는 엘살바도르 국가 자체가 너무 작아서 단일 산지로 분류해야 한다고 주장하는데, 그 안에서도 분명하게 정의된 생산 지역이 있다.

아파네카일라마테펙(Apaneca-Ilamatepec) 산악 지역
뛰어난 품질로 유명하며 화산 활동이 있음에도 불구하고 많은 대회에서 우승한 커피를 재배한다. 2005년 산타아나화산이 분출하여 한두 해 동안 커피 생산에 큰 차질을 빚었다. 엘살바도르에서 가장 큰 생산지인데, 아마도 엘살바도르에서 처음으로 커피를 재배한 지역일 것이다.
고도 500~2,300미터
수확 10월~이듬해 3월
품종 부르봉 64퍼센트, 파카스 26퍼센트, 기타 10퍼센트

알로테펙메타판(Alotepec-Metapan) 산악 지역
엘살바도르에서 가장 습도가 높고 강수량은 평균치보다 3분의 1이 더 많다. 과테말라와 온두라스의 경계에 자리하나 커피는 훌륭하고 독창적이다.
고도 1,000~2,000미터
수확 10월~이듬해 3월
품종 부르봉 30퍼센트, 파카스 50퍼센트, 파카마라 15퍼센트, 기타 5퍼센트

엘발사모퀘잘테펙(El Bálsamo-Quezaltepec) 산악 지역
이 지역의 일부 커피 농가에선 주도인 산살바도르 시내가 내려다보일 정도로 퀘잘테펙화산의 높은 등성이에 자리한다. 히스페닉 퀘찰코티탄 문명의 발상지로 그들은 깃털 달린 뱀신 퀘찰코트를 숭배했고, 이 지역의 보편적인 상징으로 자리 잡았다. 지역명은 페루비안 발삼(Perubian Balsam) 생산지에서 따왔다. 페루비안 발삼은 향기로운 송진으로 향수, 화장품, 약에 들어간다.
고도 500~1,950미터
수확 10월~이듬해 3월
품종 부르봉 52퍼센트, 파카스 22퍼센트, 혼합 및 기타 26퍼센트

화산 활동이 생산을 위협하지만 아파네카일라마테펙 지역의 대농장들은 훌륭한 토양 덕분에 대회에서 우승하는 훌륭한 커피를 지속적으로 생산한다.

치콘테펙(Chichontepec) 화산

커피는 이 지역 중심부에 늦게 들어왔다. 1880년 이곳에서 생산한 커피는 50자루가 전부였다. 그러나 화산토는 엄청나게 비옥해서 많은 커피 농장의 고향이 되었다. 커피와 그늘용 오렌지나무를 번갈아 심는 전통 방식도 여전하다. 이렇게 하면 오렌지 꽃의 좋은 성분이 커피에 옮겨간다고 믿는 반면, 감귤의 부드러운 성분이 여기서 자라는 부르봉 품종에 영향을 미친다는 주장도 있다.

고도 500~1,000미터

수확 10월~이듬해 2월

품종 부르봉 71퍼센트, 파카스 8퍼센트, 혼합 및 기타 21퍼센트

테페카치나메카(Tepeca-Chinameca) 산악 지대

엘살바도르에서 세 번째로 큰 커피 생산지다. 이곳에선 커피를 옥수수 토르티야인 투스타카(tustacas)와 같이 먹는다. 투스타카는 소금과 설탕을 넣어 반죽하거나 사탕수수를 조금 넣어서 만든다.

고도 500~2,150미터

수확 10월~이듬해 3월

품종 부르봉 70퍼센트, 파카스 22퍼센트, 혼합 및 기타 8퍼센트

카카우아티케(Cacahuatique) 산악 지대

엘살바도르 초대 대통령이 된 게라도 바리오스(Gerado Barrios) 장군은 커피가 지닌 경제적 잠재력을 보았다. 시우다드바리오스라 부르는 비야데카카우아티케에 인접한 이 지역의 자기 땅에 엘살바도르 최초로 커피를 재배했다는 소문도 있다. 이 산악 지대는 냄비, 접시, 장식품을 만들 때 쓰는 점토가 풍부하다고 알려져 있다. 농부들은 점토처럼 생긴 땅에 커다란 구멍을 뚫고 그 속으로 영양이 풍부한 흙을 채워 묘목을 심는다.

고도 500~1,650미터

수확 10월~이듬해 3월

품종 부르봉 65퍼센트, 파카스 20퍼센트, 혼합 및 기타 15퍼센트

엘살바도르의 라 마하다 농장(La Majada estate)은 커피 껍질을 가루 내어 퇴비로 재활용한다. 이 잔해물의 미네랄과 영양소들이 식물을 위해 토양을 비옥하게 만든다.

과테말라

1750년경 예수회에서 과테말라에 처음 커피를 도입했다고 알려져 있으나 1747년 커피를 재배하고 마신 기록이 있다. 과테말라 역시 엘살바도르처럼 커피는 1856년 이후에야 중요한 작물이 되었는데, 화학 염료가 개발되면서 환금작물인 인디고의 수요가 줄어들었기 때문이다.

과테말라의 커피는 가볍고 아주 달고 과일 맛이 감돌고 복합미가 있는 것부터 묵직하고 진하며 초콜릿 향이 감도는 것까지 다양한 범주의 맛을 느낄 수 있다.

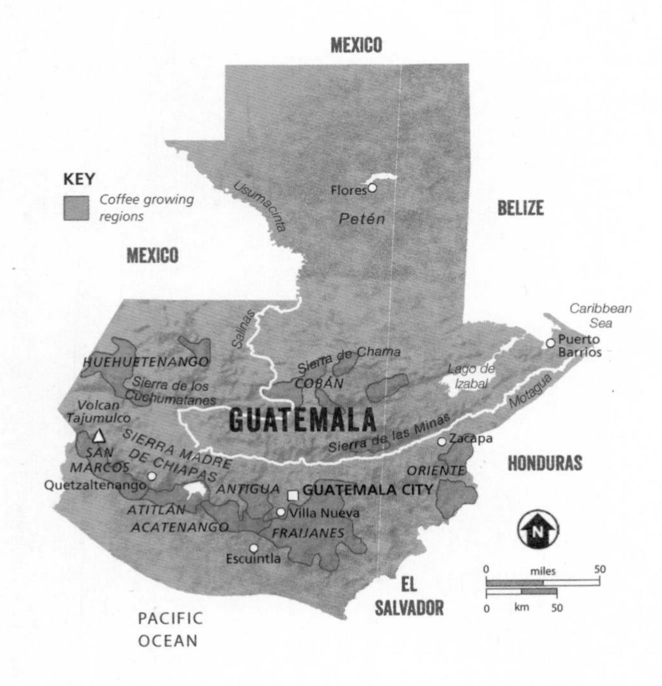

정부는 이미 인디고에서 벗어나 품종을 다각화하려고 했다. 1845년 커피 재배와 진흥 위원회(The Commission for Coffee Cultivation and Promotion)가 생겨서 커피 생산자들에게 교육 자료를 배포하고 가격과 품질 수준을 정립할 수 있도록 도왔다. 1868년 정부가 100만 개의 커피 씨앗을 유포하며 업계를 더욱 장려하려고 애썼다.

1871년 후스토 루피노 바리오스(Justo Rufino Barrios)가 권력을 잡으면서 커피를 국가 경제의 중추로 만들었다. 불행히도 그의 개혁은 과테말라 토착민이 그들의 땅에서 몰락하는 데 일조하며 공공 부지라는 미명 아래 40만 헥타르의 땅을 빼앗았다. 이 땅은 대형 커피 농장으로 변모했다. 커피 생산을 장려하기 위한 노력은 확실히 효과를 보았고, 1880년에 이르러 커피는 과테말라 수출의 90퍼센트를 차지하기에 이른다.

1930년 세계 경제 공황 이후 커피는 다시금 이 나라의 정치에 개입했다. 호르헤 우비코(Jorge Ubico)가 권력을 얻으며 커피 가격을 낮춰 수출을 장려하려고 했다. 그는 광범위한 인프라를 구축했으나 유나이티드 프루트 컴퍼니에 더 많은 권력과 땅을 내주는 바람에 이 미국 업체가 엄청나게 강한 기업으

과테말라 아과둘세의 핀카 비스타 에스모사(Finca Vista Hermosa) 커피 농장에서 커피콩을 세척하고 있다.

로 성장했다. 우비코는 이 업체에 저항하는 파업과 시위로 결국 사임했다.

이후 민주적인 자유 연설의 시기가 찾아와 1953년 아르벤스(Arbenz) 대통령이 토지 개혁을 제안해 농지(주로 UFC가 통제하던)를 몰수하여 재분배했다. 대규모 커피 농장 소유주와 UFC(미국 국무부의 지원을 받던)는 이 개혁에 반대하며 싸웠다. 1954년 CIA가 아르벤스 정권을 몰아냈고 제안된 토지 개혁은 이루어지지 못했다. 이로써 과테말라는 내전으로 치달았고 1960~1996년 전쟁이 이어졌다. 전쟁을 촉발시킨 빈곤, 토지 분배, 기아, 토착민에 대한 인종 차별 등은 여전히 국가의 문제로 남아 있다.

과테말라의 커피 생산은 2000년대 들어 정점을 찍었는데 2001년 커피 위기 이후 많은 생산자가 커피에서 마카다미아와 아보카도로 넘어갔기 때문이다. 커피녹병 역시 큰 문제가 되었고 전국의 생산자들이 손해를 입었다.

생산 이력제

과테말라 커피는 농장 수준까지 혹은 협동조합이나 생산자 그룹까지 추적할 수 있다. 일부 지역은 생산지 표기를 의무화하고 있다. 대규모 산지에서는 많은 농가가 자체 습식 도정기와 공정을 갖추고 품질 좋은 커피를 생산한다

고도에 따른 등급

다른 중앙아메리카 국가들과 비슷하게 과테말라도 고도 등급을 사용한다.

프라임(Prime): 750~900미터에서 재배

엑스트라 프라임(Extra Prime): 900~1,050미터에서 재배

세미 하드 빈(Semi Hard Bean): 1,050~1,220미터에서 재배

하드 빈(Hard Bean, HB): 1,220~1,300에서 재배

엄격한 하드 빈(Strictly Hard Bean, SHB): 1,300미터 이상에서 재배

많은 농가가 자체 습식 도정 장비와 커피
생산 시설을 갖추고 있어 커피 이력을 쉽게 추적할 수 있다.

재배 지역

인구
16,176,000
2016년 60킬로그램 자루 기준 생산량
3,500,000

과테말라는 핵심 지역을 선정하고 이 지역의 커피를 다른 곳과 차별화하는 마케팅에 성공해왔다. 필자의 경험상 특정 지역에서 더 보편적인 맛의 특징이 있지만 융통성 없는 표준은 없다.

산마르코스(San Marcos)

산마르코스는 과테말라의 커피 생산지 중에서 가장 따뜻하고 비가 많이 오는 곳이다. 태평양을 마주한 언덕에 비가 더 일찍 내리기 때문에 꽃도 더 일찍 핀다. 비가 내리면 수확 후 건조에 어려움이 있어서 일부 농가는 햇빛 건조와 기계 건조를 함께 이용한다. 농업은 이곳 경제의 큰 부분을 차지하며 곡식, 과일, 육류, 울 등을 생산한다.
고도 1,300~1,800미터
수확 12월~이듬해 3월
품종 부르봉, 카투라, 카투아이

아카테낭고(Acatenango)

아카테낭고화산의 이름을 따서 아카테낭고계곡이라고 부르는 지역을 중심으로 커피를 생산한다. 과거에는 생산자들이 커피를 '브로커'에게 팔면 그들이 배에 싣고 안티구아 지역으로 가서 공정 과정을 거쳤다. 안티구아는 커피로 명성이 높은 곳이라 더 비싼 값을 요구할 수 있었다. 지금은 이런 관행이 덜한데, 아카테낭고산 커피가 훌륭하다는 사실이 널리 알려지면서 이력을 검증할 수 있도록 놔두는 쪽이 더 이윤이 높아졌기 때문이다.
고도 1,300~2,000미터
수확 12월~이듬해 3월
품종 부르봉, 카투라, 카투아이

아티틀란(Atitlán)

이곳의 커피 농장은 아티틀란호수 근처에 자리한다. 해발 1,500미터에 자리한 호수는 빼어난 아름다움으로 작가와 여행객의 마음을 홀려왔다. 늦은 아침과 이른 오후에 강한 바람이 불어 소코밀(xocomil, 바람이 죄를 씻어준다)이라고 부르기도 한다.

개별 자연 보호 구역이 여러 곳 있어 이 지역 생물다양성을 보존하고 벌목을 막는 데 도움이 된다. 커피 생산은 인건비 증가와 노동력 경쟁으로 인해 어려움을 겪고 있다. 도시화도 토지 개념이 달라지는 요인이다. 일부 농가는 계속 커피를 재배하는 것보다 토지를 파는 쪽이 더 이윤이 남는다는 사실을 깨닫고 있다.
고도 1,500~1,700미터
수확 12월~이듬해 3월
품종 부르봉, 티피카, 카투라, 카투아이

코반(Cobán)

독일의 커피 생산자들이 제2차 세계대전이 끝날 때까지 이곳에 엄청난 힘을 집중한 덕분에 성장하고 번성한 도시 코반의 이름을 붙인 지방이다. 풍성한 열대우림이 습도가 높은 기후를 가져와 커피 건조에 어려움을 안겨주었다. 또한 외딴곳이라 수송이 까다롭고 비용이 비싸지만 그럼에도 불구하고 멋진 커피를 생산한다.
고도 1,300~1,500미터
수확 12월~이듬해 3월
품종 부르봉, 마라고이페, 카투아이, 카투라, 파체

누에보오리엔테(Nuevo Oriente)

'새로운 동쪽'이라는 이름이 잘 어울리는 누에보오리엔테는 온두라스 접경 지역인 과테말라 동쪽에 위치한다. 건조한 기후이며 대부분의 커피를 소규모 농가에서 생산한다. 이곳은 꽤 늦은 1950년부터 커피를 생산하기 시작했다.
고도 1,300~1,700미터
수확 12월~이듬해 3월
품종 부르봉, 카투아이, 카투라, 파체

우에우에테낭고(Huehuetenango)

과테말라에서 잘 알려진 지역으로 발음이 참 재미있다. 나와틀어로 '고대인들의 도시' 혹은 '선조들의 땅'이라는 의미다. 중앙아메리카 최고의 휴화산이 자리해 커피 재배에 적합하다. 커피 수출에 가장 크게 의존하는 곳이고 근사한 커피를 맛볼 수 있다.
고도 1,500~2,000미터
수확 1~4월
품종 부르봉, 카투아이, 카투라

프라이하네스(Fraijanes)

수도 과테말라시를 둘러싼 평지다. 꽤 규칙적인 화산 활동이 일어나 토양이 비옥해지는 반면 간간이 생명을 앗아갈 위험이 크고 인프라에 문제를 겪고 있다. 도시화가 진행되고 토지 개념이 바뀌면서 불행히도 커피를 재배하는 땅이 점점 줄어들고 있다.
고도 1,400~1,800미터
수확 12월~이듬해 2월
품종 부르봉, 카투라, 카투아이, 파체

안티구아(Antigua)

안티구아는 과테말라에서 가장 잘 알려진 커피 생산지이자 전 세계에서 가장 유명한 커피 생산지다. 스페인 건축 양식과 함께 유네스코 세계 문화유산에 등재되면서 유명해진 안티구아시의 이름을 지역명으로 사용한다. '진정한 안티구아 커피'라는 이름 아래 2000년 원산지 표시를 획득했고, 이후 안티구아를 사칭하는 커피 때문에 시장 가치가 떨어졌다. 이로써 다른 지역의 커피가 안티구아 커피로 팔리는 일은 줄어들었지만, 다른 지역의 커피 열매를 이곳으로 가져와 공정 과정을 거치는 편법은 멈추지 않았다. 그럼에도 불구하고 이력 추적이 가능한 안티구아 커피를 찾을 수 있다. 과도하게 비싼 커피도 있지만, 찾아서 마셔볼 만한 훌륭한 커피도 있다.
고도 1,500~1,700미터
수확 1~3월
품종 부르봉, 카투라, 카투아이

과테말라는 토지 용도 변경과 기온의 변화가 커피 생산량과 가공 방식에
영향을 미치고 있지만, 여전히 커피를 전통 방식으로 다루며 햇빛에 건조한다.

아이티

1725년 프랑스 식민지로 새로 발견된 마르티니크섬에서 커피를 들여온 것으로 추정된다. 최초의 커피는 아이티 북동쪽 테루아루즈 근방에서 자라기 시작한 듯하다. 10년 뒤 아이티 북쪽 산악 지대에서 또 다른 커피 농장이 등장했다. 그렇게 이 섬의 커피 생산이 급속도로 증가했고, 1750~1788년 여러 문헌을 통해 아이티가 세계 커피의 50~60퍼센트를 생산한다는 사실을 알 수 있다.

풀바디감, 흙 맛에 가끔은 향신료 맛이 느껴지고 산미가 적은 전형적인 '섬 커피' 맛을 지녔다. 괜찮은 로트의 경우 부드러운 단맛이 느껴진다.

커피 산업은 1788년 절정에 달했고 이듬해부터 개혁이 이루어지다 1804년 독립하면서 생산이 급속도로 감소했다. 아이티섬의 노예 해방은 커피 생산에 영향을 미쳤을 뿐 아니라 국제 무역에서 따돌림당하는 결과로 이어졌다. 그러나 커피 산업은 다시 자리를 잡아서 1850년 또다시 정점을 찍은 뒤 하락세로 들어섰다. 1940년 생산량이 다시금 증가하여 1949년 세계 커피의 3분의 1을 생산했다.

아이티 경제에 미치는 많은 요인과 마찬가지로 커피 생산도 1957~1986년 뒤발리에(Duvalier) 정권에서 어려움을 겪었다. 자연재해도 커피 산업을 방해하는 또 다른 요인이었다. 1990년 보고에 따르면 국제커피협정의 붕괴로 농부들이 커피나무를 태워서 석탄을 만들어 파는 선택을 했다고 한다.

1990년대 중반 지역커피연합체(Fédération des Associat ions Caféières Natives, FACN)가 출범했다. 이 기관이 파치먼트를 말린 커피를 구입하여 도정하고 분류하고 혼합했다. 커피는 특이하게도 건조 공정 대신 세척을 거쳤다.

그렇게 아이티안 블루(Haitian Bleu)라는 브랜드가 탄생했다. 세척 과정 때문에 생두가 파란색을 띠는 데서 착안한 이름이다. 그렇게 원산지를 통제하여 시장에 내놓았다. 덕분에 한동안 생산자에게 주는 가격을 높일 수 있었다. 현재 우리가 스페셜티 커피에서 기대하는 이력 추적은 아니지만 기원과 스토리로 프리미엄이 붙었다. 그러나 FACN은 조직 운영을 잘못하여 생산량이 감소하고 로스터들과의 계약 조건을 이행하지 못하면서 결국 쇠락하더니 파산하고 말았다.

2010년 지진으로 섬이 초토화되면서 이미 쇠퇴하던 커피 업계도 황폐해졌다. 2000년에 700만 달러의 가치가 2010년에는 고작 100만 달러의 가치로 하락했다. 이 나라의 경제 부활에 망고를 비롯한 주요 작물과 함께 커피가 큰 역할을 할 거라는 기대가 있었다. 다양한 비정부기구에서도 업계에 투자하려고 노력했다. 현재 고품질의 세척 커피를 수출하고 있으나 산업은 아주 작은 규모로 남아 천천히 성장하는 중이다.

생산 이력제

아이티에서 고품질의 커피를 찾았다면 생산자 조합에서 나왔을 가능성이 크다. 이 나라는 단일 산지에서 판매하는 커피가 없다. 생산하는 커피는 거의 다 국내에서 소비하기 때문에 수출량이 아주 적다.

포르토프랭스거리에 늘어선 커피 자루. 1940년대 아이티는 세계 커피의 3분의 1을 생산했다.

재배 지역

인구
10,847,000
2016년 60킬로그램 자루 기준 생산량
350,000

아이티는 다양한 커피 생산지가 있다고 말하기 어려울 정도로 커피 생산지가 줄어들었다.

고도 300~2,000미터
수확 8월~이듬해3월
품종 티피카, 카투라, 부르봉

아이티 서쪽 지방인 리비에르프로이드에서 커피를 브루잉하는 모습이다.

미국: 하와이

하와이는 부유한 선진국 중에서 유일하게 커피를 생산한다. 이로써 커피의 경제학과 마케팅이 변했다. 하와이의 생산자들은 고객과 직접 소통하는 데 성공하여 커피를 지역 방문과 결합하곤 한다. 그러나 많은 전문가가 커피의 품질은 가격만큼 메리트가 있다고 느끼지 않는다.

전형적으로 산미가 낮고 바디감이 살짝 더 있다. 마실 정도는 되나 복합미와 과일 맛은 거의 없다.

하와이에 커피가 처음 들어온 건 1817년이지만 초기 재배는 실패로 돌아갔다. 1825년 오아후의 주지사 보키(Boki)가 유럽에서 항해를 시작해 브라질에 들렀다가 커피 묘목을 가져왔다. 이들이 번성하여 하와이섬 전역에서 커피를 생산했다. 1828년 부르봉 품종이 빅아일랜드에 들어왔으나 카우아이의 최초 상업 농장은 1836년에 문을 열었다. 그러나 카우아이 하날레이밸리의 농장들은 1858년 커피 병충해로 파산했다. 이 초창기 재배를 계속 이어간 유일한 지역이 빅아일랜드의 코나(Kona)다.

1800년대 말 커피 산업은 중국 그리고 일본의 이민자들을 농장으로 끌어들였다. 1920년대 많은 필리핀 사람이 추수 기간에는 커피 농장에서, 봄에는 사탕수수 농장에서 일했다.

그러나 1980년대 이윤이 남지 않아 설탕 생산을 중단하기 전까지는 커피가 하와이의 중요한 경제 요인이 되지 못했다. 이로써 커피가 미국에서 새롭게 주목받기 시작했다.

코나

하와이에서 가장 잘 알려진 생산지이자 전 세계에서 가장 유명한 지역이기도 한 코나는 빅아일랜드에 있다. 커피 생산의 오랜 역사가 이 지역의 명성을 다지는 데 도움이 되었으나 코나 커피가 성공하자 상표를 위조하여 이득을 취하려는 경우가 생기기도 했다. 현재 섬의 법규상 코나 블렌드는 반드시 코나에서 나온 커피여야 하고 '100퍼센트 코나'라는 트레이드마크도 신중하게 붙인다. 캘리포니아의 코나 카이(Kona Kai) 농장이 트레이드마크나 이름을 보호하려고 싸웠으나 1996년 경영진은 '코나 커피' 자루에 코스타리카산 원두가 가득 찬 것을 보고 꼬리를 내렸다.

최근 들어 이 지역은 커피천공충(16쪽 참고)으로 골치를 앓고 있다. 병충해를 막기 위해 여러 가지 방식을 도입하여 일부는 성공했으나 생산량이 줄어들면 이미 높은 커피 가격이 더 오르는 것 아니냐는 두려움이 퍼져 있다.

생산 이력제

선진국이니 생산 이력 추적이 높을 거라는 기대를 실망시키지 않는다. 커피는 일반적으로 특정 농장까지 추적할 수 있다. 이 경우 농장에서 직접 로스팅하여 곧바로 소비자와 여행자에게 판매한다. 커피 외에 다른 작물을 본토인 미국에 수출하기도 한다.

코나 등급

코나는 자체 등급 체계가 있다. 주로 원두의 크기에 좌우되나 타입 1과 2로 나누기도 한다. 1타입은 표준 커피콩으로 열매 하나에 콩 두 개가 들어 있고, 2타입은 피베리(21쪽 참고)다.

1등급: 코나 엑스트라 팬시가 가장 큰 콩이고, 다음과 같은 등급에 따라 크기가 줄어든다. 코나 팬시, 코나 넘버 1, 코나 셀렉트, 코나 프라임

2등급: 두 등급밖에 없다. 코나 넘버 1 피베리와 이보다 작은 코나 피베리 프라임이다.

대부분의 등급에서 결점두의 최대 수준에 대한 요건을 두고 있으나 꽤 관대한 편이어서 그 자체가 신뢰할 만한 품질 지표는 아니다.

돌 푸드 컴퍼니(Dole Food Company)가 와이알루아에 보유한 커피와 코코아 농장에서 햇볕에 커피콩을 말리는 모습이다. 와이알루아는 오아후섬에서 가장 규모가 큰 재배지로 티피카 품종을 키운다.

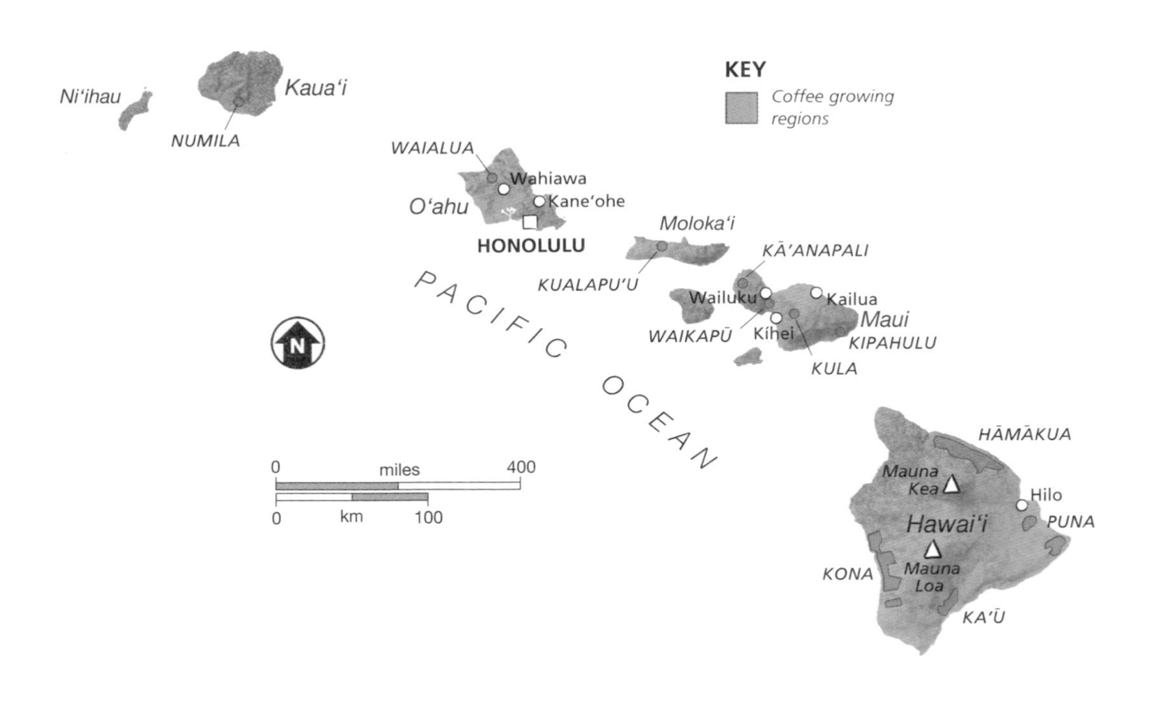

재배 지역

인구
1,404,000
2016년 60킬로그램 자루 기준 생산량
40,909

하와이의 명성은 단일 지역을 가리킨다. 바로 코나다. 물론 다른 섬도 살펴볼 가치가 있다. 산미가 낮고 바디감이 좀 더 높으며 과일 맛이 덜한 전형적인 섬 커피를 즐긴다면 말이다.

카우아이(Kauai) 섬
단일 업체가 1,250헥타르의 땅에서 커피를 생산한다. 카우아이 커피 컴퍼니(Kauai Coffee Company)는 1980년대 말 사탕수수에서 품목을 다양화하기 위해 커피 생산을 시작했다. 규모가 큰 만큼 매우 기계화된 농장이다.
고도 30~180미터
수확 10~12월
품종 옐로 카투아이, 레드 카투아이, 티피카, 블루 마운틴, 문도 노보

오아후(Oahu) 섬
와이알루아농장이 독점하는 또 다른 섬으로 규모는 60헥타르에 달한다. 이 농장은 1990년대 초 생산을 시작해 완전히 기계화했으며 카카오도 재배한다.
고도 180~210미터
수확 9월~이듬해 2월
품종 티피카

마우이(Maui) 섬
이 섬에는 대규모 상업 커피 농장인 카아나팔리(Ka'anapali)가 있다. 이 농장은 주택과 커피 농장이 딸린 작은 부지를 판매한다. 각 부지는 다른 사람이 소유하고 있으나 커피 생산은 중앙에서 관리한다. 이 거대한 사유지는 1860~1988년 설탕 농장이었다가 커피 생산지로 바뀌었다.
고도 100~550미터
수확 9월~이듬해 1월
품종 레드 카투아이, 옐로 카투라, 티피카, 모카

마우이섬 쿨라(Kula)
이 작은 지역은 할레아칼라화산 언덕에 있어 토질이 우수하고 커피를 키우기 근사한 고도를 얻었다. 이곳에서 커피는 신생 작물이다.
고도 450~1,050미터
수확 9월~이듬해 1월
품종 티피카, 레드 카투아이

마우이섬 와이카푸(Waikapu)
하와이에서 가장 늦게 커피 생산을 시작한 곳이다. 커피 오브 하와이(Coffee of Hawaii)라고 부르는 이웃 섬 몰로카이에 기반을 둔 회사가 운영하는 단일 농장이 커피를 생산한다.
고도 500~750미터
수확 9월~이듬해 1월
품종 티피카, 카투아이

마우이섬 키파울루(Kipahulu)
마우이 남동쪽 해안가에 자리 잡은 저지대다. 커피는 유기농 농장에서 작물의 다변화를 위해 키운다.
고도 90~180미터
수확 9월~이듬해 1월
품종 티피카, 카투아이

몰로카이섬 카울라푸(Kaulapuu)
커피 오브 하와이가 운영한다. 대규모 농장은 기계화되어 있다. 인건비가 상당히 비싼 환경에서 기계가 운영 비용을 낮춰준다.
고도 250미터
수확 9월~이듬해 1월
품종 레드 카투아이

빅아일랜드 코나(Kona)
하와이의 다른 재배 지역과 달리 630여 개 농가가 커피를 생산한다. 전형적으로 가족이 운영하며 2헥타르 이하의 부지를 보유하고 있다. 단위 면적당 생산량이 전 세계 어느 곳보다 가장 높을 것이다. 하와이의 다른 곳보다 농장이 아주 작아서 손으로 열매를 수확한다.
고도 150~900미터
수확 8월~이듬해 1월
품종 티피카

빅아일랜드 카우(Kau)
1996년 사탕수수 제분업이 문을 닫은 이후 최근 들어 커피를 생산하기 시작했다. 2010년까지 농부와 협동조합은 이웃 지역인 푸나나 코나로 가서 수확한 커피를 가공해야 했다. 그러나 이제 도정기가 들어와 이런 문제가 크게 줄었다.
고도 500~650미터
수확 8월~이듬해 1월
품종 티피카

빅아일랜드 푸나(Puna)
19세기 말 2,400헥타르의 땅에서 커피를 재배했으나 설탕이 주요 작물이 되면서 생산이 줄었다. 그러나 1984년 사탕수수 제분소가 문을 닫자 몇몇 농가에서 다시 커피를 키우기 시작했다. 이 지역 농장은 1~2헥타르 규모다.
고도 300~750미터
수확 8월~이듬해 1월
품종 레드 카투아이, 티피카

빅아일랜드 하마쿠아(Hamakua)
1852년 이곳에 커피가 들어왔고 여덟 개의 농장이 초기에 설립되었다. 하와이의 다른 지역과 마찬가지로 설탕이 곧 유명 작물이 되어 커피 생산은 감소했다. 그러나 1990년대 중반 일부 농가가 다시 커피를 생산하기 시작했다.
고도 100~600미터
수확 8월~이듬해 1월
품종 티피카

카우아이섬의 칼랄라우계곡은 전형적인
하와이 커피 농장의 풍경을 보여준다.

온두라스

현재 중앙아메리카에서 가장 큰 커피 생산국이나 커피가 들어온 시기는 알려지지 않았다. 1804년 이곳에서 생산된 커피의 품질에 관한 문서가 가장 오래된 기록이다. 이로써 1799년 이전에 커피가 들어왔다고 짐작할 수 있다. 커피나무는 수확하기까지 몇 년이 걸리기 때문이다.

온두라스 커피는 맛의 범주가 다양한데, 가장 훌륭한 건 과일 맛의 복합미와 생기 넘치고 풍부한 산미다.

온두라스의 커피 생산량이 극적으로 늘어난 건 2001년 이후다. 그간 커피 업계의 성장과 인프라의 발전은 1800년대 중앙아메리카에서 주도했는데, 온두라스의 활약이 늦은 이유는 인프라가 구축되지 않았기 때문이다. 그래서 품질에 문제가 있었고, 이 새로운 확산으로 생산된 커피는 일반 소비 시장으로 갈 수밖에 없었다. 아주 최근에야 훌륭한 온두라스산 커피를 맛보기 시작했다.

1970년 국립커피협회(Instituto Hondureño del Café, IHCAFE)를 설립하면서 품질 개선을 위해 노력 중이다. 커피 생산지를 여섯 지역으로 분류하고 커피 시음 연구소를 세워 지역 생산자들을 돕는다.

온두라스는 2011년까지 한 해에 600만 자루의 커피를 생산했는데, 코스타리카와 과테말라를 합친 것보다 많은 수량이다. 11만 가구가 온두라스 전역에서 커피를 생산하고 있다. 앞으로 커피녹병(16쪽 참고)에 대한 우려가 있다. 2012년과 2013년 수확에 큰 타격을 받아 국가 재난 상황을 선포했고 녹병의 여파가 이후 몇 년간 지속되었다.

기후의 문제

온두라스의 토지는 훌륭한 커피를 재배하기에 맞춤이나 날씨가 문제다. 높은 강우량 때문에 수확 후 건조가 힘들어서 일부 생산자는 햇빛 건조와 기계 건조를 혼합한다. 그래서 온두라스산 훌륭한 커피에 대한 명성이 빠르게 사라지는 추세인데 상당수는 이 문제를 해결하려고 노력 중이다. 엄청난 양의 커피를 선적하기 전에 무더운 푸에르토코르테즈 부근 창고에 보관해서 질이 더욱 떨어진다. 그러나 예외는 있는 법, 아주 괜찮은 온두라스산 커피는 시간이 흐를수록 더 좋아진다.

생산 이력제

온두라스는 높은 수준으로 생산지 이력을 추적할 수 있어 단일 산지나 특정 협동조합, 생산자 그룹까지 가능하다.

커피 분류

온두라스는 엘살바도르나 과테말라와 비슷한 체계를 따라 커피가 재배된 고도를 기준으로 커피를 설명하고 분류한다. 1,200미터가 넘는 산지에서 난 커피는 엄격한 고산지 재배이고 1,000미터는 고산지 재배다. 고도와 품질은 어느 정도 관계가 있으나 생산 이력 추적 가능성이 떨어지는 로트가 이런 식으로 마케팅을 한다. 더 추적 가능한 커피도 종종 이 같은 표기를 하곤 한다.

많은 온두라스 농가에서 부르봉, 카투라, 티피카, 카투아이 품종을 재배하는데, 최근 전 지역에 퍼진 커피녹병으로 작물이 초토화되었다.

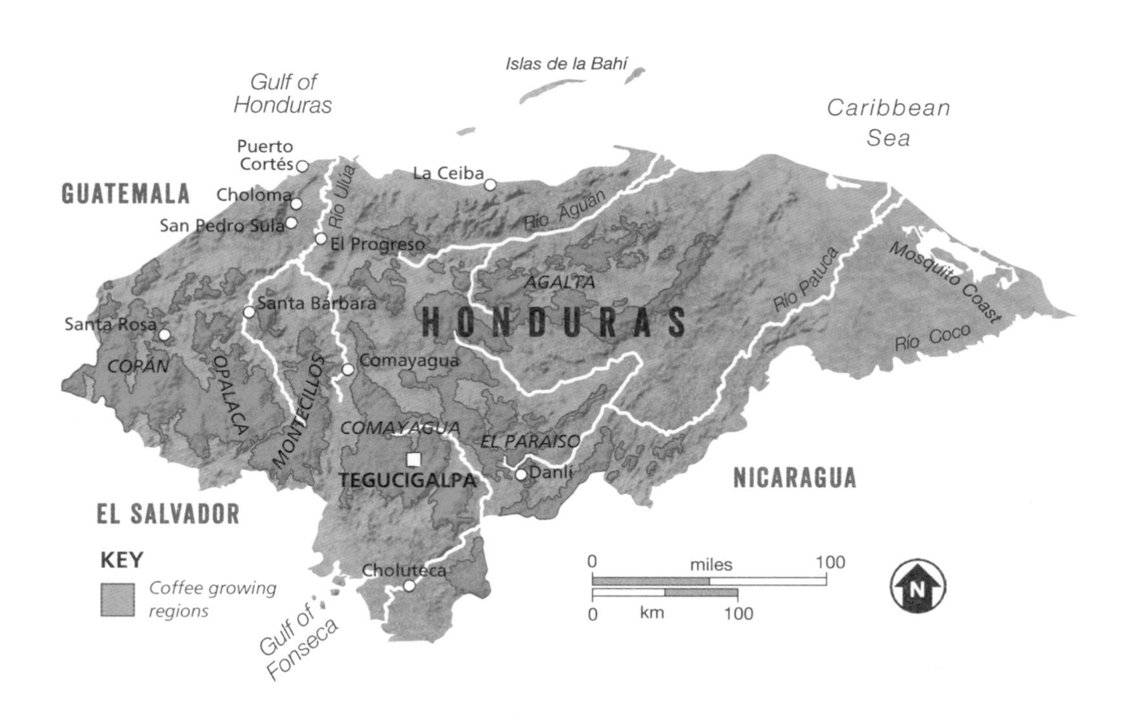

온두라스의 토질은 커피 재배에 적합하지만,
강수량이 많아서 콩을 말리는 데 어려움이 있다.

재배 지역

인구
8,250,000
2013년 60킬로그램 자루 기준 생산량
5,934,000

IHCAFE에서 커피 생산 지역으로 설명하지 않지만 많은 로스터의 라벨 커피가 온두라스의 산타바바라 지역에서 나온다. 산타바바라 내에서도 여러 개의 커피 구역으로 나뉜다. 자체 설명이 필요하다는 주장도 있으나 공식 지침에 따르는 쪽이 더 적합하고 아래의 재배 지역 목록을 활용하는 편이 낫다. 훌륭한 파카스 품종 로트가 산타바바라 지역에서 나오고 있다. 독특하고 아주 강렬한 과일 맛이 나기 때문에 찾아볼 만하다.

코판(Copán)
온두라스 서부 지역이며 마야 유적지인 코판시의 이름을 붙였다. 과테말라와 국경이 인접한 지역으로 단순히 산지가 아니라 커피가 어디서 나왔는가에 중점을 둔다는 사실을 새삼 일깨워 준다. 지리적 경계가 제멋대로라 온두라스산 커피에 대한 기대와 과테말라산에 대한 기대는 불행히도 상당히 동떨어진다. 코판의 북쪽 지역이 커피 생산지다.
고도 1,000~1,500미터
수확 11월~이듬해 3월
품종 부르봉, 카투라, 카투아이

몬테시요스(Montecillos)
여러 지역으로 나뉜다. 가장 유명한 곳이 지금은 보호받는 라파즈의 마르칼라다. 마르칼라는 라파스의 지방자치정부다. 로스터들은 정확성을 기하기 위해 몬테시요스로 표기하는 대신 각 지역의 이름을 사용한다.
고도 1,200~1,600미터
수확 12월~이듬해 4월
품종 부르봉, 카투라, 카투아이, 파카스

아갈타(Agalta)
온두라스 북부 지역에 걸쳐 있다. 대부분이 수림 보호 구역이라 생태 관광업이 지역 경제에서 엄청난 부분을 차지한다.
고도 1,000~1,400미터
수확 12월~이듬해 3월
품종 부르봉, 카투라, 티피카

오팔라카(Opalaca)
인티부카, 렘피라와 더불어 산타바바라의 커피 생산 지역 남부에 자리한다. 이 지역에 걸쳐 있는 오팔라카 산악 지대의 이름을 따왔다.
고도 1,100~1,500미터
수확 11월~이듬해 2월
품종 부르봉, 카투아이, 티피카

코마야과(Comayagua)
온두라스 서부 중심지로 열대우림이 밀집한 곳이다. 코마야과시는 한때 온두라스의 수도였다.
고도 1,100~1,500미터
수확 12월~이듬해 3월
품종 부르봉, 카투라, 티피카

엘파라이소(El Paraiso)
온두라스에서 가장 오래되고 가장 큰 생산지로 니카라과 국경 근처 동쪽에 자리한다. 최근 커피녹병으로 큰 고통을 겪고 있다.
고도 1,000~1,400미터
수확 12월~이듬해 3월
품종 카투아이, 카투라

자메이카

자메이카의 커피 이야기는 1728년 주지사 니콜라스 로스(Nicholas Lawes) 경이 마르티니크의 주지사에게 커피 묘목을 선물 받으면서 시작되었다. 로스는 이미 여러가지 작물을 실험했는데 커피는 세인트앤드루 지역에 심었다. 처음에는 생산이 제한적이었으며, 1752년 자메이카의 커피 수출량은 27톤에 불과했다.

커피 맛이 깔끔하고 달콤하다. 복합미나 과즙과 과일 맛은 거의 찾아볼 수 없다.

진정한 커피 붐은 18세기 중반 세인트앤드루 지역에 블루 마운틴이 퍼지며 시작되었다. 1800년 686개의 농장이 커피를 재배했고, 1814년 자메이카의 연 생산량은 1만 5,000톤이었다.

첫 번째 붐 이후 커피 산업은 천천히 수그러들기 시작했다. 주된 이유는 노동력 부족으로 추정되지만 다른 요인도 작용했다. 1807년 노예 제도가 폐지되었으나 섬의 노예 해방은 1838년까지 이루어지지 않았다. 노예 신분을 벗어난 사람들을 인부로 고용하려는 노력에도 불구하고 커피는 다른 산업과 경쟁하며 고전을 겪었다. 그리고 열악한 토질 관리와 영국이 식민지에 적용한 좋은 거래 조건을 상실한 부분이 복합적으로 작용해 커피 생산은 급격한 내리막길을 걸었다. 1850년 180여 개의 농장만 남았고 생산량은 1,500톤으로 떨어졌다.

19세기 말 자메이카는 4,500톤의 커피를 생산했으나 곧바로 심각한 품질 문제가 드러났다. 1891년 품질을 높이기 위해 커피 생산 지식을 알리는 법안이 통과되었고, 집중식 공정과 커피 등급을 위한 인프라를 구축하기 시작했다. 이 프로그램은 제한된 성공을 거두었다. 1944년에는 중앙 커피 클리어링 하우스(Central Coffee Clearing House)가 생겨 모든 커피는 수출 전 이곳을 통과해야 했다. 그리고 1950년 자메이카커피위원회가 발족했다.

이때부터 블루마운틴 지역의 커피가 천천히 명성을 얻기 시작하여 세계 최고의 커피로 알려졌다. 그러나 당시에는 잘 가공된 커피가 거의 없었고 현재 자메이카 커피는 중앙아메리카와 남아메리카 혹은 동아프리카의 최고 커피와 경쟁이 되지 않는다. 자메이카 커피는 깔끔하고 달고 아주 무난하다. 스페셜티 등급 커피에서 기대하는 복합미나 두드러진 특성이 없다. 하지만 꾸준한 생산과 영리한 마케팅 결과 깔끔하고 달콤한 커피는 다른 생산자들보다 훨씬 앞섰다. 이런 점이 한동안은 그들의 커피가 뚜렷한 이득을 누리게 해주었다.

20세기 초부터 자메이카 커피는 깔끔하고 달콤하며 은은한 맛으로 이름을 알리기 시작했다.

블루마운틴 지방의 커피는 생산 고도에 따라 엄격하게 관리된다. 독특한 나무통이 브랜드 가치를 더욱 높여준다.

재배 지역

인구
2,950,000
2016년 60킬로그램 자루 기준 생산량
27,000

자메이카의 커피 생산지는 한 곳이지만 세계에서 가장 유명한 커피 생산지일 것이다.

블루마운틴(Blue Mountain)
커피 역사에서 가장 훌륭한 마케팅 대상인 이 지역은 확실히 제대로 정의되고 보호받는다. 세인트앤드루, 세인트토머스, 포틀랜드, 세인트메리 교구의 900~1,500미터에서 자란 커피만 '자메이카 블루 마운틴'으로 부른다. 450~900미터에서 자란 커피는 '자메이카 하이 마운틴', 그 이하의 고도는 '자메이카 수프림' 혹은 '자메이카 로 마운틴'으로 부른다.
블루 마운틴 커피의 생산 이력제는 좀 복잡해서 대부분의 커피가 공정하는 도정소의 이름을 달고 판매된다. 이들 도정소는 간혹 대규모 사유지의 커피를 따로 보관한 것일 수도 있지만 보통은 수많은 소규모 농장에서 재배한 커피를 모은 것이다.
오랫동안 자메이카 블루 마운틴의 상당수가 일본에 팔렸다. 포대 자루가 아닌 작은 나무통에 넣어 수출했다. 가격이 아주 높아서 블루 마운틴을 사칭하는 라벨을 달고 나온 제품도 상당히 많다는 점을 유의하자.
고도 900~1,500미터
수확 6~7월
품종 자메이카 블루 마운틴(티피카 변종), 티피카

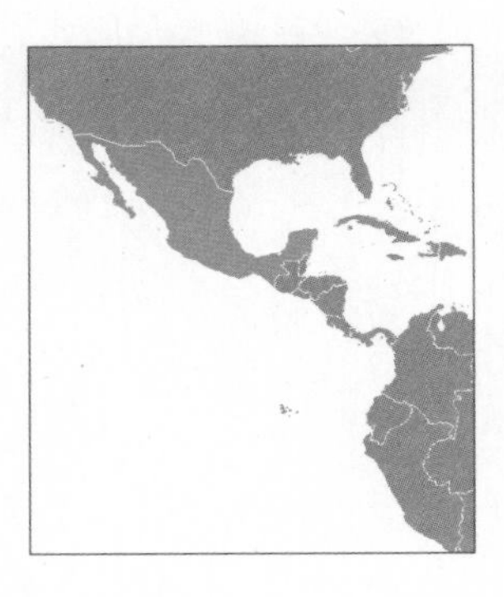

멕시코

멕시코 최초의 커피나무는 1785년 아마도 쿠바 혹은 도미니카공화국에서 들어왔을 것이다. 1790년 베라크루즈 지역에 농장이 있었다는 기록이 남아 있다. 그러나 멕시코의 풍부한 광물에서 얻은 부로 인해 수년간 커피 산업을 일으키고 활력을 불어넣으려는 움직임이 없었다.

멕시코는 바디감이 가볍고 섬세한 커피부터 캐러멜, 토피(캔디) 혹은 초콜릿 맛이 나는 달콤한 커피까지 전 지역에서 다양한 커피를 생산한다.

1920년 멕시코 혁명이 끝난 뒤에야 커피 재배가 소규모 농장으로 퍼졌다. 1914년 토착민에게 땅을 돌려주고 노동자와 커피 농장에 갇혀 일한 사람들을 그들의 공동체로 돌려보내면서 커피 생산 기술도 확산되었다. 토지 재분배는 대농장을 타파하고 작은 농장들이 생산을 시작하게 해주었다.

1973년 정부는 멕시코커피협회(Instituto Mexicano del Café, INMECAFE)를 세웠다. 그들은 생산자에게 기술 지원과 재정 보증을 해주는 한편 국제커피협약에서 협의한 생산량을 맞추고 유지하려 했다. 덕분에 커피 업계가 급속도로 성장하여 생산량과 생산지도 크게 확장되었다. 일부 시골 지역에서는 생산량이 900퍼센트 가까이 늘었다.

그러나 1980년대 멕시코 정부에서 커피 정책을 바꿔버렸다. 부분적으로는 과도한 차입과 채무 불이행으로 이어진 유가 하락 때문이었다. 커피 산업에 대한 지원은 차츰 감소했고 1989년 INMECAFE가 완전히 붕괴되어 정부는 민간 커피 공정 시설을 팔아치웠다. 파장은 엄청났다. 신용은 바닥났고 농가에서는 판로를 찾으려고 애썼다. 이때 코요테로 알려진 커피 브로커들이 농가를 찾아다니며 커피를 헐값에 사서 큰 이윤을 내고 팔았다.

INMECAFE의 붕괴와 1989년 국제 커피 조약 파기로 인한 커피 가격의 위기는 생산되는 커피의 품질에도 심각한 영향을 미쳤다. 수입이 줄어들자 수많은 생산자가 비료 사용을 멈추고, 병충해 예방을 위한 투자를 중단했으며, 제초와 농장 관리에 소홀해졌다. 아예 커피 수확을 그만두는 농가도 생겨났다.

흥미롭게도 일부 생산자들(특히 오악사카, 치아파스, 베라크루즈)는 서로 모여 기존의 INMECAFE가 하던 역할을 수행했다. 이들은 단체 구매와 커피 제분소 운영, 기술 지원, 정치 로비를 비롯해 심지어 구매자와 직거래하는 방식까지 구축했다.

멕시코의 커피 생산은 커피 증명까지 포괄하는 듯하다. 공정 무역과 유기농법이 아주 보편적이다. 멕시코는 많은 양의 커피를 미국에 팔기 때문에 훌륭한 멕시코산 커피를 다른 지역에서 찾아보기 어렵다.

생산 이력제

멕시코산 커피의 상당수가 대규모 산지가 아닌 소규모 농가에서 나온다. 생산 이력제는 생산자 그룹, 협동조합 혹은 간간이 농가까지 가능하다.

1980년대 이후 멕시코의 커피 생산자들이 성공적으로 공동체를 구성해 커피 농장을 구입하고 운영해나갔다. 덕분에 공정 무역과 유기농 수출이 크게 늘었다.

재배 지역

인구
119,531,000
2016년 60킬로그램 자루 기준 생산량
3,100,000

아래 수록한 핵심 생산 지역 밖에서도 커피가 자란다. 개인적으로 신뢰하는 로스터나 소매상에서 알려주는 정보를 무시하지 말자. 이들 지역에서 생산한 커피는 주요 지역과 비교해 양이 매우 적다.

치아파스(Chiapas)
과테말라 국경 지대에 위치한다. 시에라마드레산맥의 고도와 비옥한 화산토 덕분에 커피 재배에 적합하다.
고도 1,000~1,750미터
수확 11월~이듬해 3월
품종 부르봉, 티피카, 카투라, 마라고이페

오악사카(Oaxaca)
이 지역 농부들은 2헥타르 이하의 토지를 소유하며 여러 개의 대형 협동조합이 운영한다. 대규모 산지도 있으나 관광업으로 다각화하는 추세다.
고도 900~1,700미터
수확 12월~이듬해 3월
품종 부르봉, 티피카, 카투라, 마라고이페

베라크루즈(Veracruz)
멕시코만 해안가 동쪽에서 가장 큰 생산지다. 멕시코에서 생산량이 가장 적은 지역도 포함하고 있으나 코아테펙 주변의 고도가 아주 높은 농장도 있어 괜찮은 커피를 생산한다.
고도 800~1,700미터
수확 12월~이듬해 3월
품종 부르봉, 티피카, 카투라, 마라고이페

한 농부가 멕시코 타파출라 부근 작은 협동조합의 포치에서
건조 중인 커피 열매를 뒤집고 있다.

니카라과

1790년 기독교 선교사들이 처음으로 커피를 들여와 호기심에 키우기 시작했다. 1840년에 이르러서야 국제 시장의 늘어나는 커피 수요에 반응해 중요한 환금작물로 부상했다. 최초의 상업 농장은 마나과 쪽에 생겼다.

니카라과 커피는 다양한 맛을 발견할 수 있다. 전형적으로 복합미가 높고 기분 좋은 과일 맛과 깔끔한 산미가 있다.

1840~1940년 100년을 니카라과에서는 '커피 붐'이라고 부른다. 이 시기 커피는 국가 경제에 극적인 영향을 주었다. 커피가 중요성과 가치를 얻으면서 더 많은 자원과 노동력을 투입해야 할 필요성도 커졌다. 1870년 커피는 니카라과의 주요 수출 작물로 자리매김했고, 정부는 외국 업체가 자국 커피 업계에 투자하고 땅을 인수하기 쉽도록 정책적으로 뒷받침하며 장려했다. 기존의 공공 토지를 개인에게 팔고, 대규모 농장이 생겨날 수 있도록 1879년과 1889년에 부수적인 법안을 통과시켜 모든 나무에 대해 5,000그루당 0.05달러를 지급했다.

19세기 말 니카라과는 바나나 공화국처럼 커피에서 나는 수익 대부분이 해외로 나가거나 몇몇 대지주에게 들어갔다.

20세기 초 최초의 생산자 조합이 생겼다. 조합의 필요성은 1936~1979년 소모사(Somoza) 일가의 독재 정권 시기부터 간간이 고개를 들었다. 그러나 소모사 가문이 산디니스타스(Sandinistas)에게 밀려나 1979년 공산주의가 들어오면서 커피 산업에 어려운 시기가 찾아왔다. 미국과 CIA의 지원을 받은 반군 단체 콘트라스(Contras)가 새로운 정부를 세우고 커피 산업을 캠페인으로 활용해 커피 농장 인부들을 수송하는 차량을 공격하고 커피 제분기를 부숴버렸다.

이런 난리에도 불구하고 1992년 커피는 여전히 니카라과의 주요 수출품이었다. 그러나 1999~2003년 커피 가격이 폭락하면서 커피 업계는 또다시 엄청난 타격을 받았다. 커피 생산에 많은 지원을 해준 대형 은행 여섯 곳이 파산했다. 낮은 가격이 미친 영향은 1998년 허리케인 미치로 인한 황폐화와 밀레니엄 초기의 가뭄 이후 더욱 배가되었다.

그러나 지금 니카라과 커피는 다시 일어나 생산자들이 품질 향상에 주력하고 있다. 과거에는 커피 이력 추적이 열악했고 대부분은 제분소 브랜드나 특정 지역으로 표기되었다. 지금은 생산 이력제가 아주 잘되어 있다.

생산 이력제

단일 산지 혹은 생산자 그룹이나 노동조합까지 추적 가능하다.

커피는 니카라과에서 가장 중요한 수출품이고, 커피 무역은 정치적 격변과 자연재해 속에서도 살아남았다.

재배 지역

인구
6,071,000
2016년 60킬로그램 자루 기준 생산량
1,500,000

니카라과는 마드리스, 마나과, 보아코, 카라소 등 소규모 재배 지역이 많다. 이들은 아래 재배 지역 목록에 포함하지 않았으나 품질 좋은 커피를 생산한다.

히노테가(Jinotega)
지역명은 나와틀족 언어인 'xinotencatl'에서 따왔으나 실제 의미에 대한 의견은 분분하다. '노인의 도시' 혹은 '히노쿠아보스(jinocuabos)의 이웃'이라는 뜻 중 하나다. 후자가 정확하지 싶다. 이 지역 경제는 오랫동안 커피에 의존해왔고 지금도 니카라과의 주요 생산지로 남아 있다.
고도 1,100~1,700미터
수확 12월~이듬해 3월
품종 카투라, 부르봉

마타갈파(Matagalpa)
주도의 이름을 붙인 또 다른 지방으로 커피 박물관이 있는 곳이다. 이 지역 커피는 대규모 산지와 노동조합의 작물을 혼합해서 만든다.
고도 1,000~1,400미터
수확 12월~이듬해 2월
품종 카투라, 부르봉

누에바세고비아(Nueva Segovia)
니카라과 북부 국경 지역이다. 최근 니카라과의 컵 오브 엑설런스에서 큰 성공을 거두며 국내 최고의 커피를 생산하는 곳으로 부상했다.
고도 1,100~1,650미터
수확 12월~이듬해 3월
품종 카투라, 부르봉

파나마

커피는 19세기 초 최초의 유럽 이주민들과 함께 파나마에 상륙한 것으로 추정된다. 과거 파나마는 커피로 크게 이름을 떨치지 못했고 생산량은 이웃한 코스타리카의 10분의 1 수준에 머물렀으나 지금은 스페셜티 커피 업계에서 파나마산 고품질 커피에 높은 관심을 보이고 있다.

괜찮은 커피는 감귤 향과 꽃향기가 풍기며 가벼운 바디감, 섬세함과 복합미가 훌륭하다.

파나마는 커피 재배 지역에 뚜렷한 미기후가 있으며 커피 생산자들의 엄청난 기술과 헌신이 녹아 있다. 그래서 일부는 우수한 커피를 생산하나 상당히 높은 가격을 부른다.
이 높은 가격은 업계에 영향을 미치는 주요 요인인 부동산에 의해 결정되는 측면도 있다. 북아메리카 사람들은 저렴하고 안정적이며 아름다운 곳에 집을 사려는 소망이 있어서 땅의 수요가 높기 때문이다. 한때 커피를 생산하던 많은 농가가 외국인에게 집을 팔고 있다. 파나마는 또한 노동법 기준이 엄격해서 커피 노동자의 급여가 높기 때문에 이 비용이 고스란히 소비자에게 전가되는 것이다.

아시엔다 라 에스메랄다

커피 가격을 논할 때 파나마의 특정 농장이 꼭 언급되는데, 중앙아메리카의 커피 업계에 이렇듯 강력한 영향을 미친 단일 산지는 찾아보기 어렵다. 피터슨(Peterson) 가족이 소유하고 운영하는 아시엔다 라 에스메랄다다.

일반 등급의 커피 가격이 상당히 낮던 시절 파나마의 스페셜티커피협회가 베스트 오브 파나마(Best of Panama)라는 대회를 열었다. 파나마의 여러 농가에서 출시한 가장 좋은 로트의 커피에 순위를 매겨 온라인 경매에 부치는 행사였다. 아시엔다 라 에스메랄다는 이 대회를 통해 게이샤(24쪽 참고)라는 독창적인 품종을 널리 알렸다. 그들은 2004~2007년 연속 네 번 우승했고, 그 뒤 2009년과 2010년, 2013년에도 최종 후보에 들었다. 덕분에 이 커피는 2004년 파운드당 21달러로 가격 기록을 갱신했고 2010년에는 파운드당 170달러까지 올랐다. 2013년 자연 공정을 거친 소규모 로트의 커피가 파운드당 350.25달러에 팔려 전 세계 단일 산지로는 가장 비싼 값이라는 사실을 아무도 부인할 수 없었다.

다른 고가의 커피(형편없는 참신함을 강조하는 코피 루왁이나 자메이카 블루 마운틴 등)와 달리 이 농장은 커피 자체의 독창적인 고품질 덕분에 높은 가격을 획득했다. 물론 높은 수요와 엄청난 마케팅도 한몫했다. 신기록을 달성한 이 커피의 맛은 아주 독창적이다. 꽃과 감귤류의 풍미가 강하면서도 바디감이 차처럼 가볍다. 게이샤 품종의 전형적인 특성이다.

파나마와 중앙아메리카의 여러 농장이 게이샤를 심기 시작한 데서 이 농장의 파급력을 짐작할 수 있다. 많은 생산자에게 이 품종은 높은 가격에 대한 보증인 셈이다. 게이샤 로트가 다른 품종에 비해 높은 가격에 팔리면서 어느 정도는 사실임이 입증되었다.

생산 이력제

파나마는 생산 이력 추적 수준이 높을 거라고 기대할 것이다. 커피는 종종 단일 산지까지 이력 추적이 가능하고, 특정 지역의 특정 로트까지 파악하는 건 어려운 일이 아니다. 수확 후 공정으로 생산된 커피 혹은 커피 품종까지 추적할 수 있다.

독특한 게이샤 품종은 파나마의 작물과 관련이 있다.
게이샤의 꽃 향, 감귤 향, 고품질을 유지하려는
지역 농가들의 노력 덕분에 수요가 점차 증가하는 추세다.

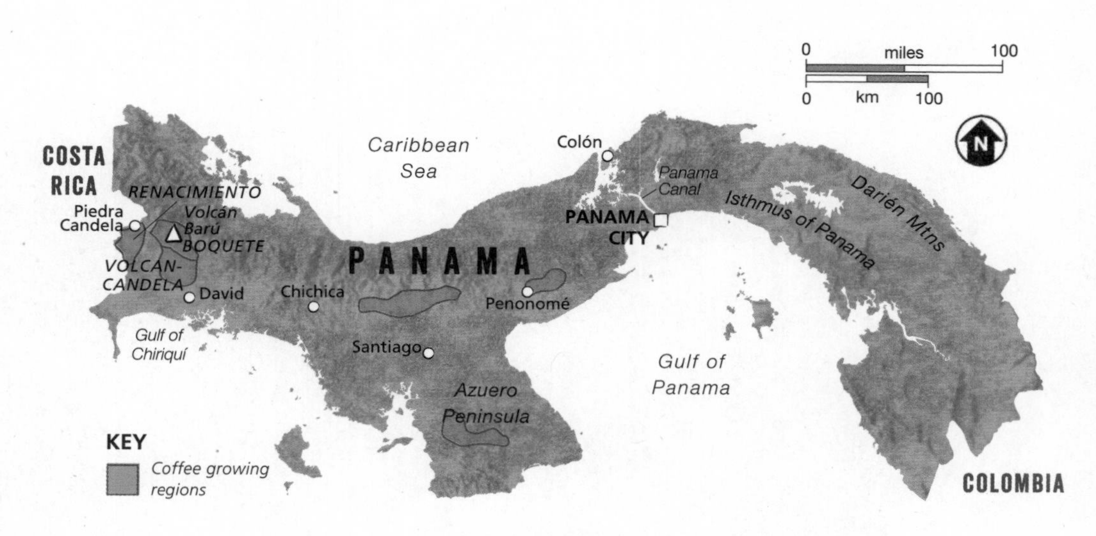

재배 지역

인구
4,058,000
2016년 60킬로그램 자루 기준 생산량
115,000

파나마는 지형이 아닌 커피를 판매하는 방식에 따라 지역 분류한다. 과거 커피가 널리 보급되었을 때 아래 목록에 소개하는 지역들은 크기가 작고 서로 붙어 있어 하나의 단일체로 여겼다.

보케테(Boquete)
파나마에서 가장 잘 알려진 생산지다. 산악 지형 덕분에 다양한 미기후를 보인다. 상당히 서늘한 날씨와 잦은 안개가 커피 열매의 성숙을 늦추고 일부에서는 이 부분이 높은 고도의 효과를 낸다고 주장한다.
고도 400~1,900미터
수확 12월~이듬해 3월
품종 티피카, 카투라, 카투아이, 부르봉, 게이샤, 산 라몬

볼칸칸델라(Volcan-Candela)
파나마의 곡창 지대이며 근사한 커피도 생산한다. 볼칸바루화산과 피에드라칸델라시의 이름을 합한 지역으로 코스타리카와 이웃해 있다.
고도 1,200~1,600미터
수확 12월~이듬해 3월
품종 티피카, 카투라, 카투아이, 부르봉, 게이샤, 산 라몬

레나시미엔토(Renacimiento)
코스타리카 국경 지역에 자리한 치리퀴 지방의 또 다른 지역이다. 이 지방 자체는 상당히 작으나 파나마의 스페셜티 커피 주요 생산지다.
고도 1,100~1,500미터
수확 12월~이듬해 3월
품종 티피카, 카투라, 카투아이, 부르봉, 게이샤, 산 라몬

볼칸의 이 농장은 우수한 커피를 생산하는 이 지역의 많은 곳 중 하나다.

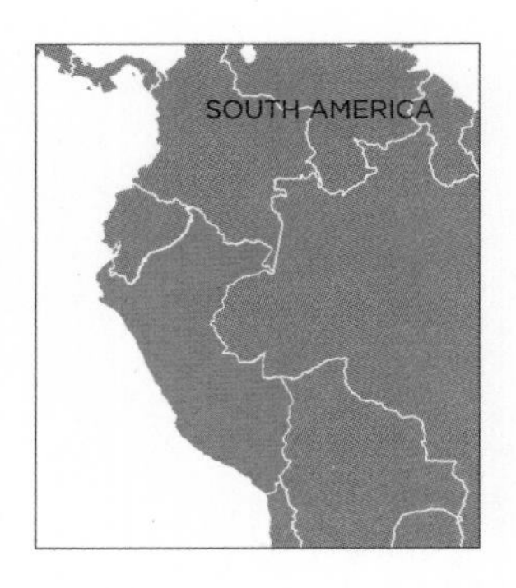

페루

1740~1760년 페루에 처음 커피가 들어왔다. 당시엔 페루 총독령으로 지금보다 더 넓은 지역을 점유하고 있었다. 대규모 커피 재배에 적합한 기후지만 첫 100년 정도는 생산하는 커피를 전부 지역에서 소비했다. 1887년에 이르러 독일과 영국으로 커피를 수출하기 시작했다.

전형적인 페루 커피는 깔끔하지만 살짝 무난하고 평범한 맛이다. 단맛에 상당히 육중한 바디감이 있으나 복합미는 그리 높지 않다. 점차 독창적이고 풍미가 높은 커피가 나오고 있다.

1900년대 페루 정부는 영국 정부에 빌린 채무를 갚지 못해 결국 중부의 200만 헥타르 땅을 내주고 말았다. 이 땅의 4분의 1이 농장으로 바뀌어 작물을 키웠는데 그중에는 커피도 있었다. 고산 지대에서 내려온 이주 노동자들이 농장에서 일했는데 가끔은 땅주인이 되기도 했다. 훗날 영국이 페루에서 물러날 때 땅을 사들인 사람들도 있었다.

불행히도 커피 업계는 후안 벨라스코(Juan Velasco) 정부가 1970년대 제정한 법 때문에 성장에 어려움을 겪었다. 국제커피협정이 판매와 가격을 보장했기 때문에 페루로서는 적절한 인프라를 구축할 만한 이점이 없었다. 국가가 도움을 주지 않자 커피 업계는 몰락의 수준으로 접어들었다. 커피의 품질과 페루 시장의 입지는 공산당의 손에서 더욱 어려움을 겪었다. 공산주의 정당인 더 샤이닝 패스(The Shining Path)가 게릴라 활동으로 생산 작물을 파괴하고 농부들을 자기 땅에서 몰아냈기 때문이다.

진공 상태에 빠진 페루의 커피 산업은 최근 들어 비정부 기구의 노력으로 회복되고 있으며, 많은 양의 페루산 커피가 공정 무역 인증을 받았다. 점점 더 많은 땅이 커피 재배에 들어갔다. 1980년에는 6만 2,000헥타르, 지금은 9만 5,000헥타르의 땅에 커피를 재배한다. 이제 페루는 세계 최대 규모의 커피 생산지다.

페루의 인프라는 엄청난 고퀄리티 커피를 생산하기에는 여전히 부족하다. 도정 시설이 농장 가까이 있는 경우가 거의 없어서 이동 시간이 길다 보니 수확한 커피는 공정을 시작하기에 이상적인 타이밍을 놓치고 만다. 일부 커피는 결국 사다가 다른 커피와 혼합한 다음 수출을 위해 해안으로 재판매된다. 흥미로운 사실은 수백 수천 개 소규모 농가의 4분의 1이 노동조합에 가입되어 있으나 공정 무역 증명서는 오로지 노동조합에서 생산한 커피에만 발급된다는 점이다. 또한 유기농업을 중시하나 고품질의 커피는 생산량이 매우 적다. 실제로 페루에서 생산되는 유기농 커피는 너무 저렴해서 품질이 아무리 좋아도 낮은 값을 받는다. 이런 점 때문에, 그리고 티피카 품종을 널리 재배하기 때문에 커피녹병이 페루 생산자들에게 큰 문제로 대두되고 있다. 2013년 수확은 좋았지만 커피녹병이 심각해서 앞으로는 생산량이 줄어들 전망이다.

생산 이력제

최고의 커피는 생산자 그룹 혹은 단일 산지까지 추적 가능하다.

재배 지역

인구
31,152,000
2016년 60킬로그램 자루 기준 생산량
3,800,000

지금부터 소개하는 주요 생산지가 아닌 곳에서 재배하는 커피도 있으나 생산량도 그렇고 인식 수준도 높지 않다. 페루에 고도가 높은 땅이 많아 향후 커피를 재배하기 적합하므로 지구 온난화에 잘 대처할 거라고 주장하는 목소리도 있다.

카하마르카(Cajamarca)
주도의 이름을 붙인 북쪽 지방으로 페루 안데스의 북쪽 끝부분을 포괄한다. 적도 기후의 이점과 커피에 적합한 토질을 지니고 있다. 이 지역 생산자 대부분은 소농으로 잘 조직화되어 있으며 기술 지원, 훈련 대출, 공동체 발전과 다른 지원을 제공하는 생산자 협회 소속이다. 이 지역의 조직 중 하나인 CENFROCAFE는 1,900개 농가와 함께 커피 로스팅을 홍보하고 지역 카페를 운영하여 농가의 다변화를 돕는다.
고도 900~2,050미터
수확 3~9월
품종 부르봉, 티피카, 카투라, 파체, 문도 노보, 카투아이, 카티모르

후닌(Junin)
페루 커피의 20~25퍼센트를 생산하는 후닌의 커피는 열대우림 지대에서 자란다. 1980년대와 1990년대 게릴라 활동으로 어려움을 겪었고 이 시기 나무들이 방치되어 병충해가 퍼졌다. 커피 업계는 거의 전무한 상태에서 1990년대에 다시 시작했다.
고도 1,400~1,900미터
수확 3~9월
품종 부르봉, 티피카, 카투라, 파체, 문도 노보, 카투아이, 카티모르

쿠스코(Cusco)
페루 남부에서 다른 인기 작물인 코카의 합법적인 대안으로 커피를 생산하는 곳이다. 커피 대부분은 대규모 농장이 아닌 소농들이 재배한다. 이곳은 관광업이 발달했는데 많은 여행객이 마추픽추를 보러 가는 길에 쿠스코를 들른다.
고도 1,200~1,900미터
수확 3~9월
품종 부르봉, 티피카, 카투라, 파체, 문도 노보, 카투아이, 카티모르

산마르틴(San Martin)
안데스산맥 동쪽 지역으로 많은 농부가 5~10헥타르의 농지에서 커피를 재배한다. 과거 코카의 주요 생산지였으나 지금은 이 지역 노동조합이 커피, 카카오, 꿀 같은 작물을 재배하며 다각화에 힘쓰고 있다. 빈곤율도 70퍼센트에서 31퍼센트로 급속히 줄어들었다.
고도 1,100~2,000미터
수확 3~9월
품종 부르봉, 티피카, 카투라, 파체, 문도 노보, 카투아이, 카티모르

페루의 한정된 인프라가 뛰어난 품질의 커피를 생산하지 못하도록
가로막고 있다. 갓 수확한 원두의 배송과 공정이 자주 지연되고
농장 근처에 자리한 도정 시설이 거의 없다.

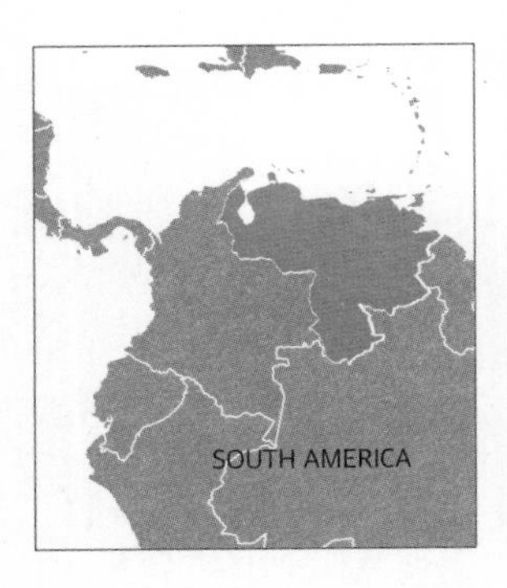

베네수엘라

베네수엘라에 커피를 들여온 사람은 1730년경 예수회 신부 호세 구미야(José Gumilla)라고 알려져 있다. 베네수엘라는 노예 노동으로 담배와 카카오를 재배하는 걸로 유명하며, 1793년경 대규모 커피 농장이 존재했다는 증거도 남아 있다.

베네수엘라산 고품질 커피는 꽤 달고 산미가 살짝 떨어지며 마우스필과 질감이 풍부하다.

1800년경부터 커피가 경제의 중요한 부분을 차지했다. 1811~1823년 베네수엘라의 독립 전쟁 기간에 카카오 생산은 줄었으나 커피 생산은 급증했다. 1830~1855년 커피 산업의 첫 번째 붐이 일어나 베네수엘라가 전 세계 커피 생산량의 3분의 1을 차지하기도 했다. 커피는 지속적인 생산에 들어가 1919년 총 137만 자루를 수출하며 정점을 찍었다. 커피와 카카오를 합쳐 국가 전체 수출입의 75퍼센트를 차지한다. 커피는 대부분 미국으로 수출된다.

1920년대 베네수엘라의 경제는 페트롤륨에 강하게 의존했으나 커피는 여전히 좋은 수입원으로 남았다. 수익의 상당수가 국가 인프라 구축에 들어갔고, 그러다 1930년대에 커피 가격이 폭락하면서 인프라 구축과 발전에도 큰 어려움이 따랐다. 이 시기는 또한 커피 업계가 민간화되는 시기로 소작농들이 자체적인 힘을 거의 빼앗기고 빈터에서 커피를 재배했다.

이 시기 이후 국가는 기본적으로 페트롤륨 제품과 다른 광물 수출에 의존했다. 커피 생산과 수출은 상당히 높은 수준을 유지해 콜롬비아의 생산과 맞먹었으나 우고 차베스(Hugo Chávez) 정부에서 변화가 이루어졌다. 2003년 정부는 커피 생산에 엄격한 규제를 도입해 내수용은 수입 의존도가 높아졌는데, 주로 니카라과와 브라질에서 수입했다. 1992년과 1993년 47만 9,000자루를 수출했으나 2009년과 2010년 1만 9,000자루 수준으로 다시 떨어졌다. 정부가 지정한 판매가가 생산가보다 턱없이 낮아서 업계의 손실을 피할 수 없었다. 차베스가 사망하면 상황이 바뀔 거라는 예측이 있다.

생산 이력제

수출량이 매우 적어 베네수엘라의 커피 품질은 논외로 봐야 한다. 일부는 단일 산지까지 추적할 수 있으나 지역명 정도만 기술하는 커피가 더 흔하다. 전반적으로 고도가 낮고 컵 퀄리티에 무신경해서 신뢰하는 로스터가 있는 경우에만 베네수엘라산 커피를 권한다.

베네수엘라의 커피 생산은 20세기 초 강세를 보였으나 수확량이 점점 줄어들고 정치적 저항과 농부들의 열악한 보수로 어려움을 겪고 있다.

재배 지역

인구
31,775,000
2016년 60킬로그램 자루 기준 생산량
400,000

현재 베네수엘라 커피는 찾기 어렵다. 앞으로 이 상황이 바뀌길 바라지만 단기간에는 불가능할 전망이다.

서부 지역
이 지역은 베네수엘라 커피의 상당 부분을 생산한다. 지역보다는 타치라(Táchira), 메리다(Márida) 혹은 술리아(Zulia)처럼 생산된 주(州)가 표시된 수출 등급을 찾는 게 더 쉽다. 이 지역에서 나온 커피를 이웃 콜롬비아산과 비교하기도 한다.
고도 1,000~1,200미터
수확 9월~이듬해 3월
품종 티피카, 부르봉, 문도 노보, 카투라

중서부 지역
포르투게사와 라라 주가 속한 지역이다. 일부 고급 커피 생산지로 팔콘과 야라쿠이를 들 수 있다. 콜롬비아와 상당히 가까워 최고의 커피가 이곳에서 나온다. 이곳의 커피는 수출 항구의 이름을 따서 마라카이보스(Maracaibos)라고 부른다.
고도 1,000~1,200미터
수확 9월~이듬해 3월
품종 티피카, 부르봉, 문도 노보, 카투라

중북부 지역
베네수엘라산 커피의 아주 작은 양이 아라과, 카라보보, 페더럴디펜던시, 미란다, 코헤데스, 과리코에서 생산된다.
고도 1,000~1,200미터
수확 9월~이듬해 3월
품종 티피카, 부르봉, 문도 노보, 카투라

동부 지역
수크레, 모나가스, 안소아테기, 볼리바르 주가 있는 고장이다. 가끔 카라카스(Caracas)라고 부르는 지역산 커피를 맛볼 수 있다.
고도 1,000~1,200미터
수확 9월~이듬해 3월
품종 티피카, 부르봉, 문도 노보, 카투라

용어 사전

감자 악취 동아프리카 일부 지역에서 흔한 질병으로 원두를 갈고 브루잉했을 때 감자 썩은 냄새가 풍기는 걸 말한다.

강한 로스팅 원두를 오랜 시간 볶아서 콩의 기름진 표면이 아주 진한 갈색으로 변한 상태.

건식 공정 커피 열매를 통째로 말려 껍질을 벗기고 그 안의 초록색 알맹이를 추출하는 수확 후 공정.

건식 도정기 콩 껍질을 벗기고 분류하고 파치먼트 커피의 등급을 정해 수출 준비를 하는 곳.

결점두 불쾌한 맛을 내는 커피콩.

공정 무역 운동 커피 생산자의 협동조합을 인증하고 프리미엄 지급과 최저 가격 보장을 통해 생산자를 보상해주는 조직.

과다 추출 커피를 브루잉할 때 원하는 것보다 더 추출해 맛이 쓰고 거칠고 불쾌한 정도.

과소 추출 커피를 브루잉하는 과정에서 원하는 만큼 원두를 용해하지 못해 시큼한 맛이 나는 것.

국제커피협정 1962년 처음 서명한 이 할당제는 많은 커피 생산국과 일부 수출국 사이에 맺은 협정이다. 공급과 수요의 불안정으로 인해 세계 시장이 흔들리는 것을 막고 가격을 안정시키기 위해 생겼다.

길링 바사 인도네시아의 보편적인 수확 후 공정. 커피의 껍질을 벗기고 파치먼트를 놔둬서 여전히 습도가 높은 상태로 건조한다. 이렇게 하면 커피 맛에 특유의 구수한 풍미가 들어간다. 반 세척 과정 참고.

녹병에 강한 품종 아라비카와 로부스타 중 커피녹병이나 로야라는 곰팡이균에 강한 품종. 이 곰팡이가 잎사귀를 갉아먹어 나무가 말라 죽는다.

느린 로스팅 좀 더 느리고 조심스럽게 로스팅하는 과정. 커피의 맛을 최대한 보존하며 로스팅하려는 사람들이 활용하는 방식이다. 로스팅 기기와 기법에 따라 로스팅당 10~20분이 걸린다.

다이얼링 인 훌륭한 맛이 제대로 추출될 때까지 에스프레소 그라인더를 조절하는 과정.

라테 아트 거품 낸 우유를 에스프레소 위에 조심스럽게 부어 그림을 만드는 일.

로부스타 아라비카와 함께 주로 생산되는 커피 품종이다. 아라비카보다 품질은 떨어지나 낮은 고도에서 키우기 수월하고 병충해에 강하다.

로트 선별 과정을 거친 특정한 양의 커피.

마우스필 커피를 마실 때 느끼는 질감과 촉감을 설명하는 용어. 차처럼 아주 가벼운 질감부터 풍부하고 부드러운 맛까지 다양하다.

마이크로로트 10자루(각각 60킬로그램 혹은 69킬로그램) 혹은 농가나 생산자 그룹에서 나온 특정한 양.

마이크로폼 우유를 제대로 데웠을 때 생기는 작은 거품방울.

몬수닝 인도의 말라바르 해안을 따라 수확한 콩을 서너 달 동안 몬순비에 노출시켜 산미를 떨어뜨리는 방식이다.

미엘 프로세스 허니 프로세스 참고.

방향족화합물 커피 속 화합물로 갈거나 브루잉했을 때 커피에서 나는 향기에 작용한다.

버 그라인더 두 개의 날카로운 커팅 디스크가 있는 커피 그라인더. 보통 금속 날을 쓰며 원하는 사이즈에 맞게 조절할 수 있다.

브루잉 비율 갈아낸 원두의 양과 사용할 물의 양의 비율.

브루잉 타임 브루잉할 때 물이 원두와 접촉하는 총 시간.

블룸 푸어 오버 브루잉을 시작할 때 커피에 따르는 소량의 물. 이렇게 추출하는 과정을 '블룸'이라고 부르는 건 원두가 젖으면 반죽처럼 피어오르기 때문이다.

비율(브루잉) 브루잉 비율 참고.

빠른 로스팅 커피 로스팅을 아주 신속하게 끝내는 상업적인 기법으로 5분이 채 걸리지 않는다. 인스턴트 커피를 만들 때 쓰는 방식이다.

생두 얼리지 않은 원래의 커피 열매를 가리키는 업계 용어. 커피는 이 상태로 전 세계에서 거래된다.

세미 워시드 프로세스 펄프드 내추럴 프로세스 참고.

세척 과정 커피 열매를 압착하여 콩을 밀어내는 수확 후 과정. 콩을 발효하여 들러붙은 과육을 떼어내고 세척한 다음 조심스럽게 천천히 말린다.

소농 작은 땅을 보유하고 커피를 키우는 생산자.

소비재 커피 품질과는 무관한 커피. 생산 이력제가 중요하지 않고 알아볼 수도 없다.

스크린 사이즈 커피콩은 커다란 체(스크린)에 여러 크기의 구멍을 뚫어 크기별로 분류한다. 커피를 수출하기 전 등급을 매기는 과정이다.

스트립 피킹 커피를 수확할 때 손으로 나뭇가지 전체를 훑어서 한 번에 열매를 전부 따는 기법. 신속하다는 장점이 있으나 덜 익은 열매도 익은 열매와 함께 섞여 나중에 따로 분류해야 한다.

스페셜티 시장 품질과 맛을 기준으로 커피를 거래하는 시장. 생산자, 수출업자, 수입업자, 로스터, 카페 운영자, 소비자를 포함한 업계 전체를 포괄한다.

습식 공정 세척 공정 참고.

습식 도정 워싱 스테이션 참고.

습식 탈곡 반 세척 공정 참고.

실버스킨 커피 열매에 달라붙은 매우 얇은 점막층. 로스팅 과정에서 느슨해져 '겉껍질'이라고 부른다.

C-프라이스 증권 시장에서 거래되는 소비재 커피의 가격. 이 가격을 커피 거래의 기본가로 여긴다.

아라비카 코페아 아라비카의 줄임말로 가장 널리 알려진 품종이다. 일반적으로 재배되는 로부스타보다 우수하다는 평가를 받는다.

약한 로스팅 커피의 산미와 과일 맛을 보존하기 위해 로스팅하는 방식. 살짝 갈색이 도는 정도의 원두를 지칭한다.

완전 세척 커피 열매에서 콩을 꺼내고 발효하여 깨끗이 씻어 말릴 준비를 하는 수확 후 공정.

워싱 스테이션 커피 열매를 받아서 말릴 때까지 처리하는 시설. 파치먼트 커피는 다양한 수확 후 과정을 거친다.

원두 입자 크기 갈아낸 커피 입자의 크기. 미세하고 작은 조각일수록 커피 맛을 추출하기 쉽다.

인 레포소 껍질을 벗기고 등급을 매겨서 수출하기 전에 생두를 파치먼트가 붙어 있는 상태로 보관하는 기간을 말한다. '레스팅'으로 알려진 이 과정은 커피콩의 수분 함량을 안정시키는 데 중요하다.

자연 공정 수확한 커피콩을 펼쳐놓고 햇볕에 말리는 수확 후 공정.

추출 원두를 갈아서 물에 용해하여 브루잉하는 과정.

커피 강도 커피 한 잔에 담긴 커피의 농축 정도를 가리키는 용어. 보통 한 잔에 1.3~1.5퍼센트의 커피가 들어가고 나머지는 물이다. 에스프레소는 비율이 8~12퍼센트로 높다.

커피녹병 커피나무 잎사귀에 주황색 혹은 갈색 곰팡이가 펴서 결국 나무를 죽이는 병충해.

커피천공충 커피 수확에 해를 끼치는 병충해. 열매에 구멍을 뚫고 속을 파먹는다.

커핑 커피 업계의 전문 감별사가 커피를 브루잉해 냄새를 맡고 맛을 보는 과정.

컵 오브 엑설런스 특정 지역에서 품질이 뛰어난 커피를 찾아 평가하고 등급을 매긴 다음 온라인 경매를 통해 우승한 커피를 판매하는 시스템.

컵 퀄리티 특정 커피에 들어가는 긍정적인 맛과 풍미의 조합.

크레마 에스프레소 위에 생기는 갈색 거품층. 고압에서 추출했을 때 생긴다.

탬핑 에스프레소를 만들 때 고압에서 추출하기 전, 균일하게 평평하도록 원두 가루를 눌러주는 과정. 이렇게 하면 커피가 고르게 추출된다.

테루아 커피 맛에 영향을 미치는 지형과 기후의 효과.

토착 품종 한동안 전통 방식으로 재배한 커피 품종을 가리키는 용어.

파치먼트 커피콩을 감싸는 보호막으로 커피를 수출하기 전에 제거한다.

파치먼트 커피 수확하고 공정을 거쳤으나 열매 주변의 파치먼트를 벗기지 않은 원두. 이 보호막이 커피를 수출하기 전에 품질이 떨어지지 않도록 보호한다.

티피카 아라비카의 가장 오랜 품종으로 상업 커피 생산에 사용돼왔다.

펄프드 내추럴 프로세스 수확 후 커피 열매를 기계로 꺼내 파티오나 건조대에서 말리는 작업.

피베리 커피 열매 안에 두 개가 아니라 하나만 들어 있는 콩

허니 프로세스 펄프가 있는 자연 공정과 비슷한 수확 후 공정. 커피콩을 말리는 과정에 과육이 어느 정도 남아 있는 상태다.

협동조합 상호 이익을 위해 함께 일하는 협력 조직.

색인

ㅈ

감사의 말

Alamy Stock Photo Chronicle 129; F. Jack Jackson 192; Gillian Lloyd 154; hemis/Franck Guiziou 94-95; Image Source 62-63; imageBROKER/Michael Runkel 174; Jan Butchofsky 176-177; Jon Bower Philippines 178; Joshua Roper 212; Len Collection 236; mediacolor's 244-245; Phil Borges/Danita Delimont 220; Philip Scalia 228-229; Stefano Paterna 226-227; Vespasian 23; WorldFoto 138.
Blacksmith Coffee Roastery/www.BlacksmithCoffee.com 24l.
Corbis 2/Philippe Colombi/Ocean 253; Arne Hodalic 102; Bettmann 8; David Evans/National Geographic Society 201, 202; Frederic Soltan/Sygma 104; Gideon Mendel 32b; Ian Cumming/Design Pics 246; Jack Kurtz/ZUMA Press 250-251; Jane Sweeney/JAI 18; Janet Jarman 252; Juan Carlos Ulate/Reuters 210, 213, 214-215; KHAM/Reuters 188-189; Kicka Witte/Design Pics 241; Michael Hanson/National Geographic Society 134-135; Mohamed Al-Sayaghi/Reuters 191; Monty Rakusen/cultura 46; NOOR KHAMIS/Reuters 142; Pablo Corral V 262; Reuters/Henry Romero 32a; Rick D'Elia 147; Stringer/Mexico/Reuters 248; Swim Ink 2, LLC 116; Yuriko Nakao/Reuters 239.
Dreamstime.com Luriya Chinwan 163; Phanuphong Thepnin 184; Sasi Ponchaisang 182.
Enrico Maltoni 97, 98.
Getty Images Alex Dellow 48-49; B. Anthony Stewart/National Geographic 110; Bloomberg via Getty Images 26, 166-167; Brian Doben 256-257; Bruce Block 152; Dimas Ardian/Bloomberg via Getty Images 170-171; Frederic Coubet 136; Gamma-Keystone via Getty Images 42; Glow Images, Inc. 29a; Harriet Bailey/EyeEm 51; Ian Sanderson 6; Imagno 50; In Pictures Ltd./Corbis via Getty Images 157; Jane Sweeney 20; John Coletti 29b; Jon Spaull 218-219; Jonathan Torgovnik 156; Juan Carlos/Bloomberg via Getty Images 223, 224-225; Kelley Miller 16b; Kurt Hutton 106-107; Livia Corona 205; Luis Acosta/AFP 206-207; Mac99 260-261; MCT via Getty Images 38; Melissa Tse 173; Michael Boyny 197; Michael Mahovlich 30, 230, 233; Mint Images 68; Mint Images RF 66; National Geographic/Sam Abell 169; Philippe Bourseiller 140-141; Philippe Lissac/GODONG 133; Piti A Sahakorn/LightRocket via Getty Images 183; Polly Thomas 247; Prashanth Vishwanathan/Bloomberg via Getty Images 154; Ryan Lane 55; SambaPhoto/Ricardo de Vicq 16a; SSPL via Getty Images 13; Stephen Shaver/Bloomberg via Getty Images 187; STR/AFP 217; TED ALJIBE/AFP 181; WIN-Initiative 242.
Gilberto Baraona 25r.
James Hoffmann 36.
Lineair Fotoarchief Ron Giling 125.
Mary Evans Picture Library INTERFOTO/Bildarchiv Hansmann 58.
Nature Picture Library Gary John Norman 158-159c.
Panos Sven Torfinn 148-149; Thierry Bresillon/Godong 126-127; Tim Dirven 128, 130.
REX Shutterstock Florian Kopp/imageBROKER 237; Imaginechina 162.
Robert Harding Picture Library Arjen Van De Merwe/Still Pictures 144-145.
Shutterstock Alfredo Maiquez 255; Anawat Sudchanham 221; Athirati 28; ntdanai 17; Stasis Photo 16c; trappy76 14.
SuperStock imagebroker.net 151.
Sweet Maria's 234-235.
Thinkstock iStock/OllieChanter 72-73; iStock/Paul Marshman 158l.

리서치 담당자: 벤 스조바디(Ben Szobody), 마이클 로사다(Michael Losada)
리서치 보조, 번역, 동기부여: 알레테아 루드(Alethea Rudd)

시간을 넉넉하게 주고 지혜를 빌려준 릭 레인하트(Ric Rhinehart)와 피터 줄리아노(Peter Giuliano)에게 감사한다. 예나 지금이나 나에게 꾸준히 영감을 주고 지원을 아끼지 않은 스퀘어 마일 커피 로스터(Square Mile Coffee Roasters) 팀 전원에게 큰 고마움을 전하고 싶다.
마지막으로 가족들에게 이 책을 바친다.